大容量Liイオン電池の材料技術と市場展望
―材料・セル設計・コスト・安全性・市場―

Material Technologies and Market Prospects for
Large-scale Lithium-ion Battery

《普及版／Popular Edition》

監修 吉野　彰
著 菅原秀一，風間智英，藤田誠人，
坂本遼平，合田索人

シーエムシー出版

刊行にあたって

　1995年から始まったIT社会化の波は世界に大きな変革をもたらした。この流れの中で日本で生まれたリチウムイオン電池技術は携帯電話，ノート型パソコンなどのモバイル機器の世界的普及に大きな貢献をしてきた。そして今，第二の波が押し寄せてきている。電気自動車の普及，電気エネルギーの効率的な貯蔵技術の実用化など，資源・環境・エネルギー問題を解決する一つの手段として，リチウムイオン二次電池技術はこれから更に進歩していかねばならない。そのためには技術開発を効率的に進めることが不可欠であるが，材料技術と電池技術の両面からの視点で技術を正確に判断し，開発方向を見定めることが技術開発成功のキーとなる。

　こうした背景のもと，本書刊行の第一の意図は材料メーカーと電池メーカーで豊富な経験をされている菅原氏に材料技術と電池技術の両方の観点からリチウムイオン電池技術の現状分析，課題の認識，今後の開発方向をまとめていただく点にある。菅原氏は呉羽化学（現クレハ）でのバインダー材料，負極材料の研究開発とその事業化に携わられた後，三井物産に移られ電池材料の販売と用途開発を経験されている。その後もエナックスでは電池開発，電池製造，パック製造とその販売に携わられており，電池の材料技術からパック化技術までの一連の経験を有されている多才な方である。その菅原氏の目から見た今後の技術動向の執筆は読者に有益な示唆を与えるものと思う。

　本書刊行の第二の意図は電気自動車などの中・大型電池の将来市場の予測である。現在極めて流動的な状況にあるが，野村総合研究所の風間，藤田，坂本，合田の各氏に豊富な経験とデータをもとに市場予測とその背景について解説いただく。

　上記の意図に基づいた本書が電池分野に関係されている方々のお役に立てば幸いに思う。

2012年8月

吉野　彰　旭化成㈱　吉野研究室長

普及版の刊行にあたって

　本書は2012年に『大容量Liイオン電池の材料技術と市場展望―材料・セル設計・コスト・安全性・市場―』として刊行されました。普及版の刊行にあたり，内容は当時のままであり加筆・訂正などの手は加えておりませんので，ご了承ください。

　2019年6月

シーエムシー出版　編集部

目　　次

第1章　大型リチウムイオン電池（セル）の現状と開発動向　菅原秀一

1　セルの電気化学的な構成と材料 ………… 1
　1.1　リチウムイオン電池の特徴と動作 … 1
　1.2　セルの電圧と正常動作領域 ………… 3
　　(1)　動作する電圧の範囲 ……………… 3
　　(2)　セル内部の電気化学 ……………… 3
　1.3　正極・負極の電位と電解液の電位窓 ……………………………………… 4
　　(1)　電位窓 ……………………………… 4
　　(2)　汎用の電解液 ……………………… 5
　1.4　セルの過充電，過放電とイオン伝導性 ……………………………………… 6
　　(1)　ノイマン機構と過充電 …………… 6
　　(2)　過充電からの保護 ………………… 6
　　(3)　イオン伝導と電気伝導の向上 …… 6
　1.5　セルの電極面積と正極活物質 ……… 6
　1.6　正極活物質の電子伝導性とセルの内部抵抗 ………………………………… 8
　　(1)　電子伝導性 ………………………… 8
　　(2)　セルの内部抵抗 …………………… 9
　1.7　セルの性能向上と伝導性の維持 … 10
　1.8　標準セルモデルの体積と重量試算 ……………………………………… 11
　　(1)　セルの体積と重量 ……………… 11
　　(2)　製品セルの重量例 ……………… 12
　　(3)　Ah容量の設定 …………………… 12
　1.9　リチウムイオンセルの構成原材料 … 13
　　(1)　基本的な機能 …………………… 13
　　(2)　正・負極開発品の性能 ………… 14
　　(3)　電解液など ……………………… 14
　　(4)　その他の部材 …………………… 15
　1.10　劣化から見たリチウムイオンセル ……………………………………… 16
　　(1)　劣化と改良の観点から ………… 16
　　(2)　原材料の劣化の原因と結果 …… 16
　　(3)　工業製品としてのセル ………… 17
　1.11　リチウムイオンセルと温度 …… 18
　　(1)　温度を軸にした見方 …………… 18
　　(2)　発熱の起点 ……………………… 18
　　(3)　低温特性 ………………………… 19
2　大型リチウムイオンセルのエネルギー，パワーおよびサイクル特性 ………… 20
　2.1　エネルギー（高容量）特性とパワー（高入出力）特性 ……………… 20
　　(1)　エネルギー型，パワー型 ……… 20
　　(2)　Rogoneプロット ………………… 20
　　(3)　交通システムのパターン ……… 20
　2.2　セルの出力密度と放電・出力特性 … 22
　　(1)　Li-ionとNi-MH ………………… 22
　　(2)　出力密度の比較 ………………… 23
　　(3)　SOCの幅 ………………………… 23
　　(4)　高出力のセル設計 ……………… 24
　2.3　最大充電・放電電流 …………… 24
　2.4　サイクル特性 …………………… 24
　　(1)　実用セルのサイクル特性評価 … 25
　　(2)　正・負極の電位 ………………… 25
　2.5　充電側SOC抑制と放電容量の維持 ……………………………………… 26
　　(1)　保存劣化を含めた評価 ………… 27
　　(2)　1/2乗則による推定 …………… 28
　　(3)　ドイツVDA ……………………… 29

(4) カタログ寿命データ例……………30
3　拡大する用途―自動車，自然エネルギー蓄電 ……………………………31
　3.1　自動車用途 ……………………31
　　(1) 電池の生産規模の仮定…………31
　　(2) 電動化自動車の電池容量と出力…31
　　(3) 自動車用リチウムイオン電池の諸課題……………………………33
　3.2　据置き型蓄電システム ……………35
　　(1) 自然エネルギーの蓄電システム（変換効率と電力規定）…………35
　　(2) 自然エネルギー発電の出力変動…36
　　(3) 自然エネルギーの蓄電パターン…37
　　(4) 自然エネルギー蓄電用デバイス…40
　3.3　電動工具，アシスト自転車などの中型リチウムイオンセル …………42
　　(1) 電動アシスト自転車用リチウムイオン電池……………………………42
　　(2) 電動工具用リチウムイオン電池…43
4　大型電池（セル）へのスケールアップ，生産と原材料 ……………………………45
　4.1　リチウムイオンセル生産のスケールアップ ……………………………45
　　(1) 全体の生産スケール………………45
　　(2) 自動車用途…………………………46
　4.2　リチウムイオンセル生産と原材料
 …………………………………46
　　(1) 小型，中型と大型へのシフト……46
　　(2) 大容量のEV用セル ………………46
　　(3) 安全性試験などとの関連…………47
　　(4) 電解液など関連材料………………48
　　(5) 原材料の市場スケール……………48
　4.3　リチウムイオンセル生産設備とシステム ……………………………48
　　(1) 小型民生用セルの技術蓄積………48
　　(2) セルの製造プロセス………………48
　　(3) セル組立の自動化…………………49
　　(4) セルの実需と原材料の供給………49
5　技術開発のロードマップと基本三課題
 …………………………………51
　5.1　技術開発ロードマップと電池コスト
 …………………………………51
　5.2　高エネルギー型リチウムイオン電池の開発 ……………………………51
　5.3　高パワー型リチウムイオン電池の開発 ……………………………53
　5.4　長ライフ型リチウムイオン電池の開発 ……………………………54
　5.5　海外の開発ロードマップ …………55
　　(1) EUCARの開発ロードマップ ……55
　　(2) DOEの開発ロードマップ ………56

第2章　電池（セル）の構造，構成，設計と特性　　菅原秀一

1　小型，中型と大型 ……………………59
　1.1　セルの形状と容量，集電と端子 …59
　　(1) 形状と容量…………………………59
　　(2) 集電と端子…………………………61
　1.2　セルの規格・規制マップ …………61
　　(1) 規格マップ…………………………61
　　(2) EV用捲込電極セル ………………62
　　(3) EV用ラミネートセル ……………62
2　円筒・角型函体収納およびラミネート型
 …………………………………63
　2.1　セルの構造と集束・集電方法，外装材 ……………………………64

(1) セル構造と端子付け……… 64	(2) 充電と放電容量……………… 97
(2) セルの電極体と集電方法, 端子と外装材……………… 64	(3) 容量測定チャート…………… 98
2.2 セルとモジュールの比重の比較 … 66	5.2 生産用正極材の仕様と測定方法 … 98
2.3 円筒型セルとラミネート型セル … 66	5.3 生産用負極材の仕様と測定方法 … 99
(1) セルの発熱挙動……………… 66	(1) 負極材の多様性……………… 100
(2) セルの設計仕様の差………… 67	5.4 高性能正極の製品化事例 ……… 101
(3) 大型の円筒型セルの例……… 68	(1) ハイニッケル18650円筒型セル… 101
(4) 公開特許図にみる内部構造… 68	(2) 合金系負極材への移行……… 102
(5) 大容量セル…………………… 70	5.5 リチウムイオンセルの設計 …… 102
2.4 EV, PHEV用セルの構成と構造 … 70	5.6 研究, 試作, 製品への流れとその評価 ………………………… 103
2.5 ラミネート型セルの構成と構造 … 72	(1) 極の構成と評価項目………… 103
2.6 セルのエネルギー特性とパワー特性 …………………………… 74	(2) "評価"セル ………………… 104
3 セル, モジュールおよび電池ユニット ……………………………… 77	(3) Ahクラス試作セル ………… 104
3.1 セル, モジュール, 電池ユニットとBMC ……………………… 77	5.7 実用セルの設計 ………………… 104
	(1) 正極・負極の容量バランス… 104
3.2 セルとモジュールの特性 ……… 79	(2) 実用セルの設計と制約……… 105
3.3 セルの直列・並列特性と過充電 … 81	(3) 電極面積と活物質量………… 105
(1) セルの直列・並列組み合わせ… 81	(4) セルの設計ステップ………… 107
(2) 並列セルの定電圧充電……… 81	(5) マージンを含むセルの活物質設計 …………………………… 108
(3) 直列セルの定電流充電……… 82	
(4) 過充電セルと膨張…………… 83	(6) 製造工程の歩止まり(材料ロス)… 108
3.4 大容量ユニットのBMS………… 84	5.8 原材料コストの試算 …………… 110
4 EV, HEVとPHEV用リチウムイオン電池の種類と特性 ……………… 87	6 充放電チャートとその読み方 ……… 111
	6.1 リチウムイオン電池の測定規格と性能試験 ……………………… 111
4.1 電池設計と材料試算の手順およびフィードバック ……………… 87	6.2 初充(放)電工程における条件と測定項目 ………………………… 112
4.2 EV, HEVとPHEVの電池容量 … 88	6.3 定電流と定電圧充電の経過 …… 112
4.3 EV, HEVとPHEVの容量と電動モーター出力 ………………… 92	6.4 電圧データの読み方 …………… 114
	(1) 電圧のプロファイル………… 114
5 活物質の特性とセルの容量設計 … 96	(2) SOCと電圧 ………………… 115
5.1 電池設計と活物質 ……………… 96	6.5 大型セルの充放電特性データ … 115
(1) 設計容量……………………… 96	(1) CC, CV充電と放電 ………… 115
	(2) 放電容量データの取り方…… 116

III

第3章　原材料の基本特性と性能向上　菅原秀一

1　正極材 ……………………………… 119
　1.1　実用セルとしての正極材 ……… 119
　　(1)　正極材の重要性………………… 119
　　(2)　本章のポイント………………… 119
　1.2　正極活物質の分解と酸素発生 …… 120
　1.3　正極活物質と容量 ……………… 121
　　(1)　正極活物質のLi_xと容量の関係
　　　　……………………………………… 121
　　(2)　最近の多元系材料……………… 121
　　(3)　活物質の理論容量計算………… 122
　　(4)　正極・負極材の容量…………… 122
　　(5)　実用（最大）放電容量………… 123
　　(6)　放電電圧とセル電圧の互換性…… 124
　　(7)　正極材の粒径，比表面積……… 125
　1.4　高容量正極材の合成 …………… 126
　　(1)　合成方法の変遷………………… 126
　　(2)　噴霧熱分解法…………………… 127
　　(3)　顆粒粒子と電極板……………… 128
　1.5　新しい正極材の開発と特性 …… 128
　　(1)　多元系正極材…………………… 129
　　(2)　放電容量と測定方法…………… 129
　　(3)　正極の不可逆容量……………… 130
　　(4)　高容量正極材…………………… 130
　　(5)　新規活物質の特徴と問題……… 131
　　(6)　NMC三元系正極 ……………… 131
　　(7)　高容量正極材の問題点………… 132
　　(8)　高容量化と高電圧充電………… 132
　　(9)　充放電効率の低下……………… 134
　1.6　鉄リン酸リチウム（オリビン）正極
　　　　……………………………………… 134
　　(1)　LFPの特性と電極加工 ……… 134
　　(2)　カーボンコーティング………… 135
　　(3)　LFP正極セルの開発事例 …… 135
　　(4)　LFP正極セルの放電容量と放電電圧パターン………………………… 136
　　(5)　放電容量維持率………………… 137
2　負極材 ……………………………… 139
　2.1　負極材の進歩と容量の拡大 …… 139
　2.2　炭素系負極材 …………………… 139
　　(1)　炭素系負極材の種類…………… 139
　　(2)　原料と電極板（天然黒鉛の例）… 140
　　(3)　不可逆容量の原因と対策……… 140
　　(4)　放電電圧のプロファイル……… 142
　2.3　負極材の特性 …………………… 144
　　(1)　炭素系負極の原料，容量と電位… 144
　　(2)　負極の電位とセルの動作……… 145
　　(3)　電解液との反応と安全性……… 145
　　(4)　負極材の粒径と比表面積……… 146
　2.4　新しい負極材の開発と特性 …… 147
　　(1)　開発事例………………………… 147
　　(2)　合金系負極セルの製品化……… 147
　　(3)　負極材製造における諸問題…… 149
　2.5　チタン酸リチウム（LTO）負極材
　　　　……………………………………… 150
　　(1)　LTOの充放電 ………………… 150
　　(2)　LTOセルの設計 ……………… 151
　　(3)　LTO負極のエネルギー密度と相対比較………………………………… 151
　　(4)　カーボンコーティングLTOと容量………………………………………… 151
　　(5)　負極規制とセルの充放電……… 151
　　(6)　各社のLTO負極セル ………… 152
　2.6　正負極材の役割，特性と安全性 … 154
　2.7　活物質関連の文献資料 ………… 155
3　導電剤 ……………………………… 157
　3.1　導電剤の概要 …………………… 157

(1) 基本機能……………………157	4.7 ポリフッ化ビニリデン（PVDF）
(2) 添加と粉体加工……………157	バインダー…………………174
(3) 導電以外の作用……………157	(1) ポリマー構造とHFの発生………174
(4) 新たな技術課題……………157	(2) PVDF溶液の着色とゲル化……175
3.2 正極における導電剤の添加効果…157	(3) PVDFの耐熱性……………176
3.3 導電剤の機能と配合……………157	(4) PVDFの溶解と膨潤………176
3.4 導電性カーボン…………………159	(5) PVDFとSBRの溶融温度……176
(1) 電気化学的安定性……………161	(6) 溶液粘度と温度………………178
(2) 炭素材料と不可逆容量………162	(7) 溶液中でのPVDFの結晶化……179
3.5 活物質粒子の複合化と導電剤の粉	(8) 異常ゲル化の問題……………180
体加工…………………………162	(9) 高分子量PVDFバインダー……180
(1) 粉体加工………………………162	4.8 水系バインダーの選択と塗工媒体
(2) 活物質のメカノケミカル処理……163	……………………………………180
3.6 繊維状導電剤……………………163	(1) バインダーと媒体の組合せ……180
4 バインダー……………………………166	(2) 媒体の選択……………………181
4.1 バインダーの役割とセル内の電気	(3) 製造コスト……………………181
化学環境………………………166	(4) 生産現場………………………182
4.2 活物質の結着状態と電気伝導性…166	4.9 正極・負極材への水系バインダー
4.3 バインダーポリマー……………167	の適用……………………182
(1) 種類，原形とスラリー………167	(1) 正極材と水系処理……………182
(2) 結着と接着……………………168	(2) 鉄リン酸リチウム正極………183
(3) 助剤類と不純物………………168	(3) 水系塗工スラリーのpH………183
(4) 樹脂濃度と粘度………………168	(4) SBR共重合ポリマーの構造と変化
(5) バインダー量と活物質量のバラン	……………………………………184
ス……………………………169	(5) 水系バインダーの粘度………184
(6) 物理・化学的作用……………170	(6) 水系塗工のスラリー調整……186
4.4 実用セルのバインダー…………171	(7) 増粘剤CMCの選択……………186
(1) バインダーと製造メーカー…171	(8) 濡れ性と流動性………………187
(2) 複合系バイダー………………171	4.10 中大型リチウムイオン電池のバイ
4.5 負極材の構成と電極バインダー…171	ンダー……………………188
4.6 正負極の材料プロセスとバインダー	4.11 新たなニーズとバインダシステム
……………………………………173	の対応……………………188
(1) 粉体加工とスラリー化のパターン	5 セパレータ……………………………190
……………………………………173	5.1 セパレータとセル製造…………190
(2) 製造パターンと安定化………174	(1) セパレータの諸要素…………190

- (2) セパレータの面積と容量……… 190
- (3) セパレータの機能と安全性……… 191
- (4) 大型リチウムイオン電池（セル）……… 191
- (5) セパレータの製造方式……… 191
- (6) 微多孔膜……… 192
- 5.2 セパレータの選定……… 193
  - (1) セパレータの特徴……… 193
  - (2) 電解液との濡れ性と浸透性……… 194
  - (3) セルの劣化とセパレータ……… 194
  - (4) セパレータの選定……… 195
  - (5) 安全性試験のクリア……… 195
  - (6) 電解液の入れ方……… 196
- 5.3 新しい機能性セパレータ……… 196
- 6 電解液……… 198
  - 6.1 電解液……… 198
    - (1) 電解液の種類と分子構造……… 198
    - (2) セルの電解液量……… 199
    - (3) 電解液組成の選定……… 200
    - (4) 電解液の電気分解……… 200
    - (5) サイクル特性と安全性試験……… 201
    - (6) 電解質中の電位分布……… 201
    - (7) 電解質と電解液の基礎……… 202
    - (8) ECベース電解液……… 202
  - 6.2 電解液・質の選定ステップ……… 203
    - (1) 開発設計……… 203
    - (2) 製造工程……… 203
  - 6.3 電解液と安全性……… 204
    - (1) 沸点と引火点……… 204
    - (2) 電解液と分解ガス……… 206
    - (3) 分解ガスの分析事例……… 206
    - (4) 正負極と電解液との反応抑制……… 207
    - (5) 分解ガスの経時的な蓄積の可能性……… 207
  - 6.4 電解液と表面保護層（SEI）……… 208
    - (1) SEIの形成と効果……… 208
    - (2) SEI形成化合物のタイプ……… 209
    - (3) SEI形成……… 209
  - 6.5 電解液，電解質と添加剤……… 209
    - (1) 作用部位と添加剤の効果……… 209
    - (2) 添加剤や助剤の使用目的……… 210
  - 6.6 実用電解液系と添加剤・助剤……… 211
    - (1) 材料別の難燃化剤の利用と開発… 212
    - (2) 材料シーズ別の開発……… 212
    - (3) 正極・負極表面との相互作用……… 212
    - (4) 実用セルの電解液系への添加剤… 212
  - 6.7 電解液の過充電，過放電……… 213
    - (1) セルの正常動作と過充電・過放電……… 213
    - (2) セルの定格（設計，製造基準）… 214
    - (3) レドックスシャトルなど過充電防止剤……… 214
  - 6.8 電解液とフッ素化合物……… 215
- 7 電解質とイオン性液体……… 218
  - 7.1 電解質の特性と選択……… 218
  - 7.2 コスト問題……… 219
  - 7.3 毒性の問題……… 219
  - 7.4 イオン性液体とLiの組合せ……… 221
- 8 難燃剤とゲル化剤……… 222
  - 8.1 安全性向上の具体策……… 222
    - (1) 難燃剤の添加と効果……… 222
    - (2) イオン性液体とフッ素系電解液… 223
    - (3) 漏液防止とゲル化……… 223
    - (4) 安全性とセルの耐久性……… 223
    - (5) フォスファゼン系難燃剤……… 224
    - (6) その他の難燃剤……… 225
  - 8.2 ゲル化とハイブリッド電解液……… 226
    - (1) ポリマーリチウムイオン電池……… 226
    - (2) 電解質とセパレータなどのハイブリッド化……… 226

(3) バインダーと電解液・質………227
　　(4) 全固体リチウムイオン電池………227

第4章　周辺部材（集電箔とラミネート外装材）　菅原秀一

1　集電箔 ……………………………… 229
　1.1　集電箔と電気化学特性 ………… 229
　　(1) セルと集電箔 ………………… 229
　　(2) 製品セルにおける集電箔の厚みと目付量 …………………………… 229
　　(3) 小型セルの集電箔の実際 …… 230
　　(4) 正負極の集電箔の機能 ……… 230
　　(5) 負極－銅集電箔の機能 ……… 231
　1.2　集電箔に求められる特性 ……… 232
　　(1) 集電銅箔の種類と特性 ……… 233
　　(2) アルミ箔（正極）の電気化学的特性 ………………………………… 234
　　(3) 銅箔（負極）の電気化学的特性 … 234
　1.3　集電箔の性能向上 ……………… 236
　　(1) 集電箔の導電特性改良へのニーズ ………………………………… 236
　　(2) 塗工前の箔表面 ……………… 236
　　(3) メッシュの効果 ……………… 237
　　(4) リチウムイオンキャパシタ（LIC）用箔 ……………………………… 238
　　(5) 表面処理と高機能アルミ箔 … 238
　　(6) アルミ箔へのカーボンコーティング ………………………………… 240
2　ラミネート外装材 ………………… 242
　2.1　中・大型リチウムイオン電池の外装材の機能 ………………………… 242
　2.2　セルの外装材と電極構造 ……… 242
　2.3　ラミネート用外装材の構成と融着 ………………………………… 242
　2.4　ラミネートセル用アルミ芯包材の用途と厚さ …………………………… 244
　2.5　構成層の機能と材料 …………… 244
　　(1) 機能と材料 …………………… 244
　　(2) 成型加工 ……………………… 245
　2.6　セルの大型化とラミネート包材 … 245
　2.7　アルミ包装材以外の材料 ……… 245
　2.8　シーラント材によるタブの封止 … 245

第5章　大容量Liイオン二次電池と材料の市場展望

1　xEV（電動自動車）用Liイオン二次電池の市場展望　　風間智英…249
　1.1　xEV市場展望の前提条件 ……… 249
　　(1) 乗用車市場の拡大 …………… 249
　　(2) 石油価格の上昇 ……………… 250
　1.2　自動車市場の変化 ……………… 250
　　(1) 低燃費車ニーズの拡大 ……… 250
　　(2) カーメーカの対応 …………… 252
　1.3　xEV市場の動向 ………………… 252
　　(1) HEV市場の動向 ……………… 252
　　(2) EV市場の動向 ………………… 256
　　(3) PHEV市場の今後 …………… 256
　1.4　xEV市場及びxEV用電池市場の展望 ………………………………… 256
2　電動二輪車用Liイオン二次電池の市場展望　　坂本遼平…259
　2.1　電動2輪市場の将来予測 ……… 259
　　(1) 過去の市場形成 ……………… 259

- (2) 将来の市場見通し ………………… 260
- (3) 注視すべき動向 ……………………… 262
- 2.2 電動2輪向けのLIB市場の将来予測 ……………………………………… 262
  - (1) LIB搭載容量 ………………………… 262
  - (2) LIB化率の見通し …………………… 264
  - (3) LIB市場（容量ベース） …………… 265
- 3 定置用Liイオン二次電池の市場展望 …………………………… 藤田誠人…267
- 3.1 定置用LIB市場の種類と特徴 ……………………………………… 267
  - (1) 既存市場 ……………………………… 267
  - (2) 新規市場 ……………………………… 268
- 3.2 定置用市場の変化 …………………… 268
  - (1) B-1：系統安定化のため発電所／送電網へ設置 ……………………… 268
  - (2) B-2：送電網への投資延期を目的として配電所へ設置 ……………… 269
  - (3) B-3：非常時バックアップや電気代削減のための住宅・建物など電力需要家へ設置 ……………… 270
- 3.3 定置用LIB市場の動向と予測 …… 271
- 4 Liイオン二次電池の材料市場展望 ……………… 合田索人, 坂本遼平…273
- 4.1 材料市場の現状 ……………………… 273
- 4.2 正極活物質 …………………………… 274
  - (1) 現状・分類 …………………………… 274
  - (2) 使用量の見通し ……………………… 274
  - (3) 需要推計 ……………………………… 274
  - (4) 今後の競争環境 ……………………… 274
- 4.3 負極活物質 …………………………… 275
  - (1) 今後の展望 …………………………… 275
  - (2) 使用量の見通し ……………………… 276
  - (3) 需要推計 ……………………………… 276
  - (4) 今後の競争環境 ……………………… 276
- 4.4 電解液・電解質 ……………………… 276
  - (1) 今後の展望 …………………………… 276
  - (2) 使用量の見通し ……………………… 277
  - (3) 需要推計 ……………………………… 277
- 4.5 セパレータ …………………………… 278
  - (1) 今後の展望 …………………………… 278
  - (2) 使用量の見通し ……………………… 278
  - (3) 需要推計 ……………………………… 279
  - (4) 今後の競争環境 ……………………… 279

第1章　大型リチウムイオン電池（セル）の現状と開発動向

　第1章において，リチウムイオン電池（セル）の電気化学的な構成と材料に関して概要を述べ，以下の章の説明の基礎としたい。

　二次電池は電気化学的な原理で動作する"化学電池"であり，特にリチウムイオン電池はこれまでの水系の電気化学とは異なる"有機電気化学的"な領域での動作である。また正・負極の活物質も，リチウムイオン電池が登場した1990年代から新たに開発された化合物が多く，古典的な文献資料には全く見られない化学物質が多い。

　セパレータ，バインダーなどの機能性ポリマーの大幅な採用も，従来の二次電池には見られなかったことである。樹脂フィルムやふっ素樹脂など，大きな生産インフラを有する日本の化学産業が，この新たな材料開発と供給に大きな役割を果たしたと考えられ，今後ともその発展がリチウムイオン電池（セル）の性能向上の基礎になるであろう。

　一方で蓄電デバイスとしてのリチウムイオン電池（セル）は，容量（エネルギー）特性と出力（パワー）特性，さらにサイクル特性が求められる。これらの二次電池工学的な事項は比較的馴染みが薄く，教科書的な参考資料も少ないので，本章においてセルの構成なども含めて，必要最小限の解説を加えた。

1　セルの電気化学的な構成と材料

　以下の説明において，正・負極材を，特別な場合を除いては，次の略記とした。

　正極材では，マンガン酸リチウムをLMO（一般的にはスピネル型結晶はs-LMO），コバルト酸リチウムは，LCO（層状構造結晶），ニッケル酸リチウムは，LNO。多元系では，LNCMでNi／Co／Mn三元系を示す。なおNCMの順序は業界で特に決まった表示ルールはない。鉄リン酸リチウムはLFP（文献などではLIP（IはIron）表示もある）とした。

　負極材では，チタン酸リチウムをLTOとして示す。以上でLはLiを示すが，NCM系などとLを示さない表示もメーカーのカタログなどには多い。

1.1　リチウムイオン電池の特徴と動作

　図表1.1.1に現在のリチウムイオン電池（セル）の特徴を，高いエネルギー，ハイパワーとサ

菅原秀一　Shuichi Sugawara　泉化研㈱　代表

大容量 Li イオン電池の材料技術と市場展望

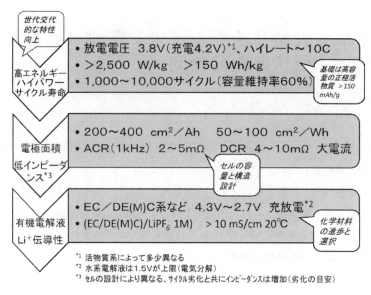

図表 1.1.1　リチウムイオン（セル）の特徴

イクル寿命など代表的な特性で示した。これらは従来のニッケル水素などの二次電池からは"世代交代的な特性向上"である。これらの優れた特性は，大きな電極面積によるセルの低インピーダンス（内部抵抗）化，高いイオン伝導性および3〜4Vの高い充放電電圧を可能にした有機電解液（非水溶液電解液）と電解質の採用によるところも大きい。これらの特性は現在の標準的な正負極活物質と電解液系で比較的容易に得られるレベルである。今後ともより高い性能を目指して化学系原材料とポリマー系部材ならびに金属系材料の開発が進行するであろう。

　リチウムイオン二次電池が，正極と負極に Li イオンが出入り（インターカレート）する化学電池であることは，最近では常識になりつつある。図表1.1.2はセルの内部でのイオン伝導と電気（子）伝導の区分を説明するための模式図である。正極層と負極層はそれぞれ集電箔に電気的に接続され，接続面とそれぞれの電極層の中でも，可能な限り高い電気（子）伝導性を持つことが必要である。セル全体は Li 塩（支持電解質）を溶解した有機電解液で満たされており，セパレータをも含めて全体が高いイオン伝導性とイオン透過性を持つ必要がある。セパレータは正極と負極間の電気（子）伝導を遮断（セパレート）する機能であるが，イオン伝導性を阻害しないためには，電解液を含浸可能な微多孔膜ないしは不織布で構成される。

　実用セルはこの図表1.1.2の構成を，積層（ラミネート）あるいは捲回（円筒型など）によって，必要な電極面積を有する複合体とし，さらに外装容器に収納（密封）した構造である。正極と負極はそれぞれに収束（機械的，電気的に接続）され，電極端子としてセルの外部に出される。この様な構造はニッケル水素二次電池などの他の化学電池と共通であるが，図表1.1.7および後の第2章で示すように，セルとして大きな電極面積を有し，電圧と電流の高いセルを安定に維持することは，材料技術と製造技術上の大きな課題である。

第1章　大型リチウムイオン電池（セル）の現状と開発動向

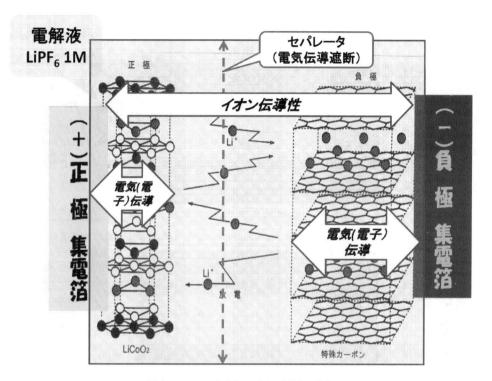

図表1.1.2　リチウムイオン電池の動作

1.2　セルの電圧と正常動作領域
(1)　動作する電圧の範囲

　二次電池であるリチウムイオンセルは正常に動作が可能な，可逆的にサイクル動作ができる範囲はかなり狭い。図表1.1.3に電圧との対比で充電と放電のカーブを示した。グラフ横軸の端子電圧（V）（＝正極電位－負極電位）は，充電上限（終止）電圧＝放電開始電圧が4.2～4.3V，放電下限（終止）電圧が2.5～2.8Vである。なお左記の電圧は正負活物質の組合せで異なる（第2章5参照）。正常動作範囲を超えると，活物質の不可逆な構造変化や電解液の分解などが起きる。セルとセルのシステム（パックやユニット）においては，電気的な制御で過充電や過放電に至らない範囲でセルを監視・制御している必要があり，充放電制御やバッテリー・マネージメントシステム／BMSなどの機能が不可欠である。

(2)　セル内部の電気化学

　以上のような制約は，後に第3章で示す正負の活物質や電解液の電気化学的な特性に起因する。新たな材料の開発によって，この制約を可能な限り回避することが，セルの特性向上に直結するが，電気化学的な原理の壁は高く，新しい材料の創製はかなり困難を伴う。正常動作範囲内であってもセルの劣化は進行し，いわゆる"サイクル劣化"と言われる現象であるが，劣化が累積して放電容量が低下した状態がセルの"寿命"である。JIS C 8711では初期容量の60％相当

大容量 Li イオン電池の材料技術と市場展望

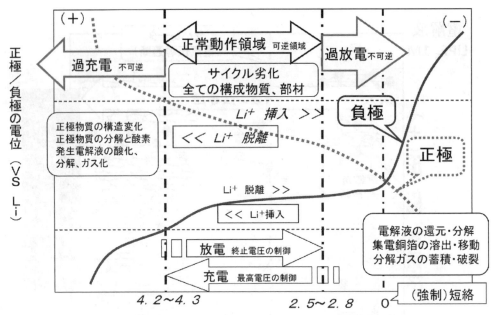

図表 1.1.3　リチウムイオン・セルの正常動作領域（端子電圧）

時点を目安としている。この時点ではエネルギー特性（放電容量 Wh）は－40％であるが，パワー特性（短時間の出力 W＝A×V, 第1章2を参照）などはそれ以上に低下しており，実用面での制約となる。

1.3　正極・負極の電位と電解液の電位窓
(1)　電位窓

正極と負極で構成されるセルの電圧（端子電圧）は，正極の電位と負極の電位の差となる。従って電位の異なる正極と負極の組合せによって，セルの端子電圧は異なってくる。一方で，実際のセルは使用できる電解液系（有機電解液に Li 塩の電解質を溶解）の"電位窓 PotentialWindow"（3章図表3.6.3参照）の制約があり，電位窓の範囲を超えた動作は不安定になる。図表1.1.4 はこの問題を，電位の異なる5種類の正極材と同じく2種の負極材について図示したものである。

汎用の炭素系負極は，セルの端子充電後（Fully Lithinated）は理想的には LiC_6 として，ほぼ 0V に達する。従ってセルの端子電圧はそれぞれの正極電位と同じである。一方，チタン酸リチウム LTO の電位は，$Li_4Ti_5O_{12}+xLi+xe^- \rightarrow Li_{4+x}Ti_5O_{12}$ の反応によって，1.5V に至る。従って，LTO 負極のセルは同じ正極材を使用しても，炭素負極の場合よりも 1.5V 低い端子電圧となる。そうして LTO 負極のセルは，Wh 容量（＝Ah×V）で示すと電圧が低い分だけ，約－40％

第1章 大型リチウムイオン電池（セル）の現状と開発動向

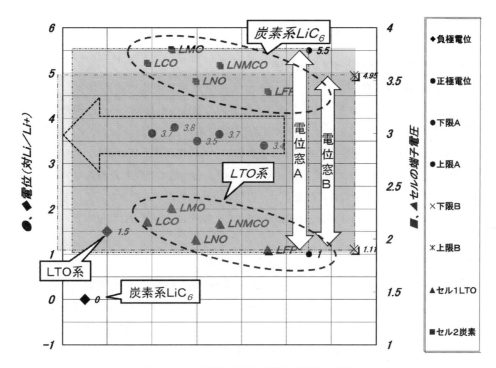

図表1.1.4 正極，負極の電位と電解液の電位窓

となる（LMO正極のケース）。

(2) 汎用の電解液

電解液の電位窓との関係では，汎用のカーボネート系電解液（環状カーボネートのＥＣに鎖状カーボネートのDECなどを配合）の電位窓は，図表1.1.4に示したような1.0～5.5Vである。この範囲は電解液系のサイクリックボルタンメトリー（CV）などの方法で測定した値である（図表1.1.4中の電位窓A）。この方法が実際のリチウムイオン・セルの動作条件（電解質の濃度や電極近傍の電圧勾配 3章図表3.6.4 電解質中の電位分布）と対応しているか否かは判断し難いが，CV法は数回の繰り返し測定における電流の流れ（$\mu mA/cm^2$ など）で電解液の分解開始電圧を見ているのに対して，実際のセルは数千回の充放電サイクルに曝される。従って，実セルでの電位窓は，CV法よりは狭い範囲となろう。図表1.1.4中には電位窓A（CV法）と電位窓B（仮にAの10%狭い電位窓）を示した。

この図からは，LMO／炭素系は正極，負極ともに電位窓をはみ出しつつある。一方LFP／LTO系は端子電圧は低いが（約1.9V）動作範囲が電位窓の内側に寄っているので，電解液の分解への懸念は非常に少なくなり，安全性も高い。なお以上の図表1.1.4の表示はスペースの都合上，図の左軸に電位，右軸に端子電圧を示したのでわかりずらいが，文献[*]に簡潔明瞭な図示が

* 小久見善八 編著「リチウムイオン二次電池」オーム社（2008）

1.4 セルの過充電，過放電とイオン伝導性

(1) ノイマン機構と過充電

リチウムイオン電池はニカド，ニッケル水素などの二次電池と比較すると，過充電と過放電（特に前者）に弱いと言われる。ニッケル水素電池に例を取ると，いわゆるノイマン機構として，図表1.1.5に示す過充電と過放電に対する保護機構がセルに組み込まれている。ニッケル水素電池では負極の容量を正極より大きく設定（A/C＞1.0），過充電で発生した酸素ガスを負極で還元，過放電で発生した水素を負極で酸化して，自己完結的に処理が可能となっている。この機構は水の電気分解で発生するのは酸素と水素だけであり，酸化によって水に戻せるという原理が活かされている。

(2) 過充電からの保護

一方，リチウムイオンセルで何らかの保護機構を導入できないかという問題は，リチウムイオンセルの場合は過充電と過放電の過程で，有機電解液の電気化学的な分解によって不可逆な（後戻りのできない）現象を伴っているために，不可能と考えられている。別の方法として"レドックスシャトル"の考え方で過充電のエネルギーを特定の物質によって吸収，除去する方法が検討されている（第3章6電解液を参照）。

(3) イオン伝導と電気伝導の向上

この問題を，実際のリチウムイオンセルの構成物質と部材との関係で，図表1.1.6にまとめた。実際のセルにおいて，Liイオン伝導は電解液内部でのイオンの伝導（イオンの輸送率）と，電極の活物質層の中を移動する輸送距離の問題が含まれる。正極と負極の結晶化学的環境は物質として変えられないとして，正負活物質内部での移動距離は正負極の粒子の大きさに関係し，実際の高速充放電特性に影響が大きい。最も影響が大きいのは電解液と電解質であるが，実際に工業製品に使用可能な化学物質の制限から，後に述べる電解液組成に限定されることになっている。セパレータはイオン伝導を阻害しないとの消極的な存在ではあるが，セパレータとしての機能を維持可能な範囲で，イオン伝導をスムースにする膜の構造が望ましい。具体的には空隙率のアップ，薄膜化などであるが，左記の機能と相容れないケースが多い。

なお，電気（子）伝導は物質（正負極活物質，導電剤など），それ自体の電導性もさることながら，粉体混合物としての点接触や集電箔との接触（界面）抵抗など物理的な問題に依存し，電極板の製造技術との関連が強い。

1.5 セルの電極面積と正極活物質

リチウムイオンセルにおいて，電極面積が大きくなる理由は先に述べた。図表1.1.7は実際の製品での電極面積をWh（＝Ah×V）およびAh容量あたりの値で示したものである。なお，ここでAhとWhはセルとして（正極＋負極）の値である。傾向としては負極は正極の10%ほど

第1章　大型リチウムイオン電池（セル）の現状と開発動向

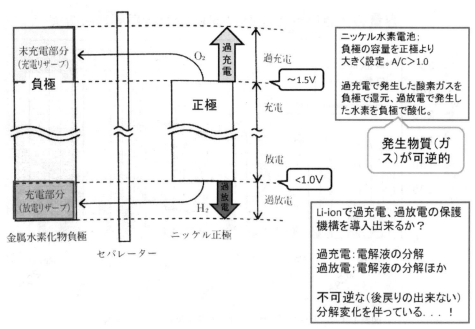

出典：電気化学便覧第5版（電気化学会，丸善書店）

図表1.1.5　ニッケル水素電池の"ノイマン機構"

増強＆機能アップ＝リチウムイオンセルの設計・製造

伝導性	正極	負極	導電剤	集電箔	セパレーター	バインダー	電解液	電解質
Li$^+$イオン伝導	（原理的には結晶構造で決定される。充放電過程での結晶構造の維持）		（関係なし）		低インピーダンス化（薄く、高空孔率）	（イオン伝導を阻害しないこと）PVDFは電解液に膨潤状態でLi$^+$透過性	より高い伝導率 mS/cm 値 Li-Fx 高誘電率の電解液 低温でのイオン伝導性維持（粘度）	
イオンの輸送性（距離）	小粒径化（一次、二次粒子モルフォロジー）、電極板の薄塗		高速充電・放電					
電気（子）伝導	電子電導性の高い活物質の選択、容量と電導性のバランス	炭素系は高い自己導電性、LTOなどは要増強	均一な混合・混練。効率の良い電導剤	受動的ではあるが、広い電圧域で箔の溶出防止	電導性遮断、遮断の長期維持	バインダーは絶縁物質であり、電子電導は阻害（基本）	（原理的には無関係）電解液の分解物質（充放電サイクル）による電気伝導の阻害	

総合して、内部抵抗の低い入出力特性の高いセル

図表1.1.6　イオン伝導と電気（子）伝導

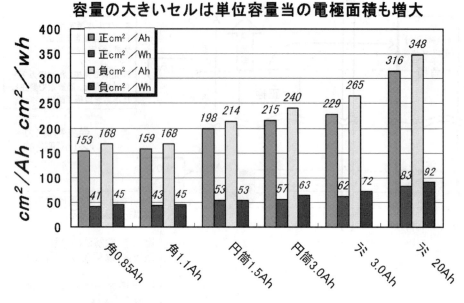

図表1.1.7 リチウムイオン・セルの電極面積（正極，負極）

大きな電極面積となっている。これはセル設計の中でA（負極）／C（正極）比を1.0より大きく取るためであり，同時に捲き込んだ（あるいは積層した）セルの中で負極と負極の端部がセパレーターを挟んで重ならないように（ずらして）負極を大きく取った結果である。大型セルになるほどで電極面積は大きくなるが，これは大電流の流れる，内部抵抗の小さなセルであることを示しており，後に述べるセルのパワー特性とエネルギー特性のバランスの問題でもある。

1.6 正極活物質の電子伝導性とセルの内部抵抗
(1) 電子伝導性

図表1.1.8に文献から正極材の結晶構造を引用した。電気化学的にまた実用セルの電極板を製造する上でも，正負の活物質の電気（子）伝導性のレベルは大きな問題である。リチウムイオン電池が初めて開発された当初の正極材はコバルト酸リチウム（LCO）だけであり，比較的高い電気伝導性を有する物質であった。その後開発された正極材のマンガン酸リチウム（LMO）やニッケル酸リチウム（LNO）は比較的電気伝導性が低く，実用上は導電材であるアセチレンブラック等の配合方法を工夫して対処している（第3章3を参照）。電気伝導性のない活物質は，正極では鉄リン酸リチウムLFP（オリビン構造），負極ではLTOがある。これらは粒子の表面に炭素をコーティングして導電性を付与する方法が取られている。コーティングされた炭素は充放電容量には寄与しないので，容量的には無駄な存在である。

セルとしての電気伝導性は，集電箔と活物質粒子の接触度合いや，集電箔の表面の酸化膜の問題などとも関連するが，これは第4章1で述べる。

第1章　大型リチウムイオン電池（セル）の現状と開発動向

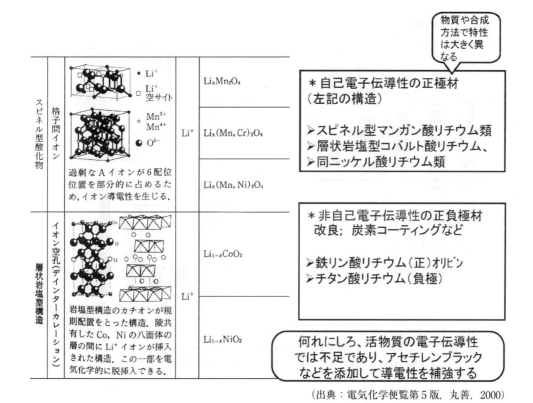

（出典：電気化学便覧第5版，丸善，2000）

図表 1.1.8　正極活物質の構造と電子伝導性

(2) セルの内部抵抗

　内部抵抗はセルの製造の過程でも重要な特性因子として測定され，品質管理のパラメーターとなっている。セルが充放電装置に接続されている状態では直流抵抗 DCR も容易にデータが得られるが，電圧のあるセルを DC テスターでは抵抗が測定できないので，簡便に測定ができる交流抵抗 ACR が評価に有効である。汎用の LCR デジタルテスターなど。図表 1.1.9 の上図は容量の異なる各種のセルの新品（サイクル初期）の 1kHz 交流抵抗（ACR）である。小型のセルは2桁 $m\Omega$ であるが，大型では1桁となり極めて低い内部抵抗である。大型セルは大電流を流すことが主な目的であり，自動車用途などはこの特性が最も重要である（電圧の制御はパワーコントロールユニット（PCU）がモーターとの間で行う）。

　図表 1.1.9 の下図は大型セルの劣化などの過程を ACR の変化で追ったデータである。サイクル劣化や過放電，過充電などで ACR が大きく（桁が変わって）増大している。内部抵抗はセルの寿命評価などにも使用され，総合的にセルの状態がわかるパラメーターである。なお，ACRの測定は電気回路などが付かない"裸セル"状態で行う必要があり，PTC 素子などを含む回路が入ると正確な値にはならない（回路が応答してくる）。

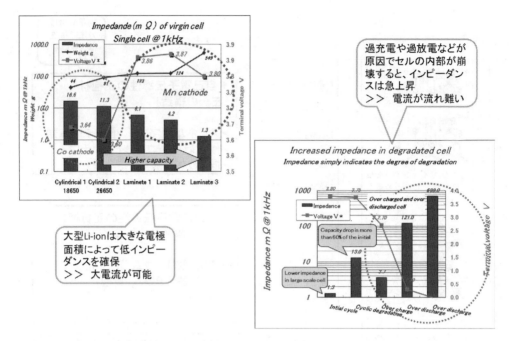

図表1.1.9 電極面積とセルのインピーダンス（ACR）
（左）セル（正常）のサイズとACR，（右）セルの劣化とACR

1.7 セルの性能向上と伝導性の維持

　以上で説明した事項をまとめとして図表1.1.10に示した。電気（子）伝導性のアップにはアセチレンブラックなど導電剤を活物質に効果的に分散・付着させ，結着剤（バインダー）で固定する方法となる。長期にわたって電導性を維持することが二次電池としては必須であり，電極の内部剥離やセル内部でのガス発生などが起こらないような対策が必要であるが，これは原材料と部材，さらに電極板の製造技術全般に関係する。

　イオン伝導性は電解質と電解液の特性に大きく依存するので，製造技術面での関与は少ないが，長期にわたるイオン伝導性の維持はかなり困難である。過充電や過放電は電解液の特性を大きく損なうので，最低でもこれらは避けなければならない。左記の問題はセルを構成する正極と負極の電位の制御を，設計時点で折り込んで置くことで解決できる部分もある。

　先の図表1.1.10と同様な書き方で，インピーダンスの低減と維持の問題を図表1.1.11に示した。同時にAhとWhの容量向上の問題も含めたが，これはセルのパワー特性とエネルギー特性を対比させたためである。インピーダンスの維持はおよそ充放電の伴う全ての問題を引きずっており，放電容量の維持とも区分が付け難いが，図表1.1.11の下半分に記述した現象はセルの中では，一旦起これば回復不能な劣化である。詳細は第3章1（正極材）で扱うが，Mnを成分とする正極はMnイオンが45℃以上で溶出し易く（室温25℃では溶出は少ない），セパレータを通過して負極の表面に沈積して負極電位を上昇（セル端子電圧の低下）させる。Alなど異種元

第1章　大型リチウムイオン電池（セル）の現状と開発動向

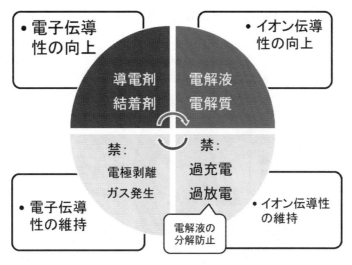

図表1.1.10　リチウムイオン二次電池，機能の向上と維持(1)

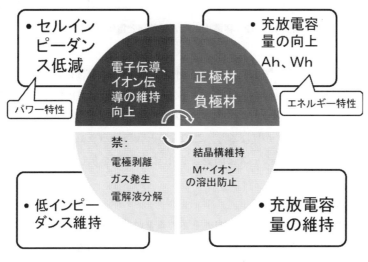

図表1.1.11　リチウムイオン二次電池，機能の向上と維持(2)

素の導入などの対策もその効果は限られている。LiBOB電解質の併用などが有効と言われている（第3章7参照）。

1.8　標準セルモデルの体積と重量試算

(1)　セルの体積と重量

図表1.1.12にモデル的なセルの設計をベースにした，標準1Ahセルの体積と重量の試算を示した。セルの設計や使用する材料は多種多様であり，これは一例であるが原材料に関するイ

大容量 Li イオン電池の材料技術と市場展望

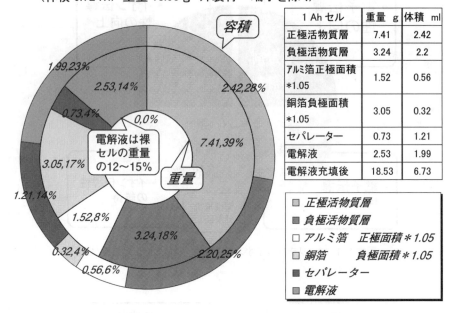

図表 1.1.12　標準 1Ah セルの体積と重量（試算）

メージを持っていただくために図示した。重量と体積はそれぞれの材料の比重で換算されるが，比重の高い正極材料と銅箔（負極の集電）が大きな重量を占める。電解液（電解質を含む）は重量では 12〜15％であるが，安全性（可燃性）とコスト（電解液の単価は相対的に高い）において重要である。セルの設計指針が異なると，この重量と体積のバランスも変化するが，特に電極面積の大きくなるパワー設計のケースは図表 2.5.16 に計算例を示したのでそちらを参照されたい。

(2) 製品セルの重量例

　先に試算した"裸セル"の重量と，実際のセルの重量の比較を図表 1.1.13 に示した。標準モデルは計算値，実際のセルは積層，円筒，小角型は製品の事例である。実際のセルは外装材や端子類が重量に加わるので，標準モデルとした計算値より 1.5 倍ほど重くなっているが，Ah 容量に対しては比例関係はかなり取れている。重量に最も影響が大きいのは，同一の Ah 容量であっても W／kg 値の高いパワー設計のセルである。この場合は活物質の総量は同じであっても，電極面積を 1.5〜2 倍程度大きく設計するので，集電箔（特に比重の高い銅箔）やセパレータおよび電解液の重量が増加して重いセルになってくる。

(3) Ah 容量の設定

　実際に自動車用途などで，ユニットセルの Ah 容量はどの程度が最適であるかという問題は，セルを設計・製造する側と，セルをモジュール，ユニットと組んで車載用に設計する立場で考え方が異なり，現時点で結論がでることではない。後に本章 3 で詳しく述べるが，比較的容量の少

第1章　大型リチウムイオン電池（セル）の現状と開発動向

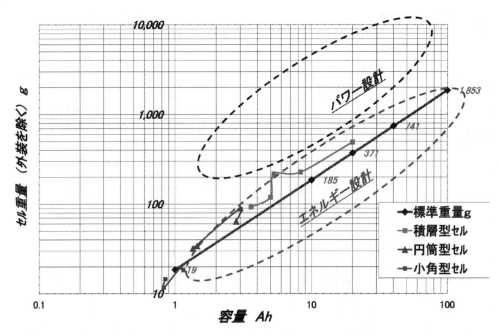

図表1.1.13　リチウムイオン（裸）セルの重量
標準モデルは計算値　積層，円筒，小角型は製品の事例

ないHEVでは1～5kWh／車，大きなEVでは10～20kWhを超えるトータル容量となる。前者の場合は10Ah程度のセルを組んでモジュール化すれば良いが，後者の場合は50Ah程度のセルにしないとトータルのセル数が多くなりすぎて不都合であろう。現在生産ないし試作されているセルは最大は三菱重工業㈱の96Ahがあり，EV用の例としては三菱自動車㈱の50Ah（セル内部は2セルのユニット）がある。10～20Ahないし40Ahのセルは汎用の産業用のセルとして多くの設計事例がある。量産セルとして製造工程に流す場合は，生産設備の設計や運用とセルのサイズは密接に関係するので重要である。特に規格などで決まってはいないが，VDA（ドイツ自動車連盟2010ドラフト）の自動車用リチウムイオンセルの規格案においては，最大で60Ah，PHEV用途で20～25Ahである。

1.9　リチウムイオンセルの構成原材料

(1) 基本的な機能

　リチウムイオン電池（セル）の原材料に関しては，第3章において詳細に扱うが，ここでは総論的に構成原材料の基本的な機能を図表1.1.14と図表1.1.15に示した。リチウムイオン電池（セル）の基本性能は後にセル設計との関連で述べるように，正極材の優れた特性（容量と入出力）が基本である。充放電のサイクルの中で，正極が安定に機能するためのサポートが負極の機能である。導電剤やバインダーは，正極負極が電気的に動作する導電環境を発現するための助剤

材料		基本機能1	基本機能2	物質、部材	メリット	問題点
正極 (活物質)	現用品	Liイオンの放出(充電) Liイオンの収納(放電)	結晶構造の安定、成分の非溶出	LCO、LMO、LNMCO、PFP	(それぞれの特性を活かしたセル設計と用途展開)	
	開発品			高容量系 >200mAh/g	高容量セル	電解液の耐性
負極 (活物質)	現用品	Liイオンの放出(放電) Liイオンの収納(充電)	サイクル性、高速充放電性	黒鉛系、非黒鉛系	(それぞれの特性を活かしたセル設計と用途展開)	
	開発品			LTO、合金系、炭素複合系	高速充放電 高容量 容量,安全性	低容量 電極製造
導電剤	現用品	活物質相互の導電、集電箔との導電	分散性、活物質粒子との融合性	カーボンブラック	(それぞれの特性を活かしたセル設計と用途展開)	
	開発品			CNF、VGCF	少量で高い導電性	分散性、コスト
バインダー	有機溶解系	活物質相互の結着、集電箔との接着	電極板製造工程における粘度維持、均一性ほか	PVDF/NMP	正極負極	NMPの回収
	水分散系			SBR/水 PVDF/水	負極	増粘材CMCの不安定性

注) コバルト酸リチウム/LCO, マンガン酸リチウム/LMO, (ニッケル, マンガン, コバルト) 3元系/LNMCO, 鉄リン酸リチウム/PFP, チタン酸リチウム/LTO, カーボンナノチューブ/CNT, 気相成長炭繊 VGCF, ポリフッ化ビニリデン/PVDF, スチレンブタジエンゴム/SBR

図表1.1.14 リチウムイオン電池(セル)の材料(1)

であるが、電極製造の過程では"プロセス材"としての機能が期待され、塗工スラリーの粘度維持や塗工性能などへの影響が大きい。

(2) **正・負極開発品の性能**

いずれも現用品と開発品に別けて示したが、両者の境界は明確では無く、用途によっては優れた性能の開発品が採用されるケースがある。"現用品"は現段階でもレベルは相等に高く、先に図表1.1.11で述べた代表的なセルの製造は、現用品の技術レベルで十分に達せられる。"開発品"は当面の改良やコストダウンを目的とした場合もあるが、第1章5のロードマップが求める性能向上や、より一層の安全性を目的とした次世代の材料開発でもある。

(3) **電解液など**

ここでも総論的に示すにとどめ、詳細は第3章6を参照されたい。図表1.1.15にこれらの材料の基本性能、物質、部材とそのメリットや問題点を要約した。電解液、電解質と添加剤類は、電気化学的なイオン環境をセルの内部に発現するための化学種であり、正極と負極の充電放電の機能をこれらがサポートしてセルは機能する。量産可能で安全性などに問題のない左記の化学物質はかなり限られており、実際には極めて限定された種類の電解液や電解質で実用リチウムイオン電池(セル)は構成されている。電解液のカーボネート類(環状、鎖状)、電解質の$LiPF_6$はほとんどの実用セルに使用されており、添加物などによる部分的な特性改良はあるとしても、基

第1章　大型リチウムイオン電池（セル）の現状と開発動向

材料		基本機能1	基本機能2	物質、部材	メリット	問題点
電解液		電解質の溶解とイオン伝導性	電解液系として低温特性と高温と高電圧における安定性	カーボネート類（環状、鎖状）ほか	（ほぼ汎用セル設計として共通化、	安全性
電解質		高いLiイオン解離性		LiPF6		化学品の安全性
添加剤		正極、負極表面の安定化、難燃化	過充電、可能電への耐性アップ	VCほか燐系、ふっ素系物質ほか	サイクル特性アップ、不燃化（安全性）	更に安全性のアップ
セパレーター	現用品	セル内,電気伝導遮断、イオン伝導アップ	内部短絡の防止（長期）	多層ポリオレフィン系	薄く軽量	ピンホールの完全排除
	開発品		過酷条件下の左記特性	耐熱性不織布ほか	耐久性	重量、コストアップ
集電箔		正負極から集電	セル内部からの伝熱	正極アルミ負極銅		界面電気抵抗の低減
外装材、缶	ラミネート材	セル形状維持と電解液の密閉	安全性試験に耐える機械強度	樹脂/アルミ	軽量	強度の限界
	金属函体			鉄Niメッキ	強度	成形加工
端子部材	板・棒状	溶接性大電流耐性	セル内部からの放熱	銅、銅Niメッキほか		
	薄板（タブ）					

図表1.1.15　リチウムイオン電池（セル）の材料(2)

本性能はここで決まっている。技術的なブレークスルーが実用や量産レベルではなかなか実現し難い部分である。

(4) その他の部材

セパレータも上記の電解液系などとかなり類似の状況にあろう。これに依ってセルの特性（容量，出力）が大きく向上することは原理的にないので，正・負電極間の電気伝導遮断，セル内部のイオン伝導維持（セパレータの低インピーダンス動作）と言う基本機能を忠実に果たすのがセパレータの役目である。現在多くの合成樹脂メーカー，特にフィルム技術を持つメーカーがこの部門に新規参入を計画している。新たに乾式二軸延伸製法，アラミドなど耐熱性素材の利用，不織布基材無機コーティングなどの技術が導入されている。

集電箔，外装材や端子部材などは，セルの内部と外部の連結を密閉状態を維持して行うための部材である。実際的には後に述べるセルの内部構造やセルの使用時の組合せ構造（連結）に関わるので，まさにケースバイケースとなるが，量産段階の生産性や実装状態での安全性（セルとモジュールの過酷試験）に重点をおいた材料の選定になる。

1.10 劣化から見たリチウムイオンセル

(1) 劣化と改良の観点から

　種々の問題はむしろ，セルの劣化とそれに対する原材料の改良の観点から見る方が有効であることは，先の図表1.1.14と図表1.1.15に示した。劣化は最終的にはセルの電気特性で把握する必要があり，図表1.1.16に a.～f.の6項目に分けて示した。セルの劣化は"原因と結果が複合した"非常に判断が付き難いケースが多い。ここでは直接原因と間接原因にあえて分類したが，これで全てカバーすることは不可能であり，従って対策もかなり大まかな内容しか指摘できない。最も困難なのは安全性である。

　劣化は1.製造工程で予測が付く項目と，2.使用段階（充放電）で進行する項目，あるいはセルの3.材料選定や4.設計段階で考慮すべき内容があろう。品質保証の可能な工業製品を供給する立場からは，3.と4.を最大限配慮した上で1.に重点を置くべきであろう。特に初充電後の自己放電のモニターは，そのセルの使用段階での劣化を予想できるので，厳しく管理すべきであろう。

(2) 原材料の劣化の原因と結果

　先の図表1.1.15と重複する部分もあるが，図表1.1.17に「リチウムイオンセルの劣化，原因と結果，原材料・部材」として，活物質，バインダー，集電箔，セパレータ，電解液および電解質の項目ごとに，劣化の原因と結果を示した。ここで"セルの劣化"とは，妥当なセル設計

劣化・低下の項目		直接原因		間接原因	対策
		セル要素	観察		
a.(充電)放電容量	Ah、Wh	正極；Mnイオン溶出、表面にLiF沈積 負極；SEI膜劣化、Li沈積 電解液；酸化・還元でガス化	内部インピーダンス増加mΩ 電流・電圧ダウン SOC幅狭化 90%＞60 Ex	（主にセルの外部からの作用） 定格条件外での使用 （充放電器の不適合、誤接続ほか） 高温(>45℃) 封止漏れ 振動、応力 減圧、加圧	原材料の電気化学的な安定性アップ *1 セル設計マージン
b.(充放電)速度(Cレート)	A、 $W=A \times V$				
c.回生効率	KWh@SOC				
d.電流効率β	$K_s=K_p/(1+Z(1-β))$, Zサイクル数	負極の粉化表面積増大	（放電／充電）比＜90%		
e.電圧(自己放電)	$\Delta V/day$	内部短絡（マイクロショート）	セパレーターの黒点		異物、セパレーター強化
f.安全性		セル膨張破裂、漏液	電解液；酸化・還元でガス化		

注）正常な充放電サイクル下での使用（過充電，過放電，高温，振動などの条件下を除く）

図表1.1.16 「劣化」から見たリチウムイオンセル(1)

第1章 大型リチウムイオン電池（セル）の現状と開発動向

材料と部材 左記の[ ]は潜在的な可能性 (( ))はコメント		物理化学的変化(物質の本質的特性)が原因*0		原料・部材の製造と加工に原因*1	原料・部材の取り扱いに原因*2	電極板とセルの製造工程に原因	(長期)充電・放電や使用方法に原因
活物質 セルの性能向上に伴い、物理化学的限界を超える場合が出ている	正極材	Li放出に伴う結晶歪み 微粒子化による反応性増大	酸素の発生(高温) Mn+の溶出(45℃域)	{Liの化学量論異常}	粉体の吸湿、酸化、異物混入	空隙、導電剤の偏在、凹み	((異常使用、過充電、過放電の起こる状況を回避すれば、これらがセルの劣化に直結する可能性は少ない))
	負極材	Li挿入に伴う膨張・収縮			表面で電解液の分解、ガス化		
バインダー	PVDF系	{NMP溶剤酸化物質のセルへの残留}		{重合助剤の残留} {回収NMP}	((ここで異常があると、正常な極板が出来ないので自ずと排除される))	接着、結着の不良＞剥離	((SOCを0～100%で使用するとセルの劣化は進行し易い))
	SBR水系	{界面活性剤、増粘剤の電気化学的分解}		{アルカリpH}			
集電箔	正極アルミ	((4.2～2.7Vでは安定))	((製品の品質は安定しており、劣化の原因にはならない))	表面の酸化保管管理	プレス、スリット工程で粉落ち、端部バリ＞セパレーター破損	((ハイレート充放電はセルの劣化を促進する))
	負極銅	{0V付近で溶解}	((同上))			
セパレーター		{正極電位、酸素によるポリオレフィンの酸化分解}		ピンホール、編肉、強度低下	組立捩れ、ズレ、カット不良	電解液の含浸不良(ドライスポット)	長期使用(温度)下でのズレ、収縮など
電解液 EC/DEC系など		{ReDox窓範囲外での電気分解}	((いずれ、電気化学的な原理による解決が必須))	(この工程で異常があれば、工程検査で不良セルとして排除されるので、製品セルにはならない)			長期サイクルにおける分解＞ガス膨張
電解質 LiPF$_6$など		{吸湿によるHFの発生}		{溶解とデリバリは厳重に管理されている、誤操作以外には問題なし}	乾燥不良の電極板によるHF発生＞Al腐食、同LiFの生成による活物質表面の不活性		難燃剤などの分解副作用

注) *1, *2 いずれも本質的な問題では無く、原材料の品質管理とセルの製造管理で回避可能

図表 1.1.17 「劣化」から見たリチウムイオンセル (2)

の基で、正常な原料・部材が、正常な製造工程で処理されて製品の検査基準に合格したセルに対して考えることである。逆に言えば、原材料や工程の異常で生産されたセルは、劣化が早期に起こって当然であろうし、その原因を論じることはあまり意味がない。

(3) 工業製品としてのセル

　従ってセルは、活物質など原料の物理化学的変化（物質の本質的特性）を受けない範囲で設計されているが、長期の充放電サイクルの過程で活物質の劣化が蓄積し、性能低下が顕著になる。原料・部材の製造と加工に原因がある場合*1、原料・部材の取り扱いに原因がある場合*2、電極板とセルの製造工程に原因がある場合などがある。これらはいずれも本質的な問題ではなく、原材料の品質管理とセルの製造管理で回避可能である。

　セルの設計範囲外の使用方法に原因があるケースは対策が困難であるが、トラブルが起きた場合はセルの異常（膨張や漏液、電圧低下）は充放電回路やBMSの異常設定や機能不全があったとしても、それが原因とは特定され難いので、結局は"セルの不良"とされる場合が多い。

1.11 リチウムイオンセルと温度

(1) 温度を軸にした見方

図表1.1.18に「リチウムイオン電池（セル）と温度」として，リチウムイオン電池（セル）の広範囲な温度領域における種々の問題点を列記した。図中の事項は必ずしも理論的に統一が取れてはいないが，セルの動作，安全性とその背景となる原材料の物理化学的な特性をピックアップして示した。一般的な設計のリチウムイオン電池（セル）が正常に動作（充放電と寿命）するのは，おおむね0～45℃の範囲であり，45～60℃の範囲は特性の劣化を監視した上での使用となる。100℃以上の温度領域においては，セルを構成する原材料の化学変化などによって，種々の異常が発生する。

(2) 発熱の起点

100℃付近から始まる，完全充電状態の高電位正極材および低電位負極材と電解液の発熱反応は，後の第3章（正極，負極）にも示す様に熱暴走の起点となる。200℃付近においてはCo，Ni系正極の分解（図表3.1.1）によって酸素を発生し，電解液の酸化分解を含むセルの内部崩壊を引き起こす。種々の安全性試験の試験条件はこの温度領域における現象の再現を考慮しており，加熱試験温度は130℃（JIS, UL）が取られる。200℃を超える温度では既に電解液の沸点（第3章5）を大きく超えており，蒸気圧によってセルの密閉構造は維持できない状態である。短絡（内部，外部）試験におけるセルの内部温度は，300℃あるいはそれ以上のデータも観測されてお

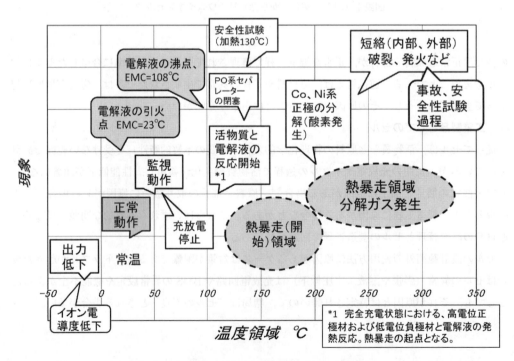

図表1.1.18　リチウムイオン電池（セル）と温度

第1章　大型リチウムイオン電池（セル）の現状と開発動向

り[*]，この段階ではセルの破裂，発火を伴う。過充電試験などもほぼ左記のような状態である。

(3) 低温特性

一方でマイナス温度領域は，上記の化学反応などによる異常は起こらない範囲である。主に電解液の粘度増加によるイオン伝導度の低下によって，充放電特性は大幅に低下する。−45℃＋75間の熱サイクル試験（UL）は，マイナス領域における部材の凍結による収縮応力が，電極構造体の破壊を引き起こす可能性が高い。

---

[*]　Makiko Kise, *et al.*, Journal of The Electrochemical Society, 153 (6) A1004–A1011 (2006)

2 大型リチウムイオンセルのエネルギー，パワーおよびサイクル特性

ここでは実際の大型リチウムイオン電池（セル）を例に取って，エネルギー，パワーおよびサイクルの各特性を解説する。HEV，EV など自動車用途あるいは自然エネルギー蓄電用途においても，電池システムは満充電（SOC；state of charge＝100%）＜＞完全放電（SOC＝0%）の繰り返しよりは，一定の SOC 幅，例えば±30%の幅で高速充放電動作（パワー特性）が求められる傾向にある。

より高い放電容量（エネルギー特性）は基本的にはセルの数でカバーすることであるが，EV などの移動系における重量の制約から，エネルギー指向ではあるが，コストの壁が立ちはだかっており，活物質の画期的な容量アップが期待されている。

2.1 エネルギー（高容量）特性とパワー（高入出力）特性

先に図表 1.1.1 に示したように，リチウムイオンセルは従来の二次電池に比較して，幅広い特性の設定が可能となった。ニッケル水素では重量の増加から，エネルギー特性のみを強化した設計は不可能であり，パワー特性も後の図表 1.2.3 のデータのように，低温における低下が著しいので限界がある。

(1) エネルギー型，パワー型

これに比べてリチウムイオンは，エネルギー（高容量）特性あるいはパワー（高入出力）特性のいずれかを重視した設計が可能である。図表 1.2.1 に高容量型と高出力型の放電レート特性のパターンを示した。このセルの例では，容量重視の設計（電圧維持）は Wh／kg 値は高いが，ハイレート（高速）放電は 5C（1／5 時間）が限度である（設計しだいではあるが）。出力重視の設計（電流が欲しい設計）は W／kg 値が高く，ハイレート放電は 15C（1／15 時間）が可能なレベルである。以上はセルの寿命（サイクル特性）を考えないデータであるが，サイクル特性はセルに与えた"ストレス"に比例するので，高出力とサイクルの両立は困難である。

(2) **Rogone プロット**

二次電池の特性をマップ的に示す方法の一つとして，セルのエネルギー密度（Wh／kg）と出力（パワー）密度（W／kg）をプロットした Rogone 図が用いられる。図表 1.2.2 に自動車用途と交通機関用途のセルについて求められる特性を示した。自動車や電車の交通機械は，始動時のパワーと走行距離数の維持のためエネルギーの両方が求められるが，この特性はトレードオフの関係にあり，年々そのレベルはアップしてはいるが，実際のセルはパワーかエネルギーか何れかに重点を置いた設計となる。

(3) 交通システムのパターン

鉄道交通システム用の二次電池は，電車などの架線の有無で電池の動作も異なるが，電池を車載するケースでは軽量のリチウムイオンセルが必要とされる。パワーかエネルギーかは自動車の場合と類似である。全てのケースで回生動作が重要であるが，架線経由で鉄道変電所の大型電池

第1章 大型リチウムイオン電池（セル）の現状と開発動向

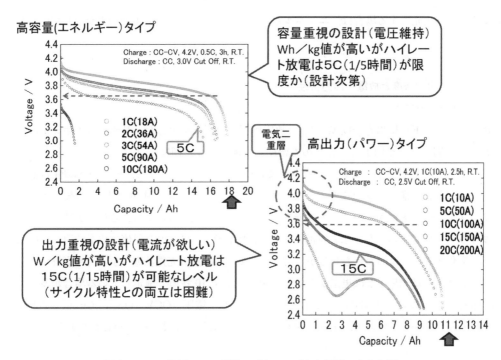

図表1.2.1 放電レート特性のパターン（高容量型，高出力型）

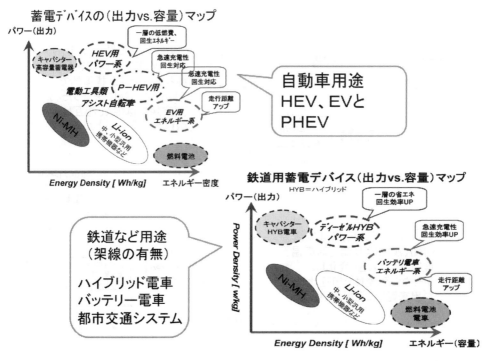

図表1.2.2 デバイスのエネルギー特性 vs. パワー特性

に集中して回生充電する場合は，ニッケル水素の双極（バイポーラ）電池の方が適しているとも言われる。

2.2 セルの出力密度と放電・出力特性
(1) Li-ion と Ni-MH

図表1.2.3（下）に出力密度 W／kg と放電時間との関係を示した。リチウムイオン電池（セル）は短時間の放電や回生で大きな出力密度が可能であり，同時にプロットしたニッケル水素（NiMH）は出力特性においては，かなり劣るとのデータである。なお，最近の NiMH 電池はバイポーラ（双極）構造の採用などでかなり性能がアップしており，ギガセル®（川崎重工㈱）は鉄道システムへの実績が多いことも性能を裏付けている。350万台を超える出荷実績のあるトヨタプリウスは同じくニッケル水素電池である。出力密度 W／kg の測定値は放電時間との関係で大きく変化することは図からも判るが，同時に試験開始時点の充電状態（SOC）も影響する。この測定に関しては JIS などに規定がないが，50％SOC で 10 秒値で測定している場合が多い。なお，SOC については後の第2章6で示すが，セルの端子電圧（OCV：Open Circut Voltage）とはほとんど関係がないので，正確な SOC 値は充放電装置の積算データが必要である。

出力密度 W/kg（温度および放電時間との関係）

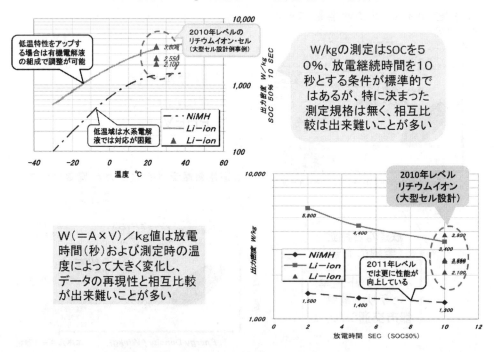

図表1.2.3　出力密度　W／kg（放電時間との関係）

第1章　大型リチウムイオン電池（セル）の現状と開発動向

(2) 出力密度の比較

図表1.2.3（上）にリチウムイオン電池とニッケル水素電池の出力密度 W／kg を温度との関係で示した。リチウムイオン電池は広い温度範囲で高い出力が可能であり，電解液が水系のニッケル水素電池とは決定的な差が生ずる。これは原理的に致し方ないことであるが，最近の NiMH 電池はかなり性能がアップしており，絶対値はともかく実用面ではリチウムイオンと遜色のないレベルにある。ちなみに出荷実績の多いハイブリッド車（2011年段階のトヨタのプリウスやホンダのインサイト）はニッケル水素電池である。

(3) SOC の幅

最近は広い SOC 範囲で，できるだけ高い入出力動作を求める傾向である。図表1.2.4 に SOC 幅の概念図を示した。EV，PHEV と HEV のいずれの場合も，自動車が制動状態では"回生充電"が必要である。回生はセルの SOC（充電状態）に無関係に，セルへの充電を求めてくる。原理的に，SOC100％に達すると充電はできないが，可能な限り高い SOC 状態においても回生充電が可能な方が，トータルの燃費向上には有効である。セルの規格などで入出力特性の"ワイド化"は，USABC の PHEV 用電池（図表1.5.6），EUCAR の開発ロードマップ（図表1.5.5），さらには中国 QC／T の EV 用セルの試験方法などに影響を与えている。このワイド化は負極材の特性が大きく関係する。詳細は第3章2で扱うが，5μm 黒鉛や LTO 負極などが検討されている。LTO は SCiB セル（東芝㈱）が採用しており，セルの Wh 容量（セルの端子電圧が2.4～2.7V と低い）は低いが SOC のワイド化は優れている。

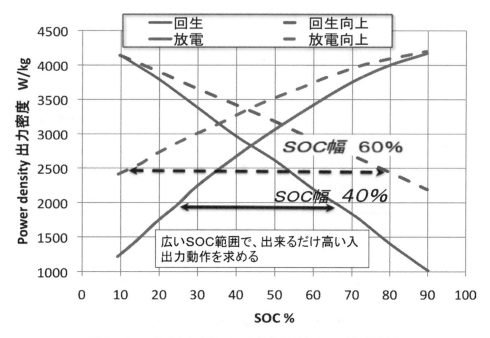

図表1.2.4　リチウムイオンセルの入出力特性（SOC 幅の概念図）

(4) 高出力のセル設計

 出力密度（＝高速充電性）のアップは，セルの構成材料（正極，負極，電解液，セパレータ…）の全てに高速の動作を要求することになる。またセル設計の上では，薄い（薄塗りの）電極板を多く積層（ないし捲込）ことになり，材料の特性面，製造管理およびコスト面でも負担の大きな内容である。サイクル特性や安全性の総合特性をバランス良く開発する必要がある。

2.3 最大充電・放電電流

 定格20Ahセルの充放電特性を，充放電が頻繁に繰り返される自動車用セルの場合の動作を検討するために，電圧 vs. 電流チャートを図表1.2.5に示す。SOCが50％前後における短時間の高速充放電の特性チャートが有用である。図は電圧3.9V以上で20A～150Aまでの充電（回生充電）が，電圧3.9V以下で20A～最大300Aまでの放電が可能であることを示している。放電側は電圧低下はあるが電流には余裕がある一方，充電側は正極活物質の種類によってほぼ充電電圧の上限が決まり，電流を多く入れると電圧が4.2～4.3Vを超えた過充電領域になり，セルの特性と安全性を損なう。

2.4 サイクル特性

 サイクル特性は二次電池の生命であるが，全ての構成材料は単独であるいは他の材料との相互

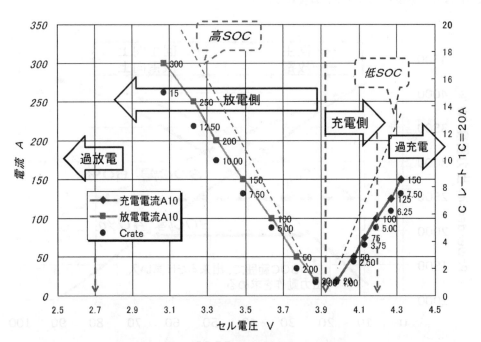

図表1.2.5 最大 充電，放電電流（10秒値）
（@50％SOC 定格 20Ahセル 25℃）

第1章　大型リチウムイオン電池（セル）の現状と開発動向

関係で，サイクルに伴う劣化は不可避である。またサイクル特性は，それ自体の評価・測定方法が定まっていないと，相互比較をふくめた評価ができない。

(1) **実用セルのサイクル特性評価**

以上の問題を含め，実用リチウムイオン電池（セル）のサイクル特性の問題を以下に紹介する。

サイクル特性の実験例として図表1.2.6に人造黒鉛系負極材の変更による高温（60℃）サイクル特性の比較を示した。この場合はスピネルs-Mn系の正極と組み合わせて60℃でサイクル試験をしており，かなり過酷な条件である。一般にサイクル特性は負極材の性質に依存するケースが多い。このケースではs-Mn系が高温でMn溶出が改良され難いことから，正極の影響も無視できないが，比較した両負極で共通の正極であることから，負極だけの比較試験と考えることができよう。充放電は試験の効率アップのために1C充電／1C放電で実施しており，JIS（C8711）の規定0.2C（5時間率）よりは過酷な条件である。評価結果は改良された負極材で良好なサイクル特性が達成されているが，"既存セル"と表示された負極材料が50サイクル付近から急速に劣化した原因を（可能な範囲で）調査しておくことが，改良セルにおける良好な結果を確定するためにも必要である。

(2) **正・負極の電位**

なお，このデータはセルの端子電圧から計算した放電容量維持率（%）であり，容量低下（端

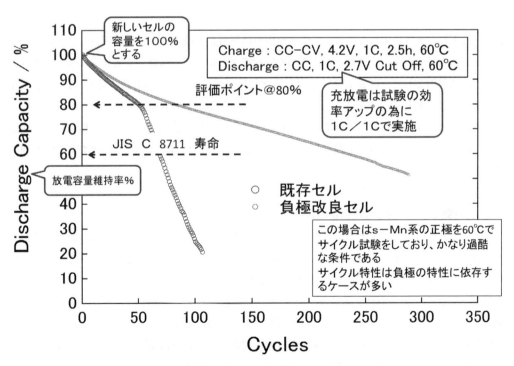

図表1.2.6　サイクル特性の実験例
人造黒鉛系負極材の変更による高温（60℃）サイクル特性の比較

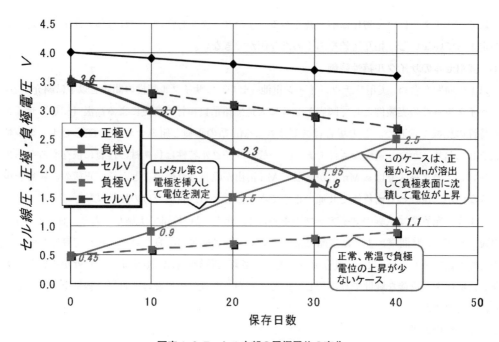

図表 1.2.7　セル内部の電極電位の変化
保存劣化試験（45℃）負極（炭素系）の表面に Mn が蓄積し，負極電位（実線）が上昇

子電圧低下）が正負いずれの電極の劣化が原因かは解析が不能である。次の図表 1.2.7 に示すような，参照電極を入れて正負極の電位を個別に観測すれば，さらに詳しく劣化の原因が特定可能である。実験例として，図表 1.2.7 の保存劣化試験（45℃）の場合の各極の対 Li/Li^+ 参照電極に対する電位を時間経過とともに示している。この場合は正極から溶出した Mn が負極（炭素系）の表面に Mn が蓄積し，負極電位（実線）が上昇し，結果的にセル電圧（正極電位—負極電位）が低下した。このような実験方法によれば，正負のいずれの極が劣化の原因であるかが判断できる。

2.5　充電側 SOC 抑制と放電容量の維持

図表 1.2.8 に実験データとの関係を示した。サイクル数と放電容量維持率が直線的であるとの理論的な根拠はないが，80％以内であれば図のようにおおむね直線相関を仮定することが可能であろう。この延長線上で容量維持率 60％のサイクル数をとれば，おおよそのライフは推定可能である。SOC の上限を制限することでライフが伸びることは，充電側のストレスが大きいことを示しており，可使容量は減るが寿命を延ばしたトータルの容量ではメリットがある。

以上の例のように，セルのサイクル寿命は充放電の方法（電池の使い方）で大きく変化するので，工業規格の測定で一律に決まる（測定できる）特性ではない。

第1章　大型リチウムイオン電池（セル）の現状と開発動向

(1) 保存劣化を含めた評価

図表1.2.9にセルの寿命推定を「サイクル劣化＋保存劣化」で行う方法を示した。NEDOの系統連系蓄電円滑化システムの共通基盤研究の成果として発表されたデータを元に解説する。

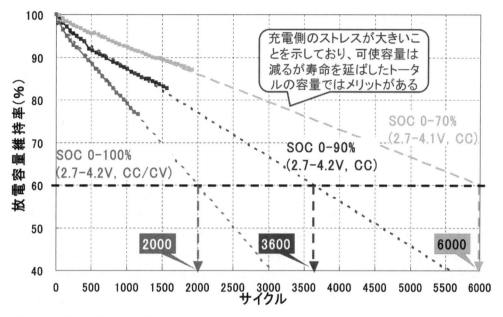

注）直線近似の外挿線より推定；SOC 0-90％で容量維持率が60％に低下するのは約3,600サイクルとなり、大幅に放電容量が維持される。

図表1.2.8　充電側のSOC制限による放電容量の維持

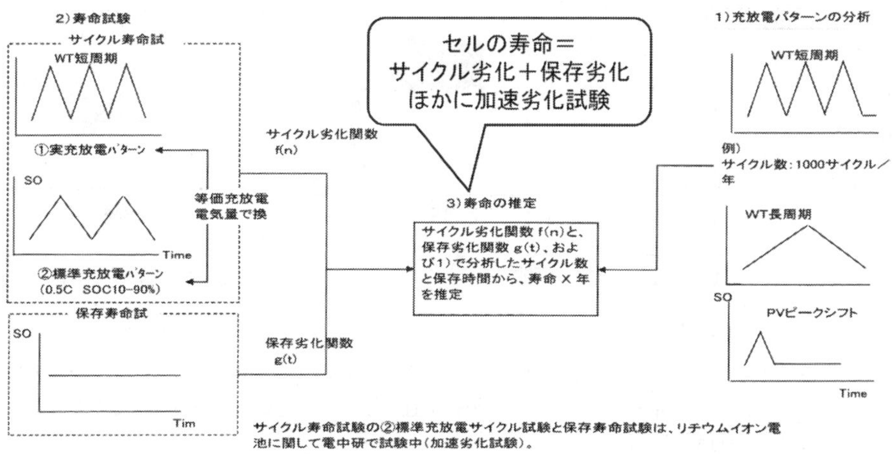

出典：NEDO共通基盤研究　2, 3th ワークショップ資料（H21/6/23, H22/2/24 東京）

図表1.2.9　セルの寿命推定, サイクル劣化＋保存劣化

大容量Liイオン電池の材料技術と市場展望

1. 風力およびソーラ発電出力を蓄電するとの前提で,
2. 蓄電所用容量は1:1および1:2 (1 MW の発電容量に対して蓄電容量を1 MW と2 MW),
3. SOC は10～90%幅（図表1.2.10の上）,
4. 充放電レートは0.5C（2時間）の諸条件で実施されている,

上記の条件の妥当性は全ての試験の終了を待たなければならないが，第三回のワークショップ(2010/2/24)の段階では順調な試験報告がなされている。セルの寿命推定は，サイクル劣化と保存劣化を組み合わせて評価する方法を取っている。試験は時間を短縮するために，45℃まで加熱して加速劣化試験も含んで進行している。最終結果は2011年度末に成果発表として示される。

(2) 1/2乗則による推定

図表1.2.10に"1/2乗則（ルール）によるセル寿命予測（資料：電力中央研究所年報2007）を示した。セルの寿命（放電容量の低下など）は因子の1/2乗に比例するとの経験則があり，実験データがこれに近似するケースが多い。因子としては,

1. 保存期間（日，時） 2. 使用（充電，放電）時間（"） 3. 充放電容量の積算 などの研究例がある。図表1.2.10は保存劣化を問題にしているので，保存（25℃，50℃）の1/2乗との直線比例関係を元に推定している。図では初期容量の80%を区切りとしているが，JIS C 8711 1では60%を寿命の目安としている。化学電池であるリチウムイオンセルは，内部の化学物質の劣化が寿命に関係し，化学反応がアレニウス則（指数関数的変化）で加速することと軌を一にしていると考えられる。このデータからも，温度が高くなると寿命は急速に短くなる結果であり，この問題はなかなか解決でき難い重要課題である。

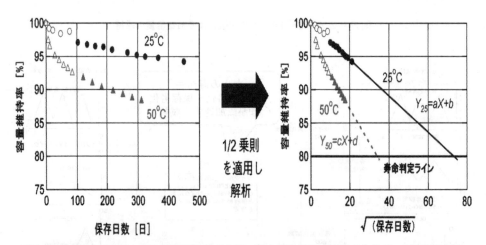

注）左図のままではデータの線形近似ができないため寿命推定は困難であるが，1/2乗則を適用することにより右図のようにデータの線形近似ができ，近似直線を外挿することにより寿命推定が可能となる。

（電力中央研究所年報2007）

図表1.2.10 セルの寿命予測（1/2乗則（ルール））

第1章　大型リチウムイオン電池（セル）の現状と開発動向

(3) ドイツ VDA

　図表1.2.11にドイツVDAの試験方法によるサイクル寿命推定方法を示した。先の図表1.2.10と同様な寿命推定の方法であるが，ここでは累積放電容量（Ah）の1/2乗を使用して直線近似で寿命を推定している。当然ながら充放電条件を一定に維持しないとこの寿命推定はできな

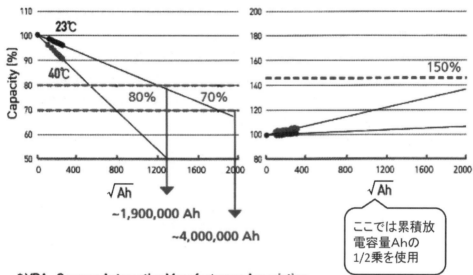

図表1.2.11　ドイツVDAの試験方法によるサイクル寿命推定

model	Ah Capacity	POWER W/kg (Discharge)	POWER W/kg* (Charge)	Energy Wh／kg	Cycle life @80% 23℃
H065	6.5	4600	4000	91	
H085	8.5	4500	3900	91	
P150	15	3500	2400	128	>3000
P200	20	3300	2300	128	>3000
E190	19	2270	1760	168	>3000
E250	25	3200	1500	150	>3000
E500	50	2600	1200	135	>3000

図表1.2.12　SKinnovation社ラミネートセル

い。時間（保存時間ないし充放電時間）よりは，実際の放電量の方がセルの動作そのものであり，実際の寿命推定には適していると考えられる。

一方，図の右側は$\sqrt{Ah}$とセルの内部抵抗の増加率（％）から，150％になった時点を寿命とする提案である。150％は目安として決めたレベルであり，特段の臨界的（物理化学的）な意味はない。セルメーカー数社がこのVDAの方法で評価したサイクル寿命をカタログに記載している。

(4) カタログの寿命データ例

図表1.2.12は先のVDAの方法でセルのサイクル寿命を測定したSKinnovation社（韓国）のラミネートセルカタログデータ（AABC欧州2011／ドイツ・マインツ2011）である。容量維持率が80％で3,000サイクル以上の表示であり，かなり控えめな表示ではあるが，カタログにサイクル寿命データを示すケースとして初めてであろう。

第1章　大型リチウムイオン電池（セル）の現状と開発動向

3　拡大する用途―自動車，自然エネルギー蓄電

　第1章3～5では，リチウムイオン電池（セル）の用途の拡大，大型セルへのスケールアップと開発のロードマップなどの諸課題に関して解説する。以上の3項目は，1990年代初めから現在まで成長してきた小型民生用リチウムイオン電池（セル）が，自動車や自然エネルギー蓄電のような大きなスケールへ移行するステップで問題になることである。技術，市場のどちらに関しても不確定要素の多い中で，国際的な開発が進んでいる一端を紹介したい。

　電動工具やアシスト自転車用はこの2，3年で急速に伸びた分野である。いずれもその応用機器の利便性が高性能電池で大きく向上することを背景に，多少のコスト高を吸収して伸びて行く用途であり，セルの高性能化も著しい。

　自動車用については第2章4で詳しく述べるのでここでは総論的な事項を述べる。自然エネルギー蓄電は現時点で大きく期待されている分野ではあるが，太陽光発電や風力発電と蓄電池の組合せは，時間的，空間的な制約が大きく電池以前の諸問題が多い。

3.1　自動車用途

(1)　電池の生産規模の仮定

　本節では自動車用リチウムイオン電池（セル）の概論を述べ，具体的なセルの特性は第2章3，4に，生産の原材料コストの総計などもまとめた。自動車用リチウムイオン電池（セル）は，例えば10年後程度のスパンで考える対象であり，現在のレベルでは産業の規模には至っていない。このために2020年におけるリチウムイオン電池（セル）の生産規模を推定するために，最も実績の確かなトヨタPRIUSの販売台数から統計的な推定（最小二乗法）によって，2020年の年間出荷台数を推定した。結果を図表1.3.1に示した。なおこのデータは2010年までであるが，2011年は大震災による落ち込みがあり，これをむしろ除く方が長期の推定には妥当ではないかと考えたことによる。結果は統計的に高い確率（$R^2=0.902$）で580万台／年との結果である。この数字を2020年における電動自動車（HEVに限定せず）としてとった。電動自動車がEV，PHEVとHEVでどのような配分になるかは，OECD／IEA-2009による考察もあるが，本節では次の図表1.3.2のA，Bおよびこの3パターンに仮定して試算を進めた。

(2)　電動化自動車の電池容量と出力

　2012年現在，自動車各社の電池容量データは第2章図表2.4.6のデータである。主なものは，PRIUS（トヨタ）は1.3kWh（Ni-MH），三菱自動車のiMiEVは16kWh，日産自動車リーフは24kWhである。将来の電動化自動車の電池容量が左記の数値のままである可能性は少ないので，本試算ではHEV=2，PHEV=6，EV=18と置いた（単位はkWh）。HEVとPHEVは現在よりアップ，EVは現行レベル（三菱自動車と日産自動車の中間）とした。

　2020年において580万台／年の電動自動車（EV＋HEV＋PHEV）が生産されると仮定して，車種のパターンを図表1.3.2の下欄のA，BとCのパターンを仮定した。EV比率の高い2020A

大容量 Li イオン電池の材料技術と市場展望

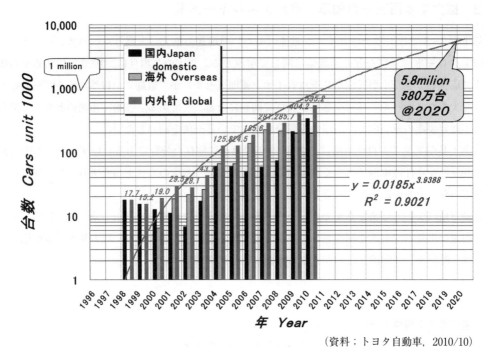

(資料；トヨタ自動車，2010/10)

図表 1.3.1　HEV（プリウス）年間出荷台数

種類	HV	PHV	EV	合計万kWh
kWh／車	2	6	18	
kWh／車	1.3	5.2	16	
2010	69.6	0	3.2	73
2010	107	0	3	110
2020 A	387	1,160	3,480	5,027
2020 B	387	1,740	1,740	3,867
2020 C	580	1,160	1,740	3,480

計算の簡便化のため
2020年のkWh／台を
HV=2, PHV=6,
EV=18 に設定

三菱iMiEV と
日産リーフ
の中間あたり

パターン				
2020A	0.33	0.33	0.33	1
2020B	0.33	0.50	0.17	1
2020C	0.50	0.33	0.17	1

図表 1.3.2　電動化自動車の電池ユニット容量
（2020年試算のためのパラメーター）

第1章 大型リチウムイオン電池(セル)の現状と開発動向

パターンは5,027万kWh,HEV比率の高い2020Cパターンは3,480万kWhである。この数字はマグニチュードがわかり難いが,3.6Wh(平均)の円筒と角型セルに換算すると,3,480万kWhは97億セルとなり,2011年の小型セル生産量(国内)の約9倍である。

図表1.3.3に電動車両における電池の容量と出力(SBLiMotive社資料から紹介)を示した。活物質などの高性能化によるセルの性能目標で高出力型,高容量型とがある。

高出力型は130~140Wh/kg,3,000~6,000W/kg,高容量型は240~250Wh/kg,400~2,000W/kgなどが代表的な特性である。HEV(マイルドとストロング),PHEVおよびEVに求められる平均的な特性は図表1.3.3の下表のようにまとめることができるが,容量の大きなエネルギー系はコストの問題があるので,この通りの性能に落ち着くか否かは不明である。

(3) 自動車用リチウムイオン電池の諸課題

図表1.3.4に自動車用リチウムイオン電池の問題点として,開発各社の発表等を最大公約数的に集約した。2012年時点におけるこれらの問題点が,今後どのように解決されて行くかは技術だけではなく,その時々の経済社会情勢に影響されることであろう。安全性の問題は,小型民生用電池で,事故→対策→事故→対策の繰り返しで,安全対策が定まるまでに10年ほど(1996~2006年までか)を要したことなどを思い起こすと,自動車の場合のリチウムイオン電池(セル)の安全性も,想定外の事態が発生し,事前の技術対策だけでは乗り越えられない場合もあろう。

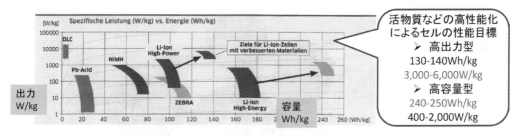

要求特性	マイルドHV	ストロングHV	プラグインHV	EV
バッテリータイプ	中出力型	高出力型	高容量型	
出力特性値 kW	5~15	20~60	40~80	15~150
容量特性値 kWh	0.6~1.8		5~15	> 15
	Power			Energy
容量特性値 kWh (日本車事例)	INSIGHT 0.58 (NiMH)	PRIUS 1.3 (NiMH)	TOYOTA 5.0	Mitsubisi 16 NISSAN 24

(SBLiMotive社資料から紹介)
注)http://www.sblimotive.com/en/products/requerments.html 和訳と日本車事例は筆者による

図表1.3.3 電動車両用電池の容量と出力

項目	内容	目標項目と値	現状と*問題点
性能	容量 (エネルギー)	1～3kWh HEV&PHV 10～20 kWh EV ＞150 Wh/kg	HEV&PHVは可能 *EV用高容量はコスト問題
	出力 (パワー)	＞2,500W/kg HEV&PHV 高速充電特性、回生充電性	可能、サイクル性能維持 *材料の改良による性能向上
特性	耐熱性 低温性能	45℃常用における寿命性能 低温－20℃起動	セル設計段階ではクリア *特性の維持は今後の検証へ
安全性	セルの漏液、発火、破裂、ガス爆発	振動試験等を含めて、公的な規格は今後制定。メーカー自主試験によるレベル向上	電解液、電解質等の見直しによる安全性強化、構造設計 *搭載車における問題点把握
コスト	¥／kWh	(車の中でのコスト比率、電池本体10万¥円プリウス級)	試算 HEV用7.2万¥/kWh (9.3万¥／1.3kWhユニット)
寿命	サイクル 保存	min 10万km走行寿命10年 高温環境と高SOC下保存	セルの評価段階でクリア *搭載車における実証へ
環境 資源	廃電池の安全な回収、資源	今後の論議へ	Li資源回収、電解液由来のふっ化水素のケミカルハザード対策

(開発各社の発表等を最大公約数的に集約、2012)

図表1.3.4　自動車用リチウムイオン電池の問題点

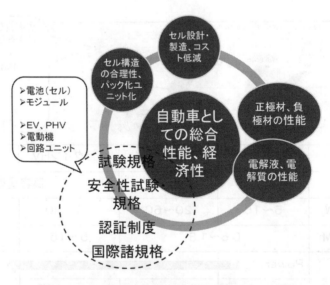

図表1.3.5　EV，HEV & PHEV用リチウムイオン電池

　以上述べて来たことを図式的に図表1.3.5にまとめた。見方、考え方は種々あろうが、自動車としての総合性能、経済性が、リチウムイオン電池(セル)へのニーズの原動力であろう。試験規格、安全性試験・規格さらには国際諸規格などは、自動車用リチウムイオン電池(セル)に規

第1章　大型リチウムイオン電池（セル）の現状と開発動向

格や認証制度などが整備されたとしても，左記の制度が事故などの際に責任を取ってくれることはない。試験と試作を十分に行って，基本的に安全で特性の良いセルとシステムを構築して行くことが，電池メーカーと原材料メーカーの役目であろう。

3.2　据置き型蓄電システム

　自然エネルギー発電の大規模導入には，蓄電システムの併用が有効であると言われ，NEDOの「系統連系蓄電円滑化システムの研究」（平成18～23年度）などいくつかのプロジェクトが推進された。リチウムイオン電池に先だって，東京電力㈱と日本ガイシ㈱が開発した大型のNaS（ナトリウム硫黄）電池が実用段階で多く設置されてきた。またニッケル水素電池も，川崎重工㈱の"ギガセル®"始め，大手電池メーカーの安定した製品がこの分野で実績を有している。

　従ってこの分野，据え置き型蓄電システムにおいては，リチウムイオン電池は多くの選択肢の一つである。自動車用とは異なり，体積や重量の制約はほとんどないので，目的に適した性能や寿命，コストが優劣のポイントであろう。2011年3月の大震災の後に，エネルギーインフラの見直しが検討され，その一部に小規模分散発電と蓄電が取り上げられた。既にいくつかのシステム製品が販売されており，その全てがリチウムイオン電池を採用している。さらには大規模な"スマートグリッド"システムの"ポイント，ポイントに"蓄電システムの導入も計画されている。

　太陽光発電と風力発電を蓄電システムと組み合わせる場合に，時定数の取り方でいくつかのパターンがあり，電池の特性や動作もそれに合わせたものとなる。比較的理解がし難い事項でもあり，それらも含めて以下に解説したい。

(1)　自然エネルギーの蓄電システム（変換効率と電力規程）

　自然エネルギー発電を系統（電力会社の系統）に連系（NEDOのプロジェクトでは連係ではなく，"連系"としている）する場合のシステムの基本概念を図表1.3.6に示した。自然エネルギー発電からの発電出力がDCかACかは，幾つかのパターンがあるが蓄電池への充放電はDCに限定されるが，それ以外の流れはACで行われる。従って，大容量のA／D，D／A変換装置が必要となり，その機器コストと変換ロスを考えておかなければならない。現状ではロスは10～15％（変換効率90～85％）と言われているが，このロスの減少は直ちに有価エネルギーの増大となり改良が必須である。

　一方で，蓄電池側にも効率があり，リチウムイオン電池で充電94％，放電90％が一般的なレベルであるが，セルの劣化とともに内部インピーダンスが増大するので，効率はさらに低下する。これらのデータは先に紹介したNEDOの系統連系円滑化プロジェクトで実証・確認されて行くことになろう。

　電力会社の系統連係は非常に厳しい「系統連係規程」によって運営されており，蓄電システムとの併用に関しても，高周波電流測定，電圧不平衡試験，位相急変試験，フリッカ試験，高周波重畳試験，周波数変動試験などが行われる。これらの内容に関しては極めて専門的で，本書の範囲を越えるので省略したい。

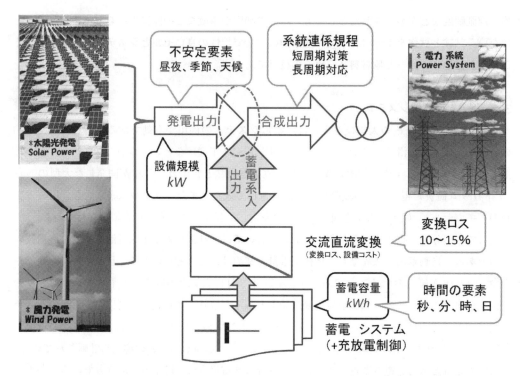

図表1.3.6　自然エネルギーの蓄電システム（電力系統）

(2) 自然エネルギー発電の出力変動

太陽電池が夜間や曇天下では発電しないことは理解できるが，これを定量的に理解するために，経済産業省の基礎資料を基に図表1.3.7に変化を図示した。なおこの図は太陽光発電と風力発電を並べて比較しているが，横軸について風力は31日（1ヶ月），太陽光は約半日の時間スケールである。両者を比較すると，風力は中長期の周期（時，日）で出力変動が0～2,000kWh超と大きな幅であるのに対し，太陽光は同周期で0～100以内であり比較的幅は小さい。一方，秒分単位の短周期ではいずれも20％前後の変動である。これらの変動幅の特性は，後に述べる蓄電システムとの組合せで重要な因子となるが，発電側でコントロールできない要因だけに，蓄電システム側で対応を取らなければならない事項である。

①出力ピークの特徴

図表1.3.7からも判るように，風力は出力が立ち上がる方向のピークが，太陽光は出力がダウンする方向のピークがあるのが特徴的である。同一ロケーションにおける風力と太陽光の相互補完的な運用は，アイディアはあると聞くが小型民生用の試験に留まっている段階である。ピーク出力は蓄電システムに側にとっては完全に受け入れる（充電する）ことは，蓄電池の状態（SOC）によっては不可能であり，比較的に平坦な出力を充電していく方が負担が少なく，セルの寿命も維持できる。広い意味でのグリッドシステムもピークの分散と均一化に有用であろう。

第1章　大型リチウムイオン電池（セル）の現状と開発動向

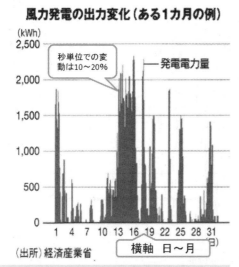
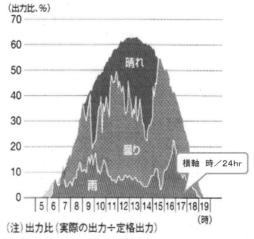

図表1.3.7　自然エネルギー発電の出力変動

②出力の平滑化

　蓄電システムの導入によって出力を平滑化する過程を模式的に図表1.3.8に示した。出力の低下（「平滑前出力」実線）を蓄電システムからの放電（点線）で補い，システムとして大幅な平滑化（「平滑後出力」実線）した状況を示している。この図では蓄電システムからの放電量は十分にあり，平滑化が達成されているが，放電は蓄電があって可能であり，太陽光発電と蓄電池だけの系の場合は，例えば午前の晴天で充電が十分に行われないと，昼過ぎの雷雲による出力変動を平滑化できない事態になる。

　午後の晴天で短時間に高速に充電することも可能性はあるが，蓄電池の充電速度には限度があり，充電容量（電池のエネルギー特性）と充電速度（同パワー特性）はトレードオフの関係にあり，特にパワー特性のアップは電池のコストが急に増大する。

(3)　自然エネルギーの蓄電パターン

①平準化，ピークシフトおよびタイムシフト

　自然エネルギー発電に蓄電システムを導入する場合は，その目的よって，平準化（瞬低対応：外乱による瞬間的な電圧低下，秒sec～分min），電力ピークシフト（分min～時hr），電力タイムシフト（1～7hr（夜昼））などのパターンがある。蓄電システムの出力特性（パワー）と容量

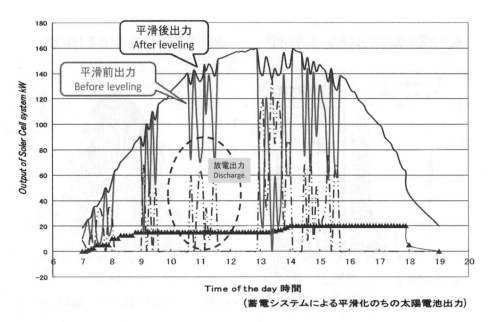

図表1.3.8　蓄電システムによる太陽電池出力の平滑化

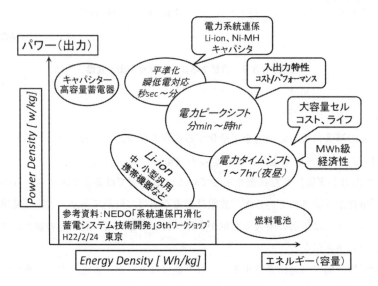

図表1.3.9　自然エネルギー蓄電のパターン

特性(エネルギー)のマップの中においては，図表1.3.9のような位置付けとなる。このマップは自動車用途における，HEV，PHEVおよびEVのマップと類似である。短時間の蓄電は必ずしも二次電池である必要はなく，大容量のEDCL(電気二重層)キャパシタでも可能である。

図表1.3.9の内容をさらに定量的に示すと，図表1.3.10の線図となる。ヨコ軸は発電設備容量(MW，発電設備は蓄電不可能)，タテ軸は蓄電設備容量(発電設備に接続する蓄電池の容量

第1章　大型リチウムイオン電池（セル）の現状と開発動向

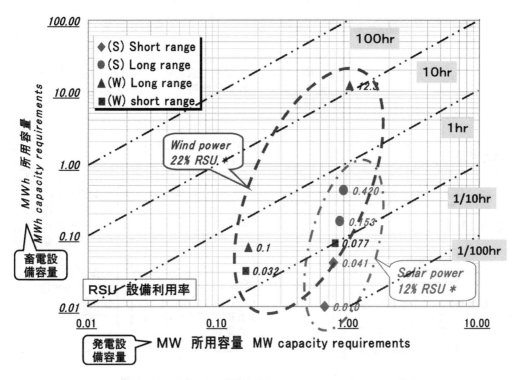

図表 1.3.10　自然エネルギーの蓄電における MWh 容量／MW 容量

MWh）であり，線図はWとWhの関係を示している。自然エネルギー発電は"設備利用率"の数値で効率が表されるが，一般的な値として風力発電は22％，太陽光発電は12％程度である。これは発電が"お天気まかせ"である宿命である。

　特に太陽光発電は夜間は全く出力が無いので非常に低い値となり，設備コストが高い割には効率が悪いとの結果である。図の中に具体的に検討された蓄電システムの計画データをプロットしてみると，現段階では太陽光発電は時定数の小さな"ショートレンジ"で，風力発電は多少時間の長い"ロングレンジ"で計画されていることがわかる。

②時定数とセルの動作

　先に述べた自然エネルギー発電システムの時定数の問題と，蓄電システムのリチウムイオン電池（セル）の動作の関係を図表1.3.11に示した。蓄電池に求められる動作特性はその容量特性と出力特性に依存するが，時定数の異なるシステムではSOC（State of Charge 100％＝満受電状態）幅をどのように使うかも重要な問題となる。秒〜分単位の動作となる出力平滑化においては，SOC50％を中心に前後の25％程度の幅の使用が可能であるが，満充電や完全放電は短時間ではシステムの制御が不可能である。

　時間スケールが分〜時，半日〜日の電力調整動作においては，蓄電システムの容量はかなり大きくなるので，SOC幅を0〜100％の範囲でフルに使用する方が経済的ではある。しかしながら

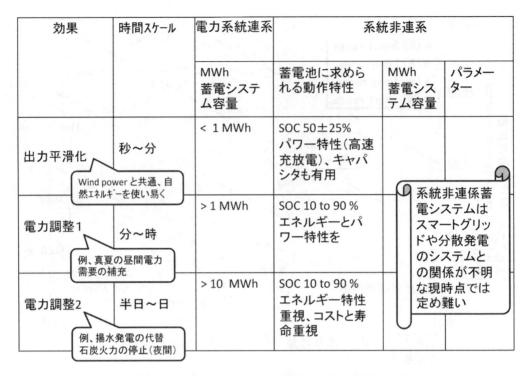

図表 1.3.11　ソーラシステムへの蓄電システムの適用と効果

高いサイクル寿命を求められるシステムにおいては，セルの容量維持率の保持（劣化防止）が寿命と同様に評価されるので，上下のSOCを10％程度空けて運転する方がトータルでメリットがある（図表1.2.9）。電力系統の連結しない蓄電システムにおいては，時定数の設定は検討段階であり，スマートグリッドや分散発電のシステムとの関係が不明な現時点では定め難い。

(4) 自然エネルギー蓄電用デバイス

図表1.3.12に自然エネルギー蓄電用デバイス，図表1.3.13にNEDOのプロジェクトで実施された蓄電システムの概要を示した。この研究においては蓄電池はリチウムイオンとニッケル水素，さらにキャパシタとニッケル水素のハイブリッド系も含まれている。実用規模では100kWh（北陸電力）と120kWh（九州電力）までのシステムが構築され，実証試験が行われた。その成果はNEDOのHPで既に発表されているので参照されたい。

これまで，数値データを基に述べてきた内容を，まとめて模式的に図表1.3.14に示した。自然エネルギー発電へのニーズ，促進PUSHと抑制PULLは相反する動きではあり，推進の要因はCO_2削減，エコロジー，エネルギー安全保障および国際競争力などである。抑制の要因は，出力の不安定，高いコスト（蓄電，系統連系），技術開発の壁などである。これらを乗り越えて，自然エネルギーを導入するドライビングホースは，電力の需給パターンとのマッチング，トータルの合理化とコストダウン，社会経済のバックアップなどがあり，2010，2020，2030としだい

第1章　大型リチウムイオン電池（セル）の現状と開発動向

	化学反応槽（バルクケミカル蓄電）		化学蓄電池（セル単位蓄電）			大容量キャパシタ	その他
名称	ナトリウム・硫黄 NaS	レドックス・フロー	硫酸鉛 Pb/acid	ニッケル水素 NiMH	リチウムイオン Li-ion	リチウム系 EDLC	水電解＞燃料電池
動作原理 電圧	2Na+xS⇔Na₂S 2.08 V	V⁵⁺+V²⁺⇔V⁴⁺+V³⁺ 1.4 V	PbO₂+2H₂SO₄+Pb⇔2PbSO₄+2H₂o 1.2V	MH+NiOOH⇔M+Ni(OH)₂ 1.2V	Li₁.₀CoO₂+C₆⇔Li₀.₅CoO₂+LiC₆ 3.8 V ほか	2.3～3.3 V	O₂、H₂貯蔵
E／エネルギー特性 Wh／kg	A Max 760 Wh/kg	A	A	A	A コストとのバランスで	不可	A
P／パワー特性 W／kg			B	(A)～B	E／Pいずれも可	A	不可
動作温度域 ℃	（内部＞300）	（内部 40～）		-20～60 (-10～45)	-20～80 (-10～45)	-20～40 *3	0～120（加圧）
応用分野 *2	タイム＆ピーク・シフト	タイム＆ピーク・シフト	タイム＆ピーク・シフト	平準化 タイム＆ピーク・シフト	平準化 タイム＆ピーク・シフト	平準化	タイムシフト
実用化	MWh級	開発	KWh級	KWh級*1	KWh級*1 ～MWh	開発*1	研究

注）*1 NEDO 系統連係蓄電プロジェクト　*2 参考 NEDO3th共通基盤研究報告（2010/3）　*3 電解液組成に依存

図表1.3.12　自然エネルギー蓄電用デバイス

Project	北陸電力／ENAX	九州電力／三菱重工	日立製作所	日清紡ホールディング	川崎重工
蓄電デバイス	Li-ion (20Ah/Cell)	Li-ion (91Ah/Cell)	Li-ion (8Ah/cell)	Capacitor / NiMH Hybrid	NiMH (177Ah×10)
蓄電モジュール kWh	6.4 kWh (42直2並)	1.38 kWh (1C) (4直)	5.0 kWh (4直)	NiMH 3kWh Cap 75F120V	2.1 kWh
実証規模 kWh（最終段階）	（実用研究）100 (50×2)	（実用研究）120 (60×2)	（要素研究）	（要素研究）	（実用研究）50
実証試験場	石川県（北陸電力志賀風力発電設備）	三菱重工㈱内	-	-	秋田県（西目風力発電所）
実証試験開始	2/4 2010	2/4 2010			2/4 2010

（資料：NEDO 蓄電技術開発平成21年度成果報告会資料（2010/6/8,9　東京））

図表1.3.13　NEDO系統連係蓄電円滑化システム研究の概要

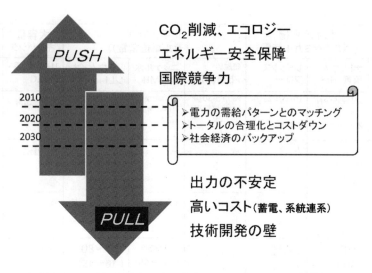

図表 1.3.14 自然エネルギー発電へのニーズ，促進と抑制

に促進の方にシフトしている。

3.3 電動工具，アシスト自転車などの中型リチウムイオンセル
(1) 電動アシスト自転車用リチウムイオン電池
　電動アシスト自転車の電池の仕様例はセル（単電池）の電圧は3.7V（パナソニック），3.6V（YAMAHA）が代表的である。容量は3.1～10.0Ahの範囲であるが，主要グレードは5.0Ah前後であり，8.1Ahと10.0Ahは高級自転車となり，販売価格は12～13万円とかなりアップする。フル充電時間は2～4時間であるが，回生充電機能の付いた車種は完全放電に至ることは少ないので，SOC%の高い状態でより短時間で満充電が可能であろう。セルの内部構造はパナソニックはラミネート（平板）型，YAMAHAは円筒型と推定されるが，複数の形式を採用している可能性がある。活物質は正極はマンガン＋ニッケルの2元系あるいはコバルト添加の3元系と推定され，負極はいずれも人造黒鉛系である。

リチウムイオン電池への移行
　アシスト自転車の電池ユニットは2000年ごろから急速にリチウムイオン化された。（2012年4月）現在時点ではニッケル水素（Ni-MH）搭載車は市場在庫の極一部である。電池ユニットの電圧とAh容量は特に表示規格がないので，メーカーが独自に設定しているが，26V表示に統一されつつある。電池のAh容量で自転車の価格レベルがおおむね区分されており，3Ahの普及車，4～6Ahの実用車，8～10Ahのスポーツおよび高級車との区分である。実用車で10万円前後であり（電池と充電器を含む），電池のみの別売（交換用）は5,000円／Ah，20万円／kWhが平均的である。

第 1 章　大型リチウムイオン電池（セル）の現状と開発動向

セルの型式

　内部のセルは現在はほとんどが円筒型となっており，図表 1.3.15 の左（ラミネート型）の込み入った配線に比べて，右の円筒型セルはプラスチック製収納ケースの上下に連結端子が設けられていると同時に，セルの固定や防水も完全になされている。図左のラミネート型セルの例では，片タブ（セルの一辺に両極の端子）セルを，クッション性のある粘着テープで貼り付けて重ねている。全てのセルの端子から制御回路へ配線が渡されており，この配線は手作業で行われたと推定され，多少の不安定さ（断線など）が懸念される。全体としてのコンパクトさは円筒型セルのユニットの方が優れている。

(2)　**電動工具用リチウムイオン電池**

　電動工具（パワーツール）の電源は作業の利便性から，コードレスが重要視される。これまでニカド，ニッケル水素と最新の二次電池が採用されてきた。これら二種の電池はパワー特性に優れ比較的安価であり，電動工具のコードレス化に大きく貢献した。現在，リチウムイオン電池が大幅に実用化された段階で考えると，ニカドとニッケル水素は，電池が重い，注ぎ足し充電ができにくい（メモリー効果），サイクル寿命が短い等々の理由で急速に品種交代に至っている。現時点で国内外の主要電動工具メーカー，パナソニック電工，日立工機，マキタ，リョウビ，BLACK&DECKER などの主要ラインアップはリチウムイオン電池となり，従来からの保守品目でニッケル水素電池が残っている状態である。

電池の仕様

　2010 年前半におけるパナソニック電工と BOSCH の品種は電池（パックセル）としては，1.3Ah～2.6Ah，電圧で 3.6V～36V までの品揃えで，主要な品種は 14.4V，2～3Ah である。用途

アシスト自転車　26V 8.1Ah
円筒型　7×2＝14セル　PSE
3元系正極、黒鉛系負極

アシスト自転車　26V 10Ah
ラミネート型　7×2＝14セル
Mn系正極、黒鉛系負極　回生対応

図表 1.3.15　アシスト自転車用電池ユニット

に応じた容量の調整はセルの個数と並列／直列の組合せで行っており，それぞれのセル数は表に示したが，最大で20セル（18650型），8セル（26450型）である。

図表1.3.16にいくつかの電動工具用のセル（組電池）を示した。セルの特徴として
1) いずれもコバルト系主体の正極（電圧3.6V）
2) 円筒型（18650，26450）
3) 高出力
4) 低内部抵抗
5) 高速充特性

などである。この特徴は自動車用の大型セルがマンガン系正極がメインであることとかなり異なっている。電動工具の電池は"利便性を買っている"とも言え，販売価格も相当に高く，セルコストの吸収余力も相当に高いと推定される。セルの内部構造は
1) セパレーターの袋封止（ズレ防止）
2) 厚めの正極集電箔（アルミ）
3) 正極表面へ特殊塗工（アルミナなど）

などであり，汎用の円筒型リチウムイオンとは別の設計である。いずれの場合も安全性に配慮した制御回路が組電池側に接続されている。

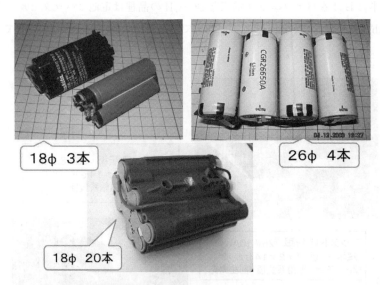

図表1.3.16 電動工具用リチウムイオン電池（セル）

第1章 大型リチウムイオン電池(セル)の現状と開発動向

4 大型電池(セル)へのスケールアップ,生産と原材料

既に大きな社会のインフラとなった小型民生用リチウムイオン電池(セル)は,2011年で11億個,2,270億円の国内生産規模である(電池工業会統計)。ワールドワイドではこの3倍強の数量であると推定される。

一方で自動車用途など大型用途は,現時点においては試験生産の域を出ないレベルである。据置型蓄電用途も同様に開発の途上にある。累積で350万台の出荷実績のHEV(トヨタPRIUS)はニッケル水素電池であり,リチウムイオンも選択肢の一つに過ぎない。

需要が先か,適正なコストでの生産が先か。いずれにしろ,大型セルへのスケールアップは生産体制と原材料の問題において,小型民生用のそれとは桁違いの対応が求められる。一部は現状の延長線上で,部分的には世代交代的な移行が求められるであろう。

4.1 リチウムイオンセル生産のスケールアップ

(1) 全体の生産スケール

セル生産の"スケールアップ"を定量的に考えるために,図表1.4.1に電池(セル)の数量,

(単位:kWh,D 国内 G グローバル)

セルのタイプ	用途分野	電池(セル)2010 基礎データ;経済産業省機械統計			電池(セル)2020 <2015>		
		数量 百万ヶ	金額 億	百万kWh	数量 百万ヶ	金額 億	百万kWh
小型 <1Ah	携帯電話 オーディオ	1,200 D 3,219 G (BAJ) 平均*1~ 2Ah/3.7V	2,775 D (@231円/ヶ)	4.44~ 8.88 *1	(セルの寿命が短いので2010年レベルの更新需要+新規需要が毎年見込まれるが、機器の普及率が頭打ちであり、大幅な伸びは無い)		
小型 >1Ah	PC、デジカメ ムビー						
中型	電動工3Ah*2 自転車5Ah*2	電 3.2 自 0.37		0.036 0.008	<電4.0> <自0.47>		<0.045> <0.01>
大型	HV、PHV 2~6kWh/台	Prius 53.5 万台 /年 2010 実績		0.73~ 1.10	Aパターンで; HV、PHV、EVそれぞれ193万台/年 生産総計580万台	電池材料費で1~2兆円 *4	A 50.3 B 38.7 C 34.8 *3
	EV 10~30kWh/台			0.03			
	ソーラ、風力 1MWh/設備			0 開発需要程度	太陽光 1,420 風力 491 (設備 万kW 導入計画 2008資源エネ庁) 蓄電用セルの試算は不定		
	交通			0 同上			

注)*1 セルの平均Ah容量を1~2の幅で仮定 *2 平均的なAh容量を仮定 *3 詳細は別表 *4 組立費を含まない材料購入コストのみ

図表1.4.1 各用途のトータル生産数量,容量

金額および容量（定格（放電容量 Ah×電圧 V））を試算した。いずれの数値も試算のための2,3の想定が含まれているが，ここでは2010年と10年後の2020年でのマグニチュードを比較するのが目的であり，それぞれの年代の絶対値はかなり幅のある数字である。小型の民生用電池は経済産業省の機械統計（電池工業会のホームページでも公表）に確かな数字が示されているが，電池の Ah 容量などは不明である。平均的には1〜2Ah であると推定され，これを基にすると4.44〜8.88百万 kWh の電池が生産されている（国内）。2010年段階で新たな用途として電動工具やアシスト自転車用のリチウムイオン電池が急に伸びている。しかしながら機器の販売数量としてはまだまだ少なく，kWh 容量で見るとそれほど多くはない。

(2) **自動車用途**

自動車用途は，2010〜2011年段階ではリチウムイオン電池搭載車は数千台の試験販売のレベルである。実績のあるトヨタのＰＲＩＵＳ（電池はニッケル水素の1.3kWh／車）をカウントしてもそれほど大きな容量にはならない。電池製造のスケールアップを心配するような大きな生産量はこの先の2020年の段階における HEV，PHEV および EV の本格的な普及をにらんだレベルであると考えられる。10年先のこれら電動化車両の数量の予測はまさに予測の域を出ないが，ここではA,B およびCの3パターンを想定し，トータルで580万台／年の生産があるとした試算を行った。試算の内容の一部を図表1.4.1に示した。2020年レベルの電池生産総量（単位百万 kWh）は，A 50.3，B 38.7，C 34.8 であるが，上記の小型電池の総容量に比較して，半桁（5倍）ないし一桁のスケールでアップすると推定される。

自動車以外の自然エネルギー蓄電や交通（鉄道，バスなど）は当分は開発需要程度のレベルであり，電池の量産はここ数年は見込めないであろう。

4.2　リチウムイオンセル生産と原材料

(1) **小型，中型と大型へのシフト**

セル生産のスケールアップの問題を，セルの原材料と部材の面から考察し，一覧表を図表1.4.2に示した。ここでも，小型民生用のリチウムイオン電池（セル）と自動車用など大型の対比で考察することになるが，大型の技術と生産は小型のインフラが基礎になっていることは言うまでもない。一方でセルの Ah 容量や求められる諸特性は小型と大型ではかなり異なり，セルの Ah 容量では2桁程度，放電電流に関しても2桁以上の差があろう。左記の2点は正極材などの性能改良や，電解液系を含めた材料選定とセルの設計を新たに行うことになるが，それ自体が現在2012年段階で進行中である。従って，ここで明確に方向を示すことは極めて困難であり，図表の記載内容も筆者の主観が入った内容となることをご容赦願いたい。

(2) **大容量の EV 用セル**

大型セル，特に車一台あたりの放電容量が20kWh 前後になる EV 用では，単純に計算してもセルの製造コスト，特に原材料費は高くなる。従って，"高性能かつ低コスト"という課題をクリアしないと，車1台あたり200〜300万円という現実離れしたコストになってしまう。一方で

第1章　大型リチウムイオン電池（セル）の現状と開発動向

セルのタイプ	用途分野	原料、部材						2020年原材料費
		正極	負極	電解液 電解質	添加剤	セパレーター	バインダー他	推定金額 億円 *1
小型 <1Ah	携帯電話 オーディオ	A s-Mn B` NM (Ni、Mn)	D 人造黒鉛系	現行 EC/(DEC/DMC/EMC＋アルファ) LiPF6 VC(SEI形成)		130℃レベル 複合ポリオレフィン系微多孔膜	正極； PVDF/NMP溶剤 負極； SBR水媒体	128～ 319 （国内生産分相当）
小型 >1Ah	PC、デジカメムビー		D' 人造黒鉛系＋HC					
中型	電動工具 8Ah24V アシスト自転車 8Ah26V	B NMC 高性能多元系(Ni、Mn、Co)	E 新合金系 4Ahセル	同上＋ 難燃剤、F-電解液 過充電安定剤		上記＋耐熱、耐震		
大型 用途別の仕様や規格、安全性試験のクリアなど、不確定な要素が多い	HV、PHV 2～6 kWh/台	A s-Mn B NMC C FeP "高性能かつ低コスト"	D' 人造黒鉛系＋HC 同上 "高性能かつ低コスト" F LTOなど高速材	パワータイプ 低粘度ハイレート仕様 エネルギータイプ 汎用セル仕様	VCなど汎用添加剤 同上＋難燃化剤(大容量セルの安全確保)	＊耐熱性アップ ＊回生特性アップによる使用量増大 ＊低インピーダンス化	生産向上の為の単純化と性能維持のバランス！ 1兆円台	A 15,080 B 11,600 C 10,440
	EV 10～30 kWh/台							
	太陽光発電 風力発電 1MWh/設備	短周期、長周期のいずれかでセルの仕様が決定。現時点では未定。 コストと寿命（15年）の要請から自動車用途とは異なるセル仕様と設計か。						
	交通	開発段階　実需要は2015年頃からか。						

注）*1 セル製造の原材料費　3万円／kWhと仮定、組立費など含まず　セルのコストダウン要求で変化する動向　NM：Ni＋Mn系

図表1.4.2　各用途のリチウムイオン電池（セル），容量と原材料・部材

　容量が2～5kWh／車で済むHEVやPHEVはコストの面では妥当な範囲に収まり，かつリチウムイオン電池にしたことによる軽量化（ニッケル水素の1／2～1／3）とパワー特性のアップなどのメリットが活かせる。性能とコストの要は正極材にあろう，現時点においては図表中のA／s-（スピネル）マンガン系およびその改良系，B，B'／Ni，Mn，（Co）など多元系，C／鉄リン酸リチウム（オリビン鉄）などが開発されており，それぞれの材料メーカーが特徴をアナウンスしている。一方の負極はサイクル寿命や回生充電特性との兼ね合いで，人造黒鉛系とハードカーボンの組み合わせが汎用的であるが，最終的には正極材や電解液（質）と組み合わせた時点でのセル設計で評価されるべきであり，材料だけでは決め兼ねる領域がある。

(3)　安全性試験などとの関連

　自動車用途では安全性試験のクリア，例えばUSABCの"Abuse test"やEUCARの"ハザードレベル3"程度などが必須であろう。高性能で高容量なセルは大きなエネルギーを蓄えており，Abuse（誤用域，過酷条件）においてより厳しい結果になりがちであるが，高性能を維持して安全性をクリアするためには，活物質のモルフォロジー（粒子設計）まで含めた開発が必要であろう。さらにセルの寿命，特に高温（>45℃）における寿命（保存寿命＋サイクル寿命）はまだまだ未解決の問題が多く，C／鉄リン酸リチウム（オリビン鉄）などへの期待も大きいが，電極

の製造（分散，塗工，乾燥）においては生産性の上がりにくい材料であり，量産に適した材料であるか否かはすぐには結論が出ないであろう。

(4) 電解液など関連材料

電解液（質），同添加剤，セパレータおよびバインダーなどに関しては，大型セル用という区別はないものの，使用条件の過酷さから，一段と高い耐熱性（セパレータ）や難燃性（電解液）が採用される動向である。バインダーは電極板の製造における生産性と電池の耐久性（電極板の接着・結着維持）に大きな影響があるが，使用量も少なく（3～5%対活物質）コスト的な負担も少ないので，性能本意での選択になろう。大型セルの電極板の水分レベルはサイクル寿命と直接に関係するので極限まで下げる必要があり，小型セルの負極に使用されている水系バインダーをそのまま採用することは難しい。

(5) 原材料の市場スケール

最終的に，セル製造の原材料費（組立製造費は含まない）で比較すると，自動車用の総需要（2020年）はEVの普及レベルによってA,B,Cの3段階で試算したが，原材料費だけで1兆円のレベルに達する。小型セルの（国内生産分相当）それに比較すると2桁以上のアップが見込まれる。

4.3 リチウムイオンセル生産設備とシステム

(1) 小型民生用セルの技術蓄積

セル製造のスケールアップの問題を，生産設備とシステムとして考察して図表1.4.3に要点を示した。他の事項と同様に，生産設備とシステムの構築それ自体が現在（2011年末）の進行中である。従って，ここで明確に方向を示すことは極めて困難であり，図表の記載内容も筆者の主観が入った内容となることをご容赦願いたい。図表1.4.3にはセルの製造工程の順に要点を記載した。小型民生用セルは，リチウムイオン電池15年の技術蓄積を背景にほぼ完成された生産インフラを有しており，製造機器などはそれに特化した専門メーカーや電池メーカー自身が開発と製造を担っている。小型セルの形式はほぼ統一されており（JIS C 8712ほか），円筒や角形で自動生産に乗せやすい品種である。

(2) セルの製造プロセス

一方の大型セルは内部構造が第2章2で述べたように，A／捲回電極で缶収納タイプ，B／カットシート電極の積層でラミネート包材収納の2種に大別され，電極板の塗工方式も異なる（ストライプ塗工と区分塗工）。大型セルはWh当たりで200～300cm^2程度の電極面積を有し，Wh当たりでも小型の2倍程度と大きい。仮に標準的なエネルギー設計のセルで10Ah容量としても，正極+負極で6,000cm^2以上となる。すなわち小型セルに比べて大きな電極面積を塗工し，加工，組立までを行わなければならない。特に生産スピードが上がらないのは塗工と乾燥であり，小型リチウムイオンで構築された"分散，スラリー化，塗工，乾燥，極板プレスとスリット"すなわち"湿式工程"では生産性に限界がある。

第1章 大型リチウムイオン電池（セル）の現状と開発動向

セルのタイプ／用途分野		セルの形式	生産設備とシステム								
			粉体計量	粉体加工	スラリー調整	電極板塗工・乾燥	電極加工	電極組立	電解液注入	初充電	検査品質保証安全性
小型<1Ah	携帯電話オーディオ	円筒型、角形（金属缶）	半自動、非専用機	バッチ式、専門機器メーカー	バッチ式、専門機器メーカー	ストライプ塗工、専門機器メーカー	全自動、自社設計専用機（ほぼセルの形式と寸法が定まっており、自動化はやり易い）	リチウムイオン電池15年の技術蓄積		少容量 超多チャンネル数 T社など専門機器メーカー	電気用品安全法PSE JIS C 8714 用途で自主規制
小型>1Ah	PC、デジカメムビー										
中型	電動工具アシスト自転車										
大型	HV、PHV 2～6kWh/台 EV 10～30kWh/台 ソーラ、風力 1MWh/設備 交通	A 捲電極の缶収納タイプ B カットシート電極の積層、ラミネート包材収納	全自動連続計量（精度アップ、誤操作排除）	(問題山積) 活物質の変化に加工プロセスが追いついて行けない、連続プロセス化 コストダウンには避けて通れない 大手の汎用機器メーカーの参入、コストダウンと新規なプロセス導入		生産スピードアップが必至 湿式塗工の限界＞新たな原理の導入 Ex. ラディエーション	多種多様な電極構成 ＞ いずれは規格で標準化 缶収納型（排気弁付）と積層型（弁無） 電極端子の位置； 缶収納は上面（＋－）、積層型は左右（＋－）又は一辺（＋－） 生産機械は個別に設計、セルの搬入／搬出の自動化がどこまで出来るか＞生産性			大容量 多チャンネル 放電回生など少エネルギー対策	未定 各国が規格を提案

図表1.4.3 各用途のリチウムイオン電池（セル）の概要，生産設備とシステム

　2009年頃から，上記の専門機器メーカー以外の大手の重機械，電機メーカーあるいは窯業メーカーなどが，リチウムイオンセルの製造機器分野で研究開発を進めている。印刷機，製紙機械さらには乾燥炉などの技術ノウハウはリチウムイオン分野にも応用展開が可能であり，今後の展開が期待される。

(3) セル組立の自動化
　電極加工，電極組立や電解液注入から初充電まではセルの製造のポイントであるが，自動組立（ロボット化）するにしても，部材の搬入と搬出および不良製品の排除などの累積の工数がかなり大きくなろう。初充電はセルの品質保証においても重要なステップであるが，大容量セルを大量に充電するには，極めて大きな容量の充放電装置が必要となり，エネルギーコストの削減からの回生付きの充電装置が求められる。

(4) セルの実需と原材料の供給
　以上述べたように，大型リチウムイオンセルの量産はなかなか姿が見えないが，すでに2, 3社の先行メーカーが数百億レベルの設備投資をして量産体制を構築しつつある。自動車メーカーへのセルの供給形態がどのようになるか，汎用か特注かなど技術以外の要素も関係するので，これ以上の考察は不可能であるが，生産量とコストダウンのバランスの中で生産（量産）の採算を

大容量 Li イオン電池の材料技術と市場展望

維持することはかなり難しいことであろう。

　原材料のコストダウンも必要ではあるが，これも一定量以上の供給（生産と販売）が保証された上での論議であり，始めからコストダウンはないと考える方が妥当ではないか。何よりも，製造したセルが売れることが第一条件である。

5 技術開発のロードマップと基本三課題

　自動車用途や自然エネルギー発電のバックアップに，大型リチウムイオン電池（セル）の本格的な生産を目指しているのは，日本だけではなく各国共通である。これらの開発の目標としていくつかのロードマップ（RM）が発表されている。なお一部の国のEV用セル試験規格は安全性も含めて，かなり高い目標値を示しており，ロードマップ的な性格も有している。

　NEDOのRM2010は，高エネルギー型，高パワー型および長寿命型に区分した詳細な内容であり，コスト目標も示されている。EUCARのセル開発ロードマップ（Draft April 15th 2009）は多くの特性項目について2020年までの目標が示されている。USABCのPHEV用リチウムイオン電池についてのRMは同様に多くの項目を示している。

　これらのRMはいずれの場合も，提案時点の技術水準を基礎に，おおむね10年程度の先の目標を提示している。これらRMの実現性の如何はケースバイケースであろうが，ある程度の中大型セルの開発試作の技術成果を折り込む必要があろう。全くの机上プランであると感じられるRMも見られる。

5.1 技術開発ロードマップと電池コスト

　㈱NEDOが2010年3月にパブリックコメントを募集し，同5月に発表したリチウムイオン電池の開発ロードマップ（RM2010）の内容を紹介しながら，電池のコストの問題を検討する。図表1.5.1のRM2010においては，セルの特性パラメーターを，エネルギー密度（比容量Wh／L，比重量Wh／kg），出力密度（W／kg，W＝A×V），サイクル寿命N（@容量保持率60％），カレンダー寿命（保存劣化＋サイクル劣化）および電池コスト円／kWhを取り上げている。

セルのタイプ

　セルのタイプは，高エネルギー密度型（EVなど走行距離重視），高パワー密度型（HEV，電車など起動特性を重視），ロングライフ型（自然エネルギー蓄電用途など）の3タイプを想定している。それぞれのタイプ別に上記の特性パラメーターを設定してロードマップとしている。図表1.5.1はEV用セルのNEDOのデータを年次順にプロットした図である。特性値などは指数的に表示したので，具体的な数値はNEDOの原データを参照願いたい（Battery RM2010で検索）。電池のコスト（セル本体だけではなく周辺電気回路などを含むと推定されるが，詳細は示されていない）は2010年から2020年の10年で1／10にダウンすることを想定しており，2030年にはさらに1／2となっている。このコストダウンが実際に可能かどうかは，今後の推移を見ないと何ともいい兼ねるが，EVはそこまでのコストダウンがないとEVとして存在できないとの認識が背景にあろう。

5.2 高エネルギー型リチウムイオン電池の開発

　図表1.5.2に高エネルギー型リチウムイオン電池の開発RMを示した。セルの比容量はセル

大容量Liイオン電池の材料技術と市場展望

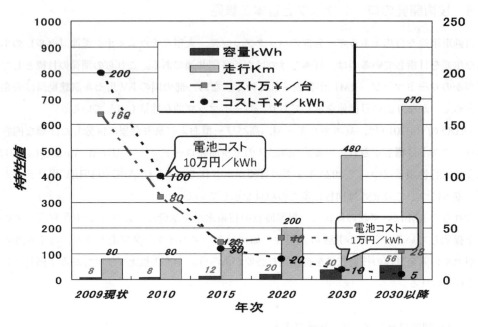

図表 1.5.1　電池コスト　RM2010/㈱NEDO
(EV用エネルギータイプ電池を想定．コストは車1台あたりで表示)

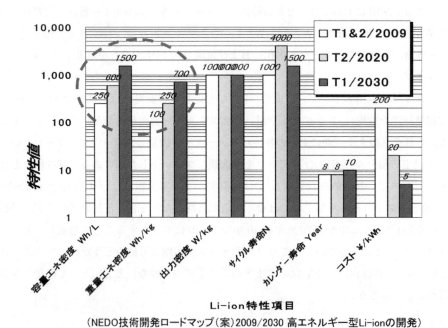

(NEDO技術開発ロードマップ(案)2009/2030 高エネルギー型Li-ionの開発)

図表 1.5.2　高エネルギー型リチウムイオン電池の開発RM

第1章　大型リチウムイオン電池（セル）の現状と開発動向

を構成する活物質（正極と負極）の比容量，mAh／g，mAh／ml に依存する。大幅なエネルギー容量のアップはより高容量な活物質の新たな開発に期待するところが大きい。高容量な正極と負極材を実用セルで使いこなして行くには，相当の技術ノウハウの蓄積が求められる。その中で安全性の確保と生産コストの低減は，高性能な活物質ほど難しい側面があろう。2030 年の目標クリアは，現在知られていない活物質系の実用化が必須である可能性もあろう。

　案で示されている 100（2009 年），250（2020），700（2030）Wh／kg の値は，2009 の 100Wh／kg は現行の実用セルではむしろ低めであり，150Wh／kg レベルはクリアされている。一方で 2030 年の 700Wh／kg はかなりチャレンジ要素が大きな目標であり，活物質のみならず電解質など Li イオン電池の基本構成の見直しも必要であろう。

　開発目標の中で，コストは桁違いのダウンが示されているが，案は案として存在する。全ての工業製品のコストは原料コストや工程費などの製造サイドの問題と同時に，大量生産と販売が実現できる社会経済的なバックアップが不可欠であり，むしろ後者がドライビングホースである。

5.3　高パワー型リチウムイオン電池の開発

　図表 1.5.3 に高パワー型リチウムイオン電池の開発 RM を示した。高出力（パワー）型は HEV など起動時の瞬発力が必要とされる用途で重要な特性である。2009 年レベルのリチウムイオンセル（裸セル＝単電池）は 2,000〜3,000W／kg の特性はすでにクリアしており，測定条件

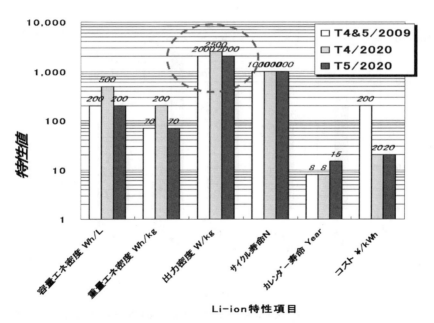

（NEDO 技術開発ロードマップ（案）2009/2020 高パワー型 Li-ion の開発）

図表 1.5.3　高パワー型リチウムイオン電池の開発 RM

いかんでは 4,000 程度の値も珍しくはない。パワー特性は Ni-MH に比較して Li イオン化で大きく進歩した項目であり，EV や HEV が Li イオン化すれば当分はクリアできる特性と推定される。セルの設計でパワー特性をアップするためにはセルあたりの電極面積，低インピーダンス化（電解液，電解質，セパレータ，極板）などの電気化学的な要素のアップが必要である。コスト面からは負極集電箔（銅）やセパレータのコストが大幅にアップするので，コストとのバランス調整が必須である。

5.4　長ライフ型リチウムイオン電池の開発

図表 1.5.4 に長ライフ型リチウムイオン電池の開発 RM を示した。セルの寿命（ライフ）は充放電のサイクル劣化と保存（経時）劣化の複合であり，活物質，電解液および電解質など電気化学的な制約から逃れられない事項である。寿命は初期の（放電）容量の 60％ を目処にして判断されるが（JIS），セルの材料と設計のみならず，セルの使われ方との関係も深い。極端なケースで，高温（例として 60℃）で SOC=100％（満充電）での使用をすればサイクル数で 1,000 以下，カレンダー寿命で数年以下の結果が現状であろう。

寿命はシステムのコストとの関係が深く，トータルのコストダウンにはセルの長寿命が必要とされ，NEDO の目標（案）のカレンダー 20 年（2030）はシステムの普及のために必要な寿命と理解されよう。

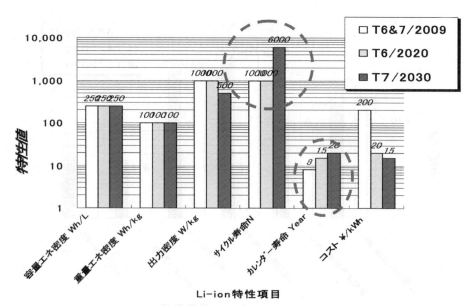

（NEDO 技術開発ロードマップ（案）2009/2020 長ライフ型 Li-ion の開発）

図表 1.5.4　長ライフ型リチウムイオン電池の開発 RM

第1章　大型リチウムイオン電池（セル）の現状と開発動向

5.5　海外の開発ロードマップ
(1)　EUCAR の開発ロードマップ

　図表1.5.5にEUCARの電動車両用セル開発ロードマップ（Draft April 15th 2009）を，要点を和訳で紹介する。これはEUCARにオーソライズした訳ではなく，以下の事項を配慮した解説である。なお，EV24（International Battery, Hybrid and Fuel Cell Electric Vehicle Symposium, (Stavanger, Norway, May 13-16, 2009)）の解説論文（Dr. A. Teyssot, Renault, e-mail Anna.teysort@renault.com））も参照されたい。なお，原文においては，Energy Density と Specific Energy のように，／kg（質量）ないし／L（体積）を単位とする特性値を示しているが，和訳においては／kgの特性を…密度，／Lの特性を比…とした。これらの項目の測定方法が示されてはいないが，おおむね日本国内の一般的な試験条件と同様であろうと推定される。不明点などを図表の右に示した。いずれの特性値もX..Yのように範囲で示されており，ここで測定方法を厳密に論じる必要は必ずしも無いと考えられる。W単位の（放電）出力と（回生）入力の項目は，測定の持続時間が20秒と10秒と規定されているが，W単位の特性値はわずかな秒数の差で数値が大きく変化するので，この特性値はこのロードマップ表の範囲内での相互比較として考える方が妥当であろう。

高容量型	*1 Begin of life	目標 2010 (BOL)*1	目標 2015 (BOL)	目標 2020 (BOL)	補足説明と不明点
容量密度	Wh/kg	90..100	130..150	180..200	(裸)セルの質量と体積に対してであろう
比容量	Wh/L	130..150	200..250	300..400	
出力密度(放電)	W/kg	400..750	500..950	500..250	
比出力*(放電)	W/L	550..1000	850..1200	1200..2000	?SOC%
ピーク持続時間	Sec		20		測定条件
PER*2	—	3.7to7.5	3.3to6.3	3to6.25	Power to Energy ratio
低温(-0℃)出力特性	% 対室温時出力	50..60	55..70	60..65	W/kg値の比較、%表示
低温(-20℃)出力特性		10..20	25..30	40..50	
回生入力密度	W/kg	300..500	350..650	450..800	?SOC%
ピーク持続時間	Sec		10		測定条件
急速充電特性	W/kg	120..180	180..250	250..400	(連続)
低温(-10℃)充電特性	% 対室温時入力	10..20	25..30	40..50	W/kg値の比較、%表示
寿命	年	8..10	10	15	?容量維持率
サイクル寿命 (CDモード)	サイクル数	3000..4000	4000	5500	
		CD:Charge Depleting "充電モード"走行、電池と内燃ｴﾝｼﾞﾝ併用=HEV走行　CS:Charge Sustaining "放電モード"走行、電池のみで走行=EV走行			
コスト(セル)	$/kWh	400..500	300	150	MWh/年の生産規模におけるコスト
生産規模	MWh/年	500	7000	15000	

(Draft April 15th 2009)

図表1.5.5　EUCARのセル開発ロードマップ

大容量 Li イオン電池の材料技術と市場展望

ここでは，2010年から2015と2020までの時間スケールで，全ての特性項目について，ロードマップの目標値（Batteryの使用開始時の特性＝容量維持率100％）が示されている。

全体的な特性値は目標2015が，現在2011年の日本や韓国の先進電池メーカーの発表しているデータに近く，このロードマップの制定が2009年であることを考えると，技術の進歩が急速であるとも言える。2020年の目標は2015年の延長線上であまり"無理のない範囲の目標"とも見えるが，エネルギー，パワー，ライフ…全ての項目で2020年の目標をクリアするには，活物質や電解液などの材料技術の世代交代的な進歩が求められるので，このロードマップが"実現性のある目標設定"とは言い難いのではないか。寿命（カレンダーライフとサイクル寿命）はその試験方法と温度条件に大きく依存するので，ここでは"高い方が望ましい"との意志表示と理解すべきであろう。コスト／kWhは生産規模にもよるが，ここで＄表示で示されているコスト，500＄／kWh（＝42,500円 2010年 @85円／＄）は，大きな生産規模で実際に稼働することを前提にすれば，射程範囲のコストであろう。

(2) DOEの開発ロードマップ

図表1.5.6にDOE（U. S. Department of Energy，米国エネルギー省）の「Battery Test Manual For Plug-In Hybrid Electric Vehicles」のプロジェクトで検討されているPHEV用リチウムイオン電池（セル）の規格提案の和訳（意訳）を示した。以下に述べるように，この表に示

①Characteristics at EOL (End-of-Life) 〈セルの寿命到達時点における特性〉	Unit 〈単位〉	Minimum PHEV Battery	Maximum PHEV Battery
②Reference Equivalent Electric Range 〈EV走行可能な距離 単位 マイル〉	miles	10 〈16Km〉	40 〈64Km〉
③Peak Discharge Pulse Power (2 sec/10 sec)[1] 〈パルス放電容量（ピーク値） 2秒/10秒〉	kW	50/45	46/38
④Peak Regen Pulse Power (10 sec) 〈回生容量ピーク値 10 秒値〉	kW	30	25
⑩CD Life / Discharge Throughput 〈CDモードサイクル寿命〉	Cycles/MWh	5,000 / 17	5,000 / 58
⑪CS HEV Cycle Life, 50 Wh Profile 〈CDモードHEV走行時サイクル寿命〉	Cycles サイクル	300,000	300,000
⑫Calendar Life, 35 ℃ 〈カレンダー（保存）寿命〉	Year 年	15	15
⑬Maximum System Weight 〈質量〉	kg	60	120
⑭Maximum System volume 〈体積〉	Liter	40	80

(Energy Storage System Performance Targets for Plug-In Hybrid Electric Vehicles (January 2007))

図表1.5.6 USABC PHV用リチウムイオン電池ユニットの特性値（抜粋）

第 1 章　大型リチウムイオン電池（セル）の現状と開発動向

されている特性項目は DOE 独自の内容が多い。なお，可能な限り原文の意味を尊重した和訳としたが，日本で使用されることの少ない（従って適当な訳語が無い）用語については解説付きで意訳した。

　この内容は詳細な試験方法*を伴ったものである。DOE はそのプロジェクトにおいて，プラグイン HEV 車用 Li イオン電池の性能規格案を，PHEV 用電池の開発目標（10 および 40 マイル走行 PHEV 車用 Li イオン電池），寿命目標と試験案，入出力特性などの評価試案などとして示している。その内容はかなり先進的であると同時に，具体的な試験方法も示されており，最終的な実現性はともかくも，非常に参考になる内容である。

---

*　試験手順は，3.1 総則と充電方法，3.2 容量，3.3 放電（定出力），3.4 パルス出力，3.5 自己放電，3.6 寒冷起動，3.7 熱特性，3.8 エネルギー効率，3.9 サイクル（充電モード），3.10 サイクル（放電モード），3.11 保存寿命開発プロジェクトの評価プランである。これ自体が決定した規格などではない（今後の開発への影響は大きいと推定される）。

第2章 電池（セル）の構造，構成，設計と特性

　セルの容量（大中小）と使用目的に応じて，多様なセルのタイプと内部構造が存在する。内部構造は電極板の収束と電極端子付，外装体への封入と封止などの多様性があり，捲込電極体の函体収納型と積層（ラミネート）型に大別される。内部構造は目的に特化し，さらに合理的な構造と構成が求められ，その周辺の材料開発も必要である。セルを組み合わせてモジュール，モジュールをさらに集合して電池ユニットの順であり，それぞれの特性についてエネルギー特性とパワー特性を軸に紹介する。

1 小型，中型と大型

　大中小の区分けは，容量，用途，特性，原材料，コスト，生産性など，多方面にわたって連続的と同時に不連続性の問題を含んでおり，技術的に市場的に有用な知見が得られる。なおこの節は，第1章4「大型セルへのスケールアップ」，第2章2「円筒・角型函体収納およびラミネート型」と重複する記述が多くなるので各章も合わせて参照されたい。

1.1 セルの形状と容量，集電と端子
(1) 形状と容量

　図表2.1.1にセルの形状，規格表示，Ah容量および用途の具体例を示した。規格で外形寸法の定まったセルは，小型民生用の一部に過ぎず（図表2.2.6も参照），中大型セルに関して制定された寸法規格は現在ない（中大型の函体収納セルに関する，VDA（ドイツ自動車連盟）の案は提案されている）。リチウムイオン電池（セル）の場合は乾電池などと異なり，一般ユーザーが購入して電池を交換するケース（電気用品安全法の範囲）はまれであり，寸法互換性の必要性はない。

　これまでは小型民生用は"18650"など円筒型と"633450"など角型，大型はラミネート型および函体収納型と大まかに区分されていた。最近は図表2.1.1に示したように，いずれの形式（大分類）においても容量の異なる大中小が存在し，それぞれの用途で使用されている。後に第2章2で示すように，小型の円筒型セルで大電流の流せる（内部インピーダンスの低い）セルを設計することは無理があり，大型のラミネートセルは大面積で大電流放電に適しているなど，そ

菅原秀一　Shuichi Sugawara　泉化研㈱　代表

れぞれの特徴がある。生産量の大きいセルでは，電動工具やアシスト自転車のセルが26φ円筒型に，携帯機器（アップル社のiPodやiPhoneなど一連の商品）は小型ラミネート（いわゆるパウチ型）でポリマー電解液（ゲル化剤の場合も含む）のセルが量産されている。

　自動車や自然エネルギー蓄電などは，多数個のセルを組み合わせて（並列と直列）使用するので，個々のセルのAh容量は比較的自由であるとも考えられるが，セル数が多いと充放電の制御

大分類		形式表示　*JIS	容量 Ah	具体例
円筒型 Cylindrical 廻捲した極板を円筒の金属缶に収納	小型	*18650 18φ	>2	汎用、PC
	中型	*26650 26φ	3～4	電動工具
	大型	29～54 φ	4～34 SAFT社	汎用、自動車
角型（扁平） Prismatic 扁平に廻捲した極板を角形の金属缶に収納	小型	*423643(15g)～ *103450(40g)	0.71～2	携帯電話
	中型	現在、メーカーと品種によって異なる。互換性規格は存在しない。	4～6	中大型デジタルカメラ、ムービー
	大型		50～95	EV、電力貯蔵
平板型 Laminate 毎葉(カットシート)の電極を積層し、樹脂ラミネートアルミニウム材に収納	小型		0.34 ポリマー	デジタルオーディオ
	中型		1～10	汎用産業用途
	大型		20～(50)	自動車、電力貯蔵、交通

図表2.1.1　セルの形状と容量(1)　規格表示と具体例

大分類		容量 Ah	電極対（1セル）	集電箔の収束（何れも非塗布部分）	外部端子
円筒型 Cylindrical	小型	>2	*捲き込み 正極、負極、セパレーター= 1/1/1 （セル内に複数の電極対が収納されるケースもある）	捲芯、捲端から導電	容器(-)極、上部(+)
	中型	3～4		カットエンド(+,-)から	円筒の上下ネジ（外筒は絶縁）
	大型	4～34			
角型（扁平） Prismatic	小型	0.71～2		捲芯、捲端から導電	容器(-)極、上部(+)
	中型	4～6			
	大型	50～95	同上、積層	カットエンド(+,-)から、挟持ジグなどをカットエンドに熔着	収納缶の上面に両極が固定
平板型 Laminate	小型	0.34	*捲き込み 1/1/1 （収納容器がラミネート包材）	捲芯、捲端から導電	1辺に両極タブ
	中型	1～10	枚数＝（総面積/カットシート面積）例 12～48	左右か一辺で枚数分を超音波熔着などで収束、端子付け	1辺に両極タブ、左右に両極タブ、左右に両極バー
	大型	20～(50)			

図表2.1.2　セルの形状と容量(2)　集電と端子

第2章 電池(セル)の構造,構成,設計と特性

において回路系の負担が大きくなる。ある程度大きな数十Ahのセルが適しており,20～40Ah程度が妥当な範囲と考えられるが,モジュールやユニット段階のセルの相互接続(端子の位置),放熱性,機械的な強度など,電気特性以外の要因が大きくなってくる。

(2) **集電と端子**

図表2.1.2にセルの形状と容量,電極対,集電方法端子について代表的な形式をまとめた。なお,文章表現では理解ができ難いので,後の図表1.2.2～1.2.8を参照されたい。セルを構成する「電極対(正極板/セパレータ/負極板)は,円筒捲,扁平捲および積層(ラミネート)のいずれかであるが,正負の電極の出し方とそれに即したセル内部での収束(集電)は,多くのパターンが可能である。Ah数の高いセルは大電流を流すために,集電箔の収束(電気的,機械的)と端子への接続は,大きな断面積を必要とする。小型の円筒型は後に図表2.2.1に示す様に,正負極ともに長尺の電極板の捲き始め,あるいは捲き終わりの一辺から集電することになり,大きな電流を流す構造は困難である。セルの形状,容量,集電と端子の問題は,セル生産における電極板塗工,二次加工,組立などに大きく影響し,複数形式のセルを同一の生産プラントで量産することは難しい。

1.2 セルの規格・規制マップ

(1) **規格マップ**

図表2.1.3にリチウムイオン電池(セル)に関する規格などのマップを示した。現在はリチウムイオン電池(セル)に関する規格,規制その他が多種多様であり,しかもリチウムイオン電池(セル)の技術進歩や,応用分野の拡大が急速中での,規格などの新設や見直し,さらには国

対象用途1～5 規格内容A～F	1 汎用 (小型民生用)	2 汎用 (自転車、工具など)	3 自動車(EV、PHV&HV)、輸送機	4 会社家庭用蓄電スマートグリッド	5 電力事業用
A 基礎特性の測定方法、技術用語	JIS C 8711 (IEC 61960) JIS C 8712 (IEC 62133) JIS C 8713 (IEC 61960) JIS C 8714(IEC 62133)	左記のJISの準用	SAE J2426 QC/T743中国(一部) USABC案(PHV用)		(NEDO系統連係円滑化蓄電プロジェクト)
B 製品規格 (特性、サイズ)	JIS C 8711 (IEC 61960) IEEE1725(携帯電話)	BATSO(e-バイク)	VDA(案)ドイツ USABC(案)(PHV) EUCAR(案)		なし(日本)
C 安全性と試験方法	電気用品安全法PSE JIS C 8714(技術基準) UL 1642 UN オレンジブックIII	左記の規格の準用	SAE J2426,J2380 UL 1642,Sub2580 USABC案(PHV用) EUCARハザードレベル QC/T743中国 DIN 0510-11(予備規格)		電事連規程 (安全はUNを準用)
D リサイクル・環境	BJA(電池工業会),JEITA ガイドライン EU電池指令, (WEEE,RoHS)		左記の準用と推定されるが、運用は未定	同左	
E 製品表示と安全認証	(米国)NRTL		VDE、TUV(ドイツ) BATSO(台湾)		規格などの制定と運用はかなり流動的である
F 輸送(安全) 道路交通	UN オレンジブックIII Class9 海運/IMO,航空/ICAO,IATA		左記の規格の準用 (米国)OSHA, NHTSA CPSC		

図表2.1.3 リチウムイオン電池(セル)に関する規格などのマップ

際的な主導権争いも潜んでいる。

図表2.1.4（小型），図表2.1.5（EV用大型，函体収納），図表2.1.6（EV用大型，ラミネート型）にそれぞれのセルの図を示した。中型の電動工具やアシスト自転車のセルは先の第1章3の図を参照願いたい。

図表2.1.3のマップでは対象用途1～5の内で，4「会社・家庭用蓄電とスマートグリッド」，5「電力事業用」についてはほとんどが空欄になっている。このことは実際の需要などが現在はないことを示しているが，同時にこれらの分野が伸びて来れば規格内容A～Fに相当する規格などが制定される可能性をマップは示している。

(2) EV用捲込電極セル

大型リチウムイオン電池（セル）として最も代表的なEV用途の製品を図表2.1.5に示した（出典：GSYuasaテクニカル・レポート2009）。内部の構造は後の図表2.2.9に示すが，内部は捲込電極のユニットで構成され，金属製函体に収納して上部に電極端子と排気弁（安全弁）が設けられている。モジュールは4セル直列構成で図の右下のようになる。

(3) EV用ラミネートセル

大型のラミネートセルの代表例を図表2.1.6に示した。製品段階ではいくつかのバリエーションがあるが，この図表2.1.6では左右（長手方向）のタブ出しセルである。タブの幅は最大限に取られており，大電流と放熱性を考慮した設計である。モジュールはセルを重ねて函体に収納した状態となり，セルの相互接続は交互に重ねた（＋），（－）の接続となる。

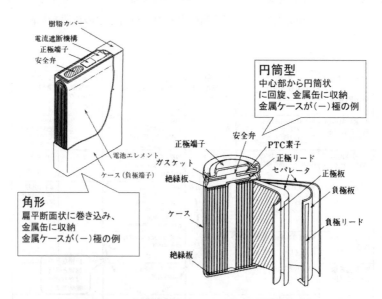

図表2.1.4　小型リチウムイオン電池の内部構造
（容量850～3,000mAh）

第 2 章　電池（セル）の構造，構成，設計と特性

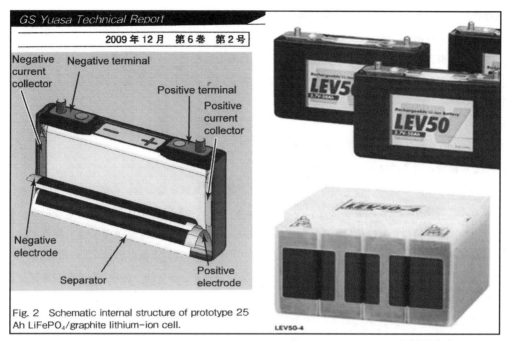

（GSYuasa 発表）

図表 2.1.5　大型リチウムイオンセル，パック＆ユニット

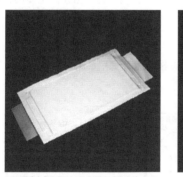 

http://www.nissan-global.com/JP/TECHNOLOGY/INTRODUCTION/DETAILS/LI-I...
2010/08/20,（日産｜技術開発の取り組み｜技術紹介｜ハイブリッド車）

図表 2.1.6　日産自動車の EV 用リチウムイオン電池

2　円筒・角型函体収納およびラミネート型

リチウムイオン電池（セル）の"形式（電極構成と外観）"は，函体収納の①円筒型，②角型，および③ラミネート型に区分される。前 2 者は正負極各 1 枚の長尺電極が捲き込んだ状態で，後

者は枚葉（カットシート）の電極を積層した構造である。一部には④ラミネート型を金属函体に収納した形式もある。

　これら"形式"はセルの特性，用途，製造および安全性などの多方面に関係するので，ここで詳しく述べたいが，上記の①〜④以外にも新たな形式が考案され，総合的な機能の向上が期待される。

2.1　セルの構造と集束・集電方法，外装材

(1)　セル構造と端子付け

　図表2.2.1にセル構造と端子付け（正負集電箔の収束，集電と端子付）の例を示した。捲き込み型ではこのほかに後の図表2.2.9に示す"カットエンド（木口）"からの集電方法がある。左図（円筒）は正負極ともに長尺の電極板の捲き始め，あるいは捲き終わりの一辺から集電することになり，大きな電流を流す構造は困難である。右の図で左右対の電極を出す形式の積層型では，カットシート（枚葉）電極の一辺の長さ全てを収束に使うことが可能であり，最大限の集電と放熱の容量が可能である。

端子付けのバリエーション

　図表2.2.8や図表2.2.15など，積層型であってもカットシートの一辺に両極を置く場合は，最大で辺長／2が収束長になる。この形式は端子が一辺にまとまっているので，セルの相互接続に好都合であるが，放熱性は低下し特に端子辺の反対側は放熱性が低下する。集電箔の収束と端子との接続は，超音波溶接やリベット接続（図表2.2.14）になるが，セルの密閉性との兼ね合いもあり，製造工程では管理が難しいポイントである。

(2)　セルの電極体と集電方法，端子と外装材

　図表2.2.2に電極体（正極／セパレータ／負極の組合せ）と集電方法を，図表2.2.3に端子

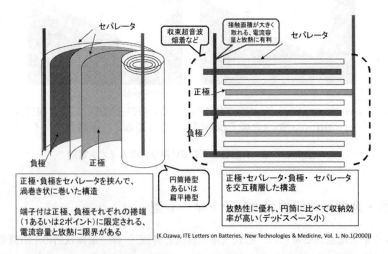

図表2.2.1　セル構造と端子付け（正負集電箔の収束，集電と端子付）

第2章 電池（セル）の構造，構成，設計と特性

図表2.2.2 リチウムイオンセルの形式(1) 電極体*と集電方法

電極体とその集電と収束の方法は、薄い集電箔の加工と相まって制約が大きい。次の端子の出し方との関係で、最終的にはそのセルの仕様と使用目的で選択される。			収束・集電方法			
			全積層を収束し端子に接続（正負別）	正/負の各1（～4）ポイントで接続（収束は原則不要）	正/負の各1辺全長で接続（木口*で)治具で電極と接続	新規な集電方式
電極体（正極/セパレータ/負極）	毎葉（カットシート）を積層	□	製品化	（不可能）		
		⌂	製品化	（不可能）		
	長尺（連続体）を捲回	◎ 円筒	製品化（大電流には不向）			
		扁平 ◯	超小型セル「（ラミネート収納）」		大型セル製品化 タテ ヨコ	
	新規な電極構成					*カットエンド

図表2.2.3 リチウムイオンセルの形式(2) 端子および外装材

外装材（セル容器）と電極の取り出しの関係は、内部に収納する電極体の構造（積層or捲回）との関係で複雑である			電極取り出し			
			函体が一極、多極は凸出し	正/負両極 缶上部、函体は電気的に絶縁	"タブ"出し セルの左右 セルの一辺	"板端子"へリベット接続 セルの左右
外装材（電極体＋電解液の収納容器）	金属製の函体 ガス排出弁	□ 角	製品化（ケイタイ電話）	製品化 大容量	（不可能）	（不可能）
		○ 円筒	製品化（18650型）	製品化 大容量		
		⬭ 楕円		製品化 大容量		
	ソフト包材（Al／樹脂ラミネート）ガス排弁無	凹凹合せ、シール	（不可能）	（不可能）	製品化	製品化 大電流
		凹一合せ、シール			製品化 タテ ヨコ	可能
	新外装材	軽量、高強度、加工性、耐食性を期待				

および外装材に関して表にまとめて示した。一応は考えられる技術要素をマトリックスとはしたが，これだけでは理解し難いので図表2.2.7～2.2.15のセルの内部構造図も合わせて参照願いたい。表には現在まで製品化されている形式を記載したが空欄が多い。特に大型リチウムイオン電池（セル）では，新規な集電方式や新規な電極構成が工夫され，セルの特性や生産性が向上することが望まれるが，セル本体の研究に比較して，集電方法や端子および外装材に関する開発研究は少ないように見える。

大容量Liイオン電池の材料技術と市場展望

放熱性

電極部の取り出し（電極体からセル外部端子への接続）は，取り出し部分の密封性（電解液とガス）が重要であり，同時に強度や耐熱性が求められる。電極の取り出し部分は，電流とともにセル内部からの放熱が集中する部分であり，ヒートショックによる変形や内部剥離が発生しやすい。

封止の耐熱性と強度

金属製函体の場合は大部分の溶接は金属対金属であり，レーザー溶接などで高速に完全な封止が可能であり，強度や加工性の問題は少ない。一方で樹脂ラミネートのアルミコア包材は，樹脂同士の熱融着であり，現在使用されている変性ポリプロピレン／PP材では，PPの融点（熱変形温度140℃）と剥離強度が上限である。特に大型セルの場合は電極体が500g～1,000gになるので，より軽量，高強度，加工性，耐食性の新たな外装材とその加工（成型と融着）技術の進歩を期待したい。セル組立過程での仮封止や電解液注入後の封止などの材料との関係は第4章で述べる。

2.2　セルとモジュールの比重の比較

セルの比重（g／ml），可能な限りシンプルな裸セルに近い状態の比重は，内部の活物質や電極構造を総合して，色々なことを暗示しており，測定値を比較してみると興味深い。もとよりこの比重値に特別な物理化学的な根拠はないが，実用の電池（一次電池も含めて，比重が低く軽量）であるに越したことはない。図表2.2.4に円筒型，ラミネート型，缶収納型の各種電池の比重（実測値）をプロットした。図の左側はNi-MH電池で，トヨタPRIUS搭載のセル（モジュール）は樹脂函体が1.76，金属函体が2.03である。リチウムイオンは18650型など円筒型は金属函体の重量の影響で比重は高く，2.5前後である。ラミネート型は小型から20Ahクラスの大型までデータをプロットしたが，比重は1.38～1.86であり，相対的に軽量である。図表2.2.4の右端の50Ah大型リチウムイオンは函体収納のセル（モジュール）であるが，意外と軽く比重は2前後である。

軽量のラミネート型セル

本節の主題である，函体収納型（円筒，角型）とラミネート型との比較の観点からは，数Ahクラスの小型セルでは圧倒的にラミネート型（いわゆるパウチ型も含む）が軽い。しかしラミネート型も大きくなると函体収納型と大きな差はなくなる。大型セル，特にパワー特性重視の設計は，電極面積増加に伴う銅箔（負極集電）使用量の増加などで重くなる傾向がある。さらに強度の補強などのために，外装材の厚みが増大することも影響する。

2.3　円筒型セルとラミネート型セル

(1)　セルの発熱挙動

図表2.2.5にAES（オートモーティブ・エナジー・サプライ）社のホームページの図を示し

第2章　電池（セル）の構造，構成，設計と特性

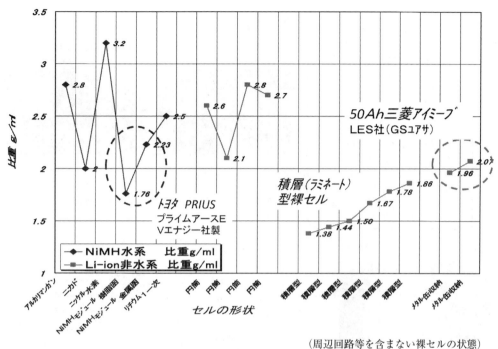

（周辺回路等を含まない裸セルの状態）

図表2.2.4　セルとモジュールの比重（g/ml）

て，ラミネート型と円筒型の性質の差を紹介したい。この試験はラミネート型セルの発熱挙動を円筒型と比較した実験である。いずれも15分間充放電を繰り返した場合のセルの発熱を測定しているが，円筒型（18650）はセル内部からの放熱が不十分で温度が上昇するとの結果である。この実験は両方のセルの特徴を示しており，充放電条件が過酷な自動車用途などには放熱性の優れたラミネート型が適しているとの提案である。セルの熱分析については，総説＊を参照されたい。

(2)　セルの設計仕様の差

800mAhの円筒型セルはノートPC用途などの比較的放電レートの低い設計である。一方3.8Ahのラミネート型は放電レートの高いパワー用途である。それぞれの目的に合った設計，特に内部抵抗の設定がなされている。円筒型18650はこのような過酷な充放電で使用すること自体に多少無理があろう。米国などで数年前に行われたEV（HEVとも取れるが）の実験で，量産されていて入手可能な18650セルを多数個連結して，トヨタPRIUSに載せ替えた実験が行われた。結果は電池ユニットの発熱，発火と爆発で車輛は炎上した。実験を計画した技術者がこの結

＊　円筒形リチウムイオン電池の熱分析　ZHANG Xiongwen Electrochim Acta Vol. 56. No. 3. Page1246-1255（2011）

大容量 Li イオン電池の材料技術と市場展望

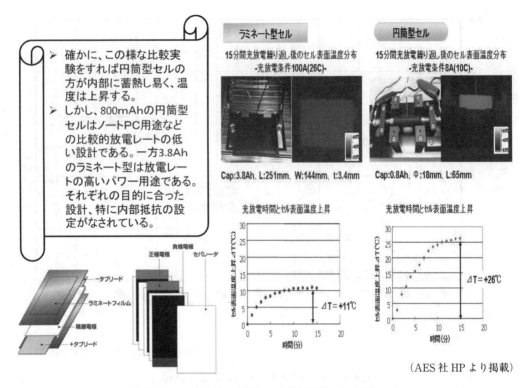

図表 2.2.5　ラミネート型セルの発熱挙動　(AES 社 HP)

果をどう受け取ったかは興味深い。

(3) 大型の円筒型セルの例

　図表 2.2.6 は円筒型セル "18650" 18φ の寸法形状 (JIS) と, 円筒型では最も大型の SAFT 社 (仏) 製の 44Ah セル (54φ) である。"18650" はこの例では汎用の 2,000mAh／3.6V (7.2Wh) であるが, この寸法の中では最大で 4Ah まで達している例がある (第 3 章 2　合金系負極を参照)。SAFT 社の VL (10VFe) はその表示の通り, 鉄リン酸リチウム (LFP) 正極の高い容量 (〜170mAh／g) を活用した 44Ah, 3.3V (145Wh) の高容量円筒型セルである。図表 2.2.6 から判るように, 端子が円筒の上下に出ており, 円筒函体は電気的には接続されていない。上下の太い端子は放熱も考えた設計となっており, 推定ではあるが円筒の中心部は小型の円筒セルとは異なり, 電極は巻き込まれていないと思われる (バウムクーヘン型)。

(4) 公開特許図にみる内部構造

　図表 2.2.7 に扁平捲回電極体の函体収納 (各社の特許公開例) を示す。公開特許の図面であり, 必ずしも製品化されているとは限らないが, 多くの内部構造が提案されている。完全に円筒型に巻き込んで行く小型 18650 型セルなどの場合は, 中心部が密に (電極板の曲げ応力のかかった状態) なって不都合である。大型の巻き込み型セルにおいては, 次の図表 2.2.9, 2.2.10, 2.2.11 などの例も含めて, 楕円 (扁平型, 反物型) に捲く方法が取られる。電極体 (正極板／セパレー

第2章 電池（セル）の構造，構成，設計と特性

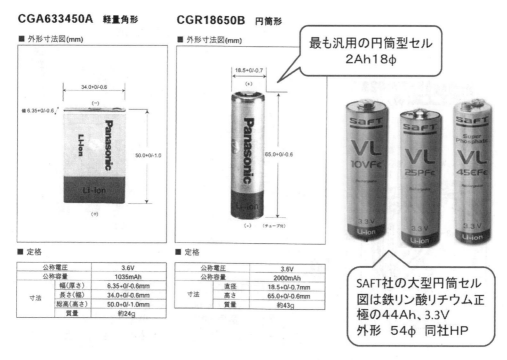

図表2.2.6 角形および円筒型セルの例

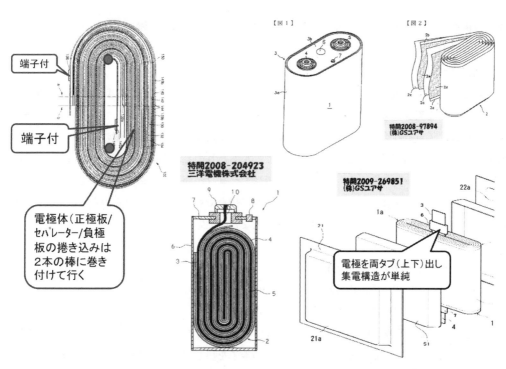

図表2.2.7 扁平捲回電極体，缶収納 （各社の特許公開例）

大容量 Li イオン電池の材料技術と市場展望

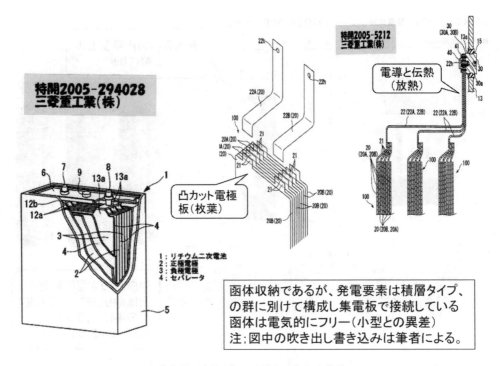

図表 2.2.8　積層電極体の大容量セル（三菱重工㈱, 九州電力㈱ 96Ah）

タ／負極板）の捲き込みは 2 本の棒に巻き付けて行うようになるが，電極板の曲げストレスも少なくて良い方法である。最終的な端子との接続や函体への収納は図表 2.2.7 のような例がある。

(5) 大容量セル

図表 2.2.8 は現在最も大容量 96Ah のセルの内部構造である。一見すると鉛蓄電池の内部にも見えるが，正負極は枚葉のカットシートであり，集電部分（活物質の塗布していない部分）を凸型に設けて，正負それぞれに収束して板状のブスバーに接続している。一個のセルは 3 群の集合体からなっているが，この数を調節することでセルあたりの容量も調整が可能である。この図ではセパレータは画かれていないし，正負の極板はタテヨコが同じサイズに画かれている。実際のセルにおいては正負電極のエッジがセパレータ間に挟んでも同じ位置に（ぶつかる位置に）来ることは不都合であり，またセパレータのズレ防止などの配慮も不可欠である。

2.4　EV, PHEV 用セルの構成と構造

図表 2.2.9 は EV 用に実用化されているセルの内部構造であり，次の図表 2.2.10, 2.2.11（トヨタの PHEV）と内部構造は類似である。この場合の捲き込みは先の図表 2.2.7 と同じであるが，"反物巻" の両端に正極，負極の集電箔が露出しており，この部分を治具（特許で挟持板と集電接続板）で接続して最終的に函体上面から正負の端子を出している。この構造設計は非常に合理的かつコンパクトであり，50Ah の高容量の充放電と発熱を十分にカバーできる内容であろう。

第2章 電池（セル）の構造，構成，設計と特性

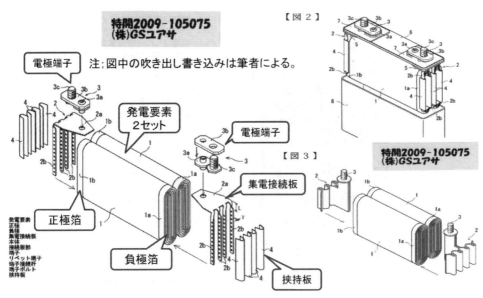

(GSYuasa（株）50Ahセル（函体収納EV用セル））

図表2.2.9 扁平捲回電極体，2ヶ収納 左右集電端子は上面，ガス排出弁付き

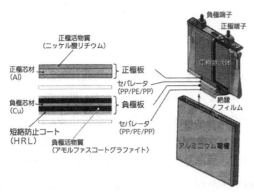

電圧	3.6V
容量	5Ah
出力密度	3550W/Kg
エネルギー密度	73Wh/Kg
重量	245g
寸法	110mm (L) 14mm (W) 112mm (H)

- エネルギー密度を抑え、出力密度を重視した設計 3,550 W／kg
- ニッケル組成正極、定格電圧3.6V
- 容量5Ah,18Wh

(Toyota Technical Review Vol.57 No.2 Feb.2011)

図表2.2.10 PHV用リチウムイオン電池（セル）の構造(1)

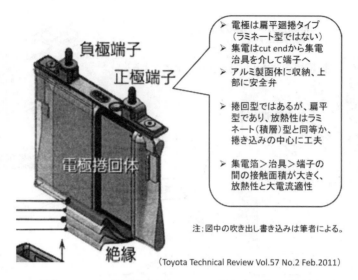

図表 2. 2. 11　PHV 用リチウムイオン電池（セル）の構造(2)

扁平タイプの捲回型

　図表 2. 2. 10 と図表 2. 2. 11 は PHEV（トヨタ）のリチウムイオン電池（セル）の特性を同社の Toyota Technical Review Vol.57 No.2 Feb.2011 から引用した。エネルギー密度を抑え，出力密度を重視した設計　3,550　W／kg のニッケル組成正極，定格電圧 3.6V 容量 5Ah，18Wh となっている。電極は扁平タイプの捲回型（ラミネート型ではない），集電は cut end から集電治具を介して端子へ接続し，アルミ製函体に収納して上部に安全弁を設けている。セルは 5Ah でかなり小型ではあるが，PHEV の電池ユニットは 5kWh であり，このサイズで十分対応可能であろう。

　放熱性はラミネート（積層）型と同等か，捲き込みの中心部に工夫をし，集電箔＞治具＞端子の間の接触面積が大きく，放熱性と大電流適性を可能にしている。このタイプのセルが PHV ないし EV の主流になると推定される。

2.5　ラミネート型セルの構成と構造

　図表 2. 2. 12 にラミネート型の構成を模式的に示した。正極電極（集電箔に両面塗布）／セパレータ／負極電極を複数積層し，電極板の非塗布部分を収束集電している。集電部からタブ板で外部に電極端子を出す場合，左右に出すか一辺に並べて出すかのいずれかである。

　図表 2. 2. 13 に公開特許の図面から引用した各種のラミネート型セルと端子の形態を示した。セルの容量が大きい場合は，電極体の厚みが出てくるので，収納するラミネート包材もより深いシボ加工（凹）が必要となる。厚みのある電極体から一枚のタブ電極に接続する場合は，図表 2. 2. 13 の左の構造図のように，数ユニットに別けた接続が必要となり，セルの組立加工も複雑化する傾向になる。

第2章 電池（セル）の構造，構成，設計と特性

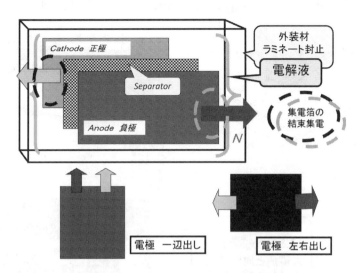

図表2.2.12 リチウムイオン電池（セル）の電極構造　積層型

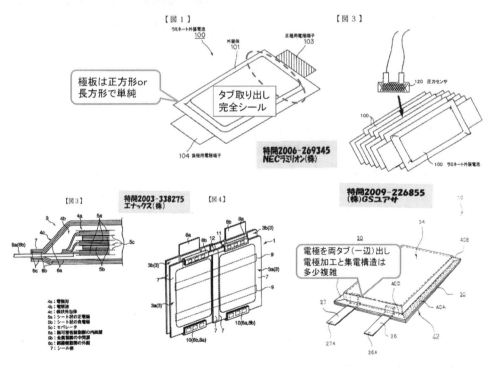

図表2.2.13 両タブ出し　ラミネート型

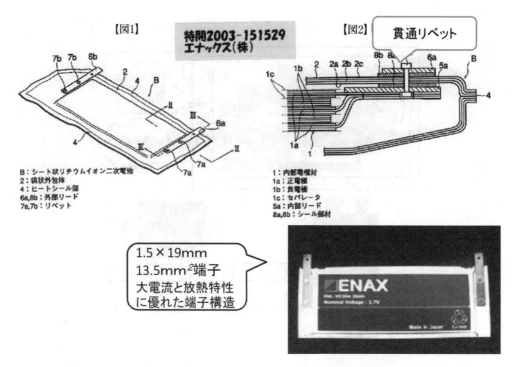

図表2.2.14 リベット結合ラミネート型（大電流セルに適合）

大電流に適したセルの構造

図表2.2.14は最も大型の20Ahラミネート型セルである。このセルは端子が内部とリベットで接合した特殊な構造であるが，大きな断面積の電極板収束部と導体であり，大電流と放熱性に優れたセルである。このセルはNEDOの系統連係蓄電円滑化プロジェクト（平成18～23年度）において，北陸電力㈱で100kWhシステムに導入され，数千セルが試験的に製造された実績がある。

パウチ型セル

図表2.2.15はiPod®（アップル社）などに内蔵されている上タブ出しラミネート型（パウチ型）の小型ポリマーセルである。使用者の身体に密着して使用されることが多いだけに，安全性の向上のためにポリマー電解液（ゲル化剤併用も含む）となっている。容量は1Ah以下であり，過充電と過放電はセルに直結した制御回路で規制しているので，軽量なラミネート型でも安全性は高い。

2.6 セルのエネルギー特性とパワー特性

ラミネート型

ラミネート型（裸）セルのエネルギー特性とパワー特性を，AABC／2011Europ／MAINZに

第2章　電池（セル）の構造，構成，設計と特性

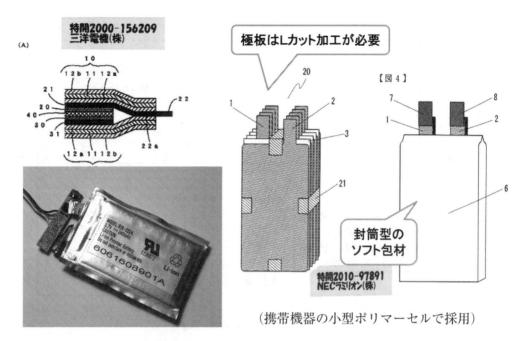

図表2.2.15　上タブ出しラミネート型（パウチ型）

おける各社発表データから，図表2.2.16プロットした。最近は電池メーカー各社ともに，小型ハイパワーのHEV用と，大型ハイエネルギーのEV用セルに区分して製品仕様を示しており，このプロットも2群に分かれている。なお，図表2.2.16にはセルを組み合わせてモジュール化した状態のデータも示した。モジュールの構成部材の重量が分母に入るので，／kgの値は低下するが，実用（車載など）はこのレベルになる。今後の課題は，コストや安全性なども総合してどこまでレベルアップして行けるかであるが，正極材の容量特性を始めとして，材料技術のレベルアップが必須であろう。

円筒型セル

円筒型（裸）セルのエネルギー特性とパワー（2sec）特性を（AABC2011Europ 各社発表データなどからプロット）図表2.2.17に示した。ここでは円筒型セルにおけるセルとモジュールの比較である。円筒型はセルの内部（中心部）からの放熱が不十分であり，大型セルには不向きであるとも言われているが，このデータ例では44～48Ahの大型セルがSAFT社（仏）やA123社（米）で製品化されている。／kgの数値からはラミネート型と円筒型の大きな差は見られず，大型セルも円筒でも可能であると推測される。なお一部のデータは正極が鉄リン酸リチウム（LFP）のセルであり，出力電圧が3.4V程度と低いにも関わらず，W，Whでは高い値を示しており，LFPが170mAh／g程度の高い容量を持っていることが，左記の結果を得ているものであろう。

大容量Liイオン電池の材料技術と市場展望

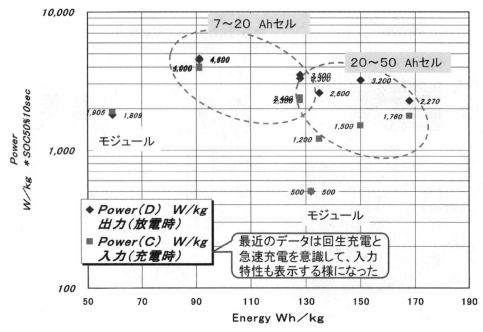

(AABC/2011Europ/MAINZ 各社発表データからプロット)

図表2.2.16 ラミネート型(裸)セルのエネルギー特性とパワー特性

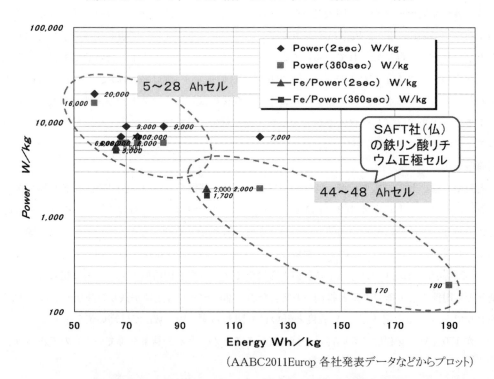

(AABC2011Europ 各社発表データなどからプロット)

図表2.2.17 円筒型セルのエネルギー特性とパワー(2sec)特性

3 セル,モジュールおよび電池ユニット

3.1 セル,モジュール,電池ユニットとBMS

携帯機器の単セル組込以外の,蓄電システムとしてのリチウムイオン電池は,セルを複数個組合せた(並列&直列)"モジュール(パックとも言う)"を,さらに組み合わせた"電池ユニット"である。

素子(デバイス)としてのセル

リチウムイオンは"セル"の設計が基本ではあるが,"セル"はモジュールないしユニットの特性を踏まえた"素子(デバイス)"として考えて設計されなければならない。本節では可能な限り実際に製造されているセルやモジュールの例を挙げて説明する。

複数のセルを組み合わせて使用する場合の問題点は,セルの特性のバラツキを考慮した組合せと,使用過程で発生するセルの不均一化対策である。前者はモデル的に不均一セルの過充電とセルの異常動作を,後者は特許公開情報を例としたBMS(バッテリー・マネージメント・システム)の例を紹介する。

ニッケル水素電池の例

セルとモジュールの関係は,リチウムイオンでもニッケル水素でも同じであり,ここではニッケル水素の例で図表2.3.1でデータ(プライムアースEVエナジー社)を紹介する。樹脂外装で

樹脂ケース角形モジュール NP2 @25℃

開発会社	電池	外装	セル数	重量 kg	体積 L	電圧 V	容量 Ah	容量 Wh	エネルギー密度 Wh/kg	パワー密度 W/kg
NiMH	モジュール	樹脂	6	1.04	0.592	7.2	6.5	46.8	46.0	1,300
				比重>	1.76	3時間率*				

金属ケース角形モジュール NP2.5 @25℃

開発会社	電池	外装	セル数	重量 kg	体積 L	電圧 V	容量 Ah	容量 Wh	エネルギー密度 Wh/kg	パワー密度 W/kg
NiMH	モジュール	金属	8	1.51	0.678	9.6	6.5	62.4	41.0	1,192
				比重>	2.23	3時間率*				

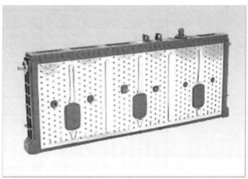

(ニッケル水素電池モジュールの特性 プライムアースEVEエナジー社)

図表2.3.1 ニッケル水素モジュールの特性(プライムアースEVエナジー社)

6セルのモジュールと,金属外装で8セルのもの2種が紹介されているが,エネルギーが41〜46Wh／kg,パワーが1,192と1,300W／kgである。比容量はリチウムイオンの1／2程度であるが,比出力は十分高いのでHEV用電池に全面的に採用されている。

大型セルのデータ事例

ラミネートセルの場合のセルとモジュールのデータ(ENAX㈱製品HP)を図表2.3.2に示した。ここでは充放電の条件も仕様書として示されている。可能な限りこの条件の範囲で使用することが,製品セルの利用効率と安全性にとって重要である。

図表2.3.3に電力系統連系蓄電システム(平成21年度NEDO成果報告会)の発表を引用してセル＞モジュール＞(パック)ユニットの例を説明する。セル(ラミネート型)はs-LMO正極／(人造黒鉛+ハード炭素)負極のエネルギー仕様である。138Wh／kg,200Wh／Lのセルを二枚組みで樹脂製ケースに収納したモジュールを14ヶ接続(トータル28セル)して2.13kWhのパックとしている。さらに3パック直列で図右上のユニットとしている。この段階ではパックの上部にBMS(バッテリーマネージメントシステム)が設けられ,全セルをモニターしながら充放電動作を行っている。

データ；ENAX(株)

セルデータ

Item	Spec	Notes	
Nominal Capacity	20.0Ah	Initial Capacity	
Minimum Capacity	19.0Ah	Initial Capacity	
Nominal Voltage	3.8V		
Discharge Cut Off Voltage	2.7V		
Nominal Charge Method	10.0A, 4.2±0.05V	CC-CV Charge Method	
Quick Charge Method	20.0A, 4.2±0.05V	CC-CV Charge Method	
Nomimal Discharge Method	4.0A, 2.7V Cut Off	Constant Current Discharge	
Maximum Continuance	≦ 20.0A	Operating Temperature	-20〜45℃
Dischare Current	≦ 60.0A	Operating Temperature	0〜40℃
Weight	0.55±0.05Kg		
Dimension	325mm×156mm×7.5mmt		

モジュールデータ

Item	Spec	Notes
Nominal Capacity	40.0Ah	Initial Capacity
Minimum Capacity	38.0Ah	Initial Capacity
Nominal Voltage	3.8V	
Discharge Cut Off Voltage	2.7V	
Nominal Charge Method	20.0A, 4.2±0.05V	CC-CV Charge Method
Quick Charge Method	40.0A, 4.2±0.05V	CC-CV Charge Method
Weight	1.5Kg	
Dimension	343mm×169.5mm×22.4mmt	

図表2.3.2　20Ahセルと2並列モジュールの特性

第 2 章 電池（セル）の構造，構成，設計と特性

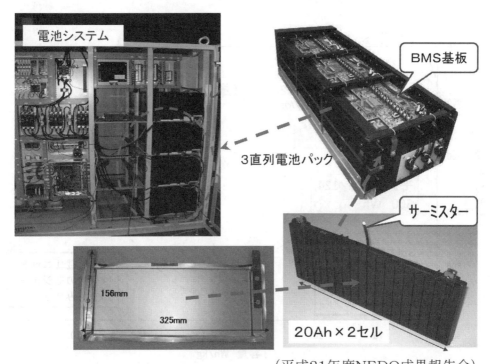

（平成21年度NEDO成果報告会）

図表 2.3.3 パックとモジュール（電力系統連係蓄電システム）

3.2 セルとモジュールの特性

セルとモジュールの容量と出力特性（ラミネート型事例） W／kg あるいは Wh／kg の特性比較は，単セルの方が本質的であり値も高い。一方で実際の使用状態はモジュールであり，この両者を比較して理解しておくことは重要である。

出力および入力特性

図表 2.3.4 は 2011 年発表の各社データのプロットであるが，W／kg は入力と出力の両方で表示されているのが特徴である。エネルギー特性はセルで 160wh／kg，モジュールで 130wh／kg がこの時点のレベルである。パワー特性はセルで 2,350w／kg，モジュールで 1,900w／kg が示されている。ラミネート型セルは軽量であることが特徴であるが，組セルのモジュールでは機構部材の重量が多くなりがちであり，／kg の値はかなりダウンする傾向がある。

モジュール

電池モジュールの容量と出力特性データを，Li イオン（AES 社）と Ni-MH（PEEV 社，トヨタプリウス搭載電池）のデータから図表 2.3.5 に示した。リチウムイオンは先のデータチャートと同様に，エネルギータイプとパワータイプで大きく異なる。パワータイプのデータもここではかなり"抑え目"の設計であり，エネルギー系の 130Wh／kg も同様の設計である。図には出力

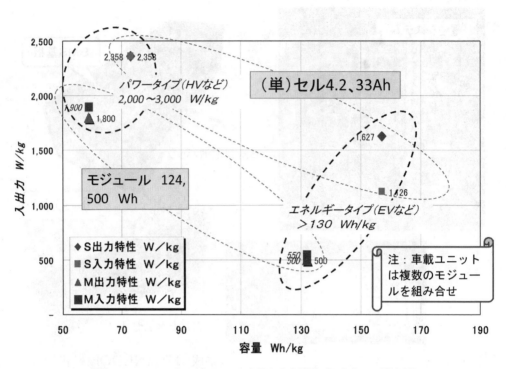

図表 2.3.4　セルとモジュールの容量と出力特性（ラミネート型事例）

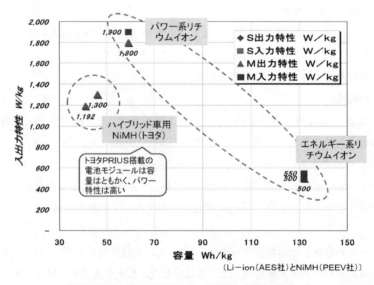

（Li−ion（AES社）とNiMH（PEEV社））

図表 2.3.5　電池モジュールの容量と出力特性データ

第2章 電池（セル）の構造，構成，設計と特性

特性と同時に"入力特性"も示してあるが，自動車用途は回生充電が必須であり，回生における充電の入り易さ（＝パワー特性）を考慮した設計である。リチウムイオンとニッケル水素との比較では，パワー特性ではニッケル水素も相当に高いポテンシャルがあるが，エネルギー特性となると，重さがネックになって実用が不可能なことを示している。

3.3　セルの直列・並列特性と過充電
(1)　セルの直列・並列組み合わせ

　セルを1ヶのみ充放電して使用することは，小型の携帯機器用途以外では少ない。目的とする電圧（直列）と容量（セルの容量×並列数）に応じて，図表2.3.6の例のように，複数のセルを直列，並列あるいはこれらの組み合わせで使用する。この場合に問題になるのはセルの特性のバラツキ（製造直後）と，使用に伴い特性が変動して不均一になって行くことである。このような状態のセルを直列あるいは並列で充電する場合に，部分的に過充電となり，セルの特性をさらに劣化させる結果となる。以下のその状態をモデル的に試算したデータを示す。

(2)　並列セルの定電圧充電

　内部抵抗のアンバランスなA，B，Cのセルを並列に充電したケースを図表2.3.7に示す。なおここでは各セルはあらかじめ均等放電で低SOCレベル（例えば数%）から充電を開始したと仮定している。各セルは同じ電圧がかかるので内部抵抗の低いセルほど電流が多く流れ，充電が早期に完了する。他の内部抵抗の高いセルが充電完了になるまでこの状態を継続すると，過充電の領域に入ってしまう。この様な事態は，

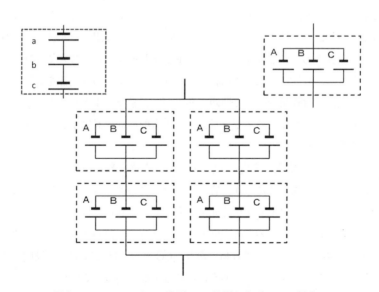

図表2.3.6　セルのnS直列，nP並列およびnSmP組合せ

大容量Liイオン電池の材料技術と市場展望

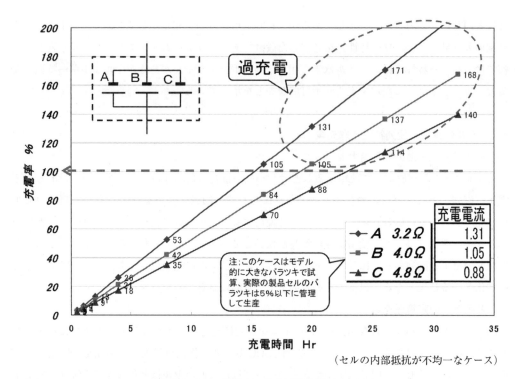

図表2.3.7　並列セルの定電圧充電（4.2V）

　　対策①　全セルの電圧，電流をモニターしながら充電する
　　対策②　根本的にセルのバラツキを無くす
などの方法で解決できるが，前者は充電だけを並列接続から解放して行うことになり，大規模なシステムでは全体の稼働率が低下する欠点がある。後者は可能な限りセル製造の品質管理を行うとしても実際上の限界があり，主要原材料のロットが同じセル（製造番号で管理）では，ある程度可能であるとしても，長期にわたって原材料の特性と製造工程の安定性を維持することは，かなり困難である。左記とは性格の異なる問題であるが，正常なセルがサイクル劣化で特性のバラツキを生じ，これによって発生するトラブルはシステム的に別の対策が必要である。

(3)　直列セルの定電流充電

　図表2.3.8に直列セルの定電流充電（5A）セルの（充電）容量が不均一なケースを示す。図表2.3.7と前提条件などは類似であるが，容量のバラツキのある3セル直列の場合は，同一の電流が流れるので，容量の少ないセルが早く充電が完了し，それ以降は過充電状態になる。この様なケースはトータルの電圧アップのための直列使用であるが，前の並列の場合に比べるとそれぞれのセルの電圧をモニターすることは容易であり，CC充電（例えば4.2V）段階で充電を停止すれば，全体で多少の充電不足があっても過充電は回避可能である。この場合も，サイクル劣化によるセル容量のバラツキは完全にはフォローできない状態を発生する。最悪の場合はSOCの幅

第2章　電池（セル）の構造，構成，設計と特性

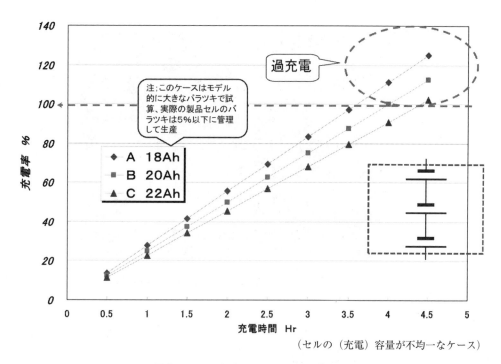

（セルの（充電）容量が不均一なケース）

図表 2.3.8　直列セルの定電流充電（5A）

を狭めて，例えば SOC 20〜80％の範囲で充放電を行い，全セルが動ける範囲にとどめるなどの対策が考えられるが，トータルの利用効率は低下する。

(4)　**過充電セルと膨張**

先に述べた過充電を，単純直列充電におけるセルについて実験したデータを以下に示す。図表 2.3.9 は過充電でガス膨張したラミネートセルである。実験では最大 280％まで体積膨張が見られた。

過充電セルの内部抵抗（1kHz 交流抵抗 ACR）と端子電圧を，セルの体積膨張率に対して図表 2.3.10 にプロットした（いずれも 2 日経過後の値）。ACR は膨張体積に対して指数関数的に上昇する。開放端子電圧（OCV）はわずかの膨張率の段階から 4.5V 程度まで上昇したままである。この電圧は充電電圧（CV 充電の 4.3V）を超えており，制御不能な状態でセルに電圧がかかった状態である。これらの挙動の詳細は次の図表 2.3.11 に示す。

図表 2.3.11 は図表 2.3.10 のデータの経過であるが，過充電による膨張セルの ACR は過充電直後の高い状態から徐々に低下するが，過充電前のレベルに戻ることはなく，約 10 倍の ACR のままである。一方の端子電圧は徐々に低下するが，長期にわたって 4.4〜4.5V を維持している。この状態は電解液の分解電圧（第 3 章 6）には達してはいないものの，正極からの Mn の溶出や，負極電位の長期にわたる低下（Li メタル電位）などで，セルの内部崩壊が進行していると推定される。

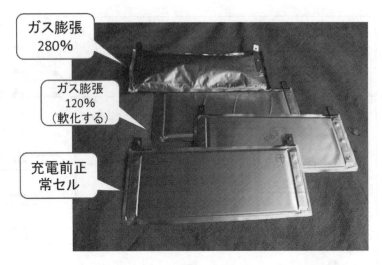

図表 2.3.9 単純直列充電におけるセルの過充電

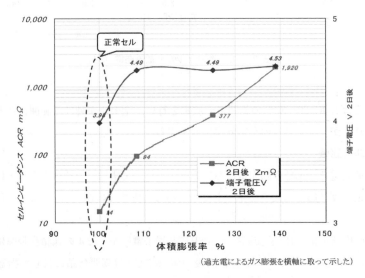

（過充電によるガス膨張を横軸に取って示した）

図表 2.3.10 過充電セルの膨張率と特性変化

3.4 大容量ユニットの BMS

ここでは比較的大容量のユニットの BMS に関して，公開特許の図面を例に概要を示したい。図表 2.3.12 は公開特許の 3 ケースのブロックダイヤグラムである。いずれの場合も

① セルは直列に接続され，全てのセルは電圧検出の結線がなされている
② 電圧の検出は専用の IC で行い，制御部を介して CPU でモニターされている
③ セルのバランスは個々のセルをパワー FET を介して行う場合
④ 同上，トランスを介して一次巻き線をスイッチング駆動のパワー FET で二次巻き線をセル

第2章 電池（セル）の構造，構成，設計と特性

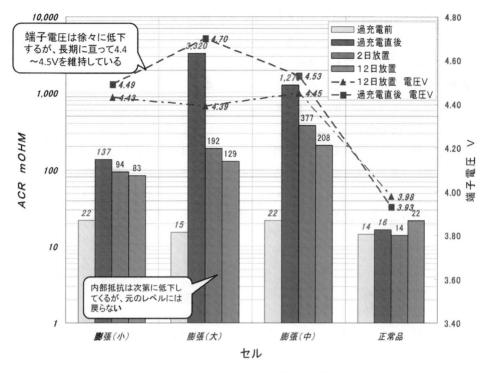

図表2.3.11 過充電セル（膨張）の経過

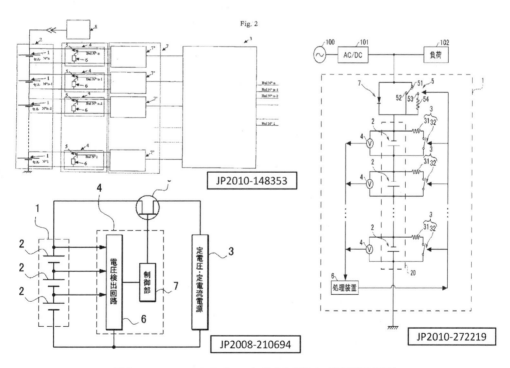

図表2.3.12 BMSのブロックダイヤグラム（公開特許図面）

数だけ設けてそれぞれダイオードを介してセルへ DC 入出力を行う
などの方法が取られている。ここで問題となるのは異常なセルの処理方法であるが，内部短絡やインピーダンス異常で充放電が不可能なセルは，

Ⓐ　直列接続の中でバイパスさせる（問題セルを切り離す）
Ⓑ　予め予備セルを用意し，接続を切り替える
Ⓒ　一旦システムを停止して，セルを交換する

などの方法が取られる。異常セルの程度問題であるが，内部のガス発生による膨張や破裂の危険がある場合は，システム全体の保護のためにⒸの交換が望ましいが，実際に可能か否かはケースバイケースである。BMS によるセルのバランス調整は，一方で常時充放電が行われているセル群の動作と相容れない部分がある。基本的には経時的にもバラツキの少ないセルを用意することが望まれる。

第 2 章　電池（セル）の構造，構成，設計と特性

4　EV，HEV と PHEV 用リチウムイオン電池の種類と特性

　最も具体的なリチウムイオン電池の例として，自動車用途の EV，HEV と PHEV を取り上げてその種類と特性を紹介する。この用途は 2012 年の現在において，リチウムイオン電池の搭載車種と実販売台数が限られており，ニッケル水素電池を搭載した HEV である PRIUS（トヨタ）と INSIGHT（ホンダ）が圧倒的に大きな販売台数を有している。海外の自動車メーカーはアナウンスの段階であり，量産レベルの販売はこれからである。

　EV などの車載リチウムイオン電池の詳細は，細部まで明らかにされないので，ここでは各社が発表したデータから，二次電池工学的に妥当な範囲での推定なども含めて説明したい。

4.1　電池設計と材料試算の手順およびフィードバック

　自動車用のリチウムイオン電池（セル）は，自動車技術の側から見た場合と，セルを設計・製造する側から見た場合ではかなり要点が異なるものと考えられる。図表 2.4.1 はこの両者の整合性を考えるための項目を整理してみたものである。図中に多くの事項が書き込んであるので，そちらを追っていただければ理解できると考えるが，図の中央のパック（組電池）の電流と電圧がセル側と自動車側の接点であろう。セルの特性向上や安全性などは直接的にはパック（組電池）には現れて来ないので，これはセル製造側で十分クリアして置くべき課題であろう。

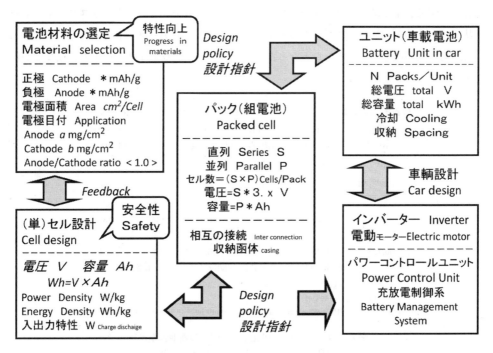

図表 2.4.1　電池の設計と材料試算の手順およびフィードバック

4.2　EV，HEV と PHEV の電池容量
PHV の電池容量

　図表2.4.2に示したパラメーターで計算した結果，トヨタPHEV（PHV）の電池容量は5kWhであると推定される。なお同社発表のPHEV（PHV）の諸元（電動モーターの出力，内燃エンジンの出力などは現行の09PRIUS（1800CC）と全く同じであり，電池の容量のみを1.3kWh（Ni-MH）から5.0kWh（Li-ion）に変更したとみられる。

　トヨタのPHEV（PHV）のEVモードでの走行距離は20kmと発表されているが，現行のPRIUSの延長線上で無理のない範囲での数値であると思われ，HEV走行に切り替えることで電池の走行距離に関しては実用上の問題はないであろう。

（基礎データ；小松ほか　トヨタ自動車㈱「Plug-in HV の有効性の検証」Toyota Technical Review Vol.56 No.1 48-55 April.2008）。

EV の走行距離と電池重量

　先の図表2.4.2のパラメーターを基に，図表2.4.3にEVの走行距離と電池の重量（ほぼ裸セルの状態）をプロットして比較した。例えば100kmを走行するとして，リチウムイオンは185kgであるが，Ni-MHでは556kgとなる。Ni-MHの重量は自動車としては受け入れがたい重さであり，EVの走行にはリチウムイオンが必要とされる理由である。

　最も販売台数の多いHVであるトヨタPRIUSU（2011年度の国内販売台数約31万台）は，これまでNi-MH（1.3kWh）であったが，2012年にリチウムイオン（1.0kWh）搭載車の販売が開始された。図表2.4.4にメーカーが発表した諸元を元に電池モジュールと電池ユニット（最終の車載状態）の重量を示した。ユニットの容量（kWh）はリチウムイオンになってむしろ減少し，1.3（Ni-MH）から1.0（Liイオン）となった。この事は，リチウムイオンの出力特性などが優れ

EV 距離と電池容量		セル Cell 重量　kg		セル Cell 体積　L	
EV走行距離 Km　*1	電力量 kWh　*1	Li-ion @135Wh/Kg	Ni-MH @45Wh/Kg	Li-ion @135Wh/Kg	Ni-MH @45Wh/Kg
10	2.5	19	56	21	17
20　*2	5	37	111	41	35
40	10	74	222	82	69
80	20	148	444	165	139
100	25	185	556	206	174
Parameter	0.25	135	45	2.7	3.2
	0.25kWh/km	比容量　Wh/Kg		比重　kg/L	

*1 トヨタPRIUS（1600Kg）クラスの車輛を想定
*2 TOYOTA PHV（2009年発表）
注）小松ほか　トヨタ自動車㈱Plug-in HVの有効性の検証, Toyota Technical Review Vol.56 No.1 48-55 April.2008

図表2.4.2　トヨタ PHEV（PHV）の電池容量推定
（2009年フランクフルト・自動車ショー発表）

第2章 電池（セル）の構造，構成，設計と特性

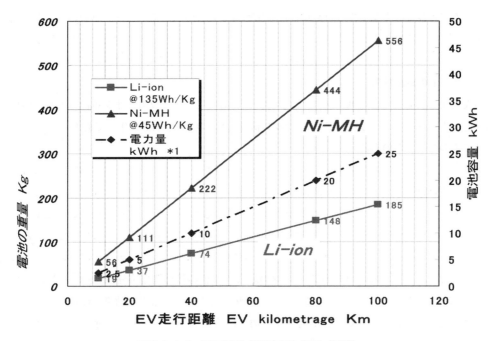

図表2.4.3　EV走行と電池容量と重量（試算）

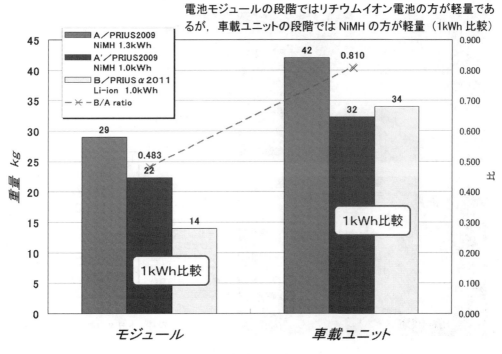

図表2.4.4　トヨタPRIUS（HV）用電池　Ni-MHとLiイオン比較

大容量 Li イオン電池の材料技術と市場展望

ているので，容量は少なくても自動車性能に影響はないとの判断であろう。車載ユニットの重量は次の図表 2.4.5 に見られるように，安全性向上のためかなり強固な金属ケースで覆われており，その結果わずかに Li イオンの方が重くなっている（1KWh 換算の比較）。

電池ユニットの車載状態

図表 2.4.5 にトヨタ自動車カタログ（2012）からの引用でリチウムイオン電池（セル）の車載状態を示す。トータルで 201V，5.0Ah セルで構成され 1,005Wh（1.0kWh）である。

各社の電池ユニットの容量

図表 2.4.6 に 2011 年 2 月現在における，電動化自動車（HEV，PHEV および EV）に搭載されている電池ユニットの容量（kWh）その他の諸元をまとめた。データは各メーカーのカタログ値であるが，一部はセルの電圧などを仮定して積算した。ニッケル水素電池では 1.2V，リチウムイオン電池は 3.6〜3.7V としたがこの設定で以下の検討には特に不都合はないと考える。電池（セルないしモジュール）の Ah 容量は，測定条件（時間率）がメーカーによって同一ではない。これは大型電池，特にリチウムイオンの場合の定格容量の測定方法（JIS C 8711）が 0.2C（1／0.2＝5 時間率）であり，これはこれとして意味があるが，実際の自動車上の電池ユニットの動作は放電レートが高いので，1〜3 時間率（例，1／3 時間 =0.33C）程度で示しているケースが多い。

センターコンソールの構造
リチウムイオン電池はこのようにセンターコンソール内に収まっている。そのため収納スペースがかなり少ないのが，このカットモデルからも分かるだろう。

リチウムイオン電池のセル
定格電圧 3.6V のバッテリーセルを 28 個まとめてひとつのスタックとし，それを上下に 2 段で積み上げ，合計 56 個のセルを細長い形状に収めた。

Li-ion Cell
201V、5.0Ah
＝1,005Wh
（＝1.0kWh）

（Prius2001model
NIMH 1.3kWh）

（資料；トヨタ自動車カタログ 2012）

図表 2.4.5　PRIUS-α 1.0kWh リチウムイオン

第2章 電池（セル）の構造，構成，設計と特性

電池形式	車種メーカー	HV、PHV&EV 電池容量 kWh A	モーター出力 kW B	モータートルク N·m	B／A	モーター形式	電圧V 電池ユニット	電池ユニット Ah	左時間率
Li-ion	CIVIC HONDA	0.65	17		26.2	DCブラシレス	144	4.5	NA
Li-ion	PRIUSα HV (7)2011	1.00	60	207	60.0	交流同期（永久磁石）	202	5.0	1(1C)
Li-ion	PRIUS PHVトヨタ	5.20	60	207	11.5	交流同期	346	15.0	
Li-ion	PHステラ富重	9.00	47	170	5.2	永久磁石同期	346	26.0	
Li-ion	R1e富重	9.20	40	150	4.3	永久磁石同期	346	26.6	
Li-ion	OPEL AMPERA	16.00	111	370	6.9	NA	NA		
Li-ion	iMiEV三菱	16.00	47	180	2.9	永久磁石同期	330	48.5	
Li-ion	リーフ日産	24.00	80	280	3.3	交流同期	182	131.9	
NiMH	INSIGHT HONDA	0.60	10	78	16.7	DCブラシレス	108	5.75	NA
NiMH	AQUA トヨタ	0.94	45	169	48.1	交流同期（永久磁石）	144	6.5	
NiMH	PRIUSα HV(5)2011	1.31	60	207	45.8	交流同期（永久磁石）	202	6.5	
NiMH	PRIUS HV2009	1.31	60	207	45.8	交流同期（永久磁石）	168	6.5	3(0.33C)
NiMH	SAI トヨタ	1.59	105	270	66.0	交流同期（永久磁石）	245	6.5	3

図表2.4.6　HV，PHV&EV　電池容量　2012

図表にはトヨタ，本田，日産，三菱ほかの市販車のデータと市販の段階にはないが富士重工の小型EV（コミューター車），および大型のトヨタ自動車のクラウン，レキサス，ワゴン車（エスティマ4WDほか）などを示している。日産自動車のFUGAなどの大型車は，電動化の目的が燃費低減やエコとはすこし異なっているので，ここでは省略した。

電池ユニットの電圧

電池ユニットの電圧は，セル（単電池（JISの呼称））を直列と並列の組合せで構成したモジュール（組電池，パックとも言われる）を，さらに複数個組み合わせた構成で決まる。電圧はセルあるいはモジュールの直列接続で増減できるが，リチウムイオンの場合はセルが3.6V程度であり，1.2Vのニッケル水素に比較して，直列接続が少なくても高い電圧が得られる利点がある。直列と並列の構成は，充電と放電のやり方と，セルのアンバランスの修正（均等充電）などの電気回路の構成と動作が含まれてくるので，総合的なシステム設計の課題であり，電池だけの問題ではなくなる。

パワーコントロールユニット

最終的な電池ユニットの出口電圧は，モーターとPCU（パワーコントロールユニット）の求める電圧と電流の仕様に合わせて構成される。さらには自動車の保守や事故の際の安全性からは低い方が望まれている。（参考：WP29自動車基準調和世界フォーラムの高電圧対策）。図表の

データ例も最近は電圧が低い設定が多いが，電池ユニットの出力インピーダンスが十分に低く，大電流を流す能力があれば，以下は PCU で制御が可能である。

4.3　EV，HEV と PHEV の容量と電動モーター出力

ストロング・ハイブリッド

図表2.4.7にハイブリッド車における電気モーターの動力％（2011）を示した。データは同社のカタログ数字であり，これを元に（ガソリンエンジン＋電動モーター）＝100％として計算した。トヨタの HV は電動系の出力が大きなストロング HV，ホンダの HV はマイルド HV と言われるが，数字はそれを示しており，数値としての燃費はトヨタの方が高くなっているが，相対的に軽量のホンダ車は実際の燃費では優れているともいわれている。

電池の容量(1)

図表2.4.8に，Li イオンと Ni-MH の電池の種類別に容量 kWh をプロットした。Li イオンで小型の CIVIC ホンダの 0.65kW と PRIUSα トヨタ 1.00kW は比較的新しい設計であり，同じ車種が Ni-MH 搭載の HEV で存在する。この事は 1.0kWh 前後の小型電池ユニットでも Li イオン採用のメリットを示したものと考えられる。EV 車は例外なく Li イオン電池である，大容量の電池は重量的に Ni-MH が不適当であることを示している。具体的な重量の比較は後に示す。

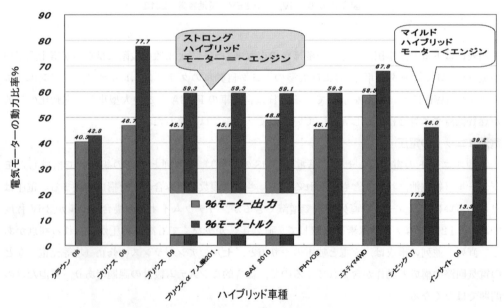

注）車輌トータルのシステムの最高出力は上記の 80％

図表2.4.7　ハイブリッド車における電気モーターの動力（％）（2011）
（ガソリンエンジン＋電動モーター）＝100％

第2章 電池（セル）の構造，構成，設計と特性

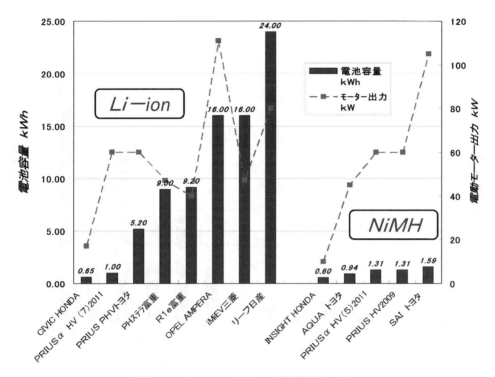

図表 2.4.8　HV, PHV & EV 電池容量(1)　2012

電池の容量(2)

　図表2.4.8のデータを単純に電池容量 kWh の順でプロットして図表2.4.9に示した。HEV は最も高い SAI トヨタが 1.59kWh であり，5.20kWh の PHEV トヨタ以降は全て EV である。このように EV は HEV の一桁以上の電池容量を必要としている。同時にプロットした電動モーターの出力 kW は，HEV においては"ストロング HV"と"マイルド HV"の設計方針で異なるので，優劣を論じる対象ではないが，トヨタの HEV はストロング，ホンダはマイルドの設計であり，後者は小型のモーターとそれに応じた容量の電池ユニットを搭載している。モーター出力の大きな SAI トヨタは 2400CC の中型車，オペルの AMPERA は PHEV ではあるが，この設計はエンジンは駆動系に接続せずに，発電機のみを動かす構造であるため，電動モーターの出力が大きい。

EV の充電時間

　図表2.4.10 に各社発表の EV の充電時間を示した。容量の大きな電池が長い充電時間を必要とするのは当然であるが，24kWh の日産リーフが満充電まで8時間（AC100V 電源）かかるのは，実用性の上で不都合が予想される。いずれも 80% の急速充電が約 30 分で完了することが可能となったことが，EV の実用化に踏み切った大きな要因ではないかと思われる。一方で短時間の高速充電はセルへのストレスが大きいので，実用段階におけるデータの確認と安全対策が重要

大容量 Li イオン電池の材料技術と市場展望

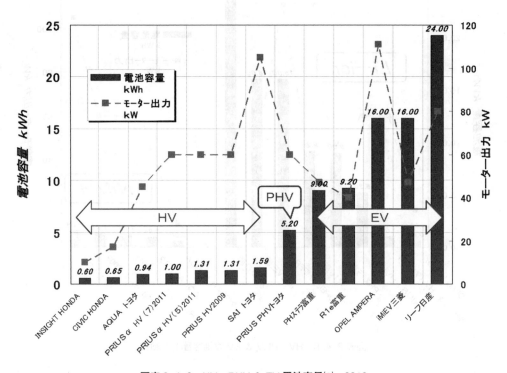

図表 2.4.9 HV, PHV & EV 電池容量(2) 2012

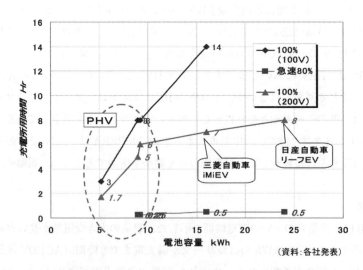

図表 2.4.10 EV, PHV の充電時間 (2010 日本車)

第2章 電池(セル)の構造,構成,設計と特性

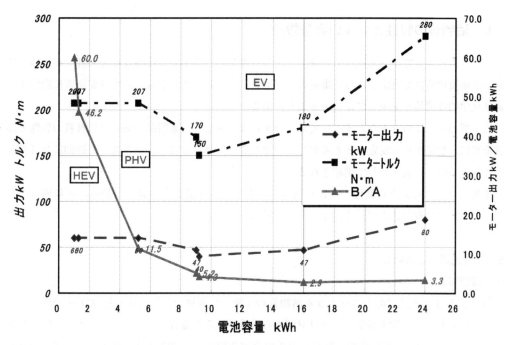

図表2.4.11 EV,PHV&HEVの電動モーター仕様(2011)

であろう。

モーター出力と電池容量

　EV,PHEV,HEVの電動モーター仕様と電池容量の関係(2011)を図表2.4.11にプロットした。HEV,PHEVおよびEVともに,モーターの出力やトルクはそれほど大きな差はないが,電池容量(kWh)あたりのモーター出力(図の右目盛)はHEVとPHEVがEVよりも高い。これはHVやPHEVの電池の使われ方を示しており,車の始動時に集中して放電するHEV,PHEVの電池ユニットはそれだけ負担が軽いことを示している。

5 活物質の特性とセルの容量設計

リチウムイオン電池（セル）の容量，入出力，寿命などの主要な特性はその大部分が正極と負極の活物質の特性で決定される。電解液，電解質，セパレータなどは，活物質が正常に動作する電気化学的な環境を発現して維持することにある。

工業製品としてのリチウムイオン電池（セル）は，同じく工業製品である諸原材料の特性と品質を基に，製造工程の安定なども考慮した"製品設計と品質設計"がなされ，最終的に品質保証と仕様書の付いた製品として供給される。

本節では以上の設計の問題の一部を解説するともに，性能向上の著しい最近の正負極材などを，セル設計に取り込んで行くポイントにも触れたい。

5.1 電池設計と活物質

(1) 設計容量

図表 2.5.1 に電池設計の基準となる活物質の正極，負極材の化学組成と放電容量（2010 年レベル）を示した。充放電容量はクーロン則から計算される理論容量が基本であるが，実際上問題になるのは，$Li_xM_yO_z$ の組成の正極材がセルの充電過程での Li の放出レベルである。X が 1.0 から 0.0 まで完全に脱インターカレーションした状態と，逆にセルの放電過程では X が 0.0 から 1.0 まで，完全にインターカレーションした状態で計算することになる。二次電池として充放電を繰

(2010年レベル)

活物質の理論容量計算および工業製品の実容量	製品の化学組成	分子量M		充電過程	理論計算容量密度	実測容量(工業製品)			
REV20101004	Formula 2	M1	M2	x in C/D	Ah/kg	工業)	Ah/kg	Wh/kg	V
コバルト酸リチウム(正)	$Li\ 1.0\ CoO_2$	97.9	97.9	0.50	136.9	140		504	3.6
ニッケル酸リチウム(正)	$Li\ 1.03\ NiO_2$	97.6	97.8	0.70	192.2	180		630	3.5
マンガン酸リチウム(正)	$Li\ 1.05\ (Mn,Z)_2O_4$	180.8	181.1	1.00	148.2	120		456	3.8
3元系Mn/NI/Co=1:1:1組成	$Li\ 1.08\ (Ni_{1/3}Co_{1/3}Mn_{1/3}Z)O_2$	96.5	97.0	1.00	277.9	150	160	525	3.5
2元系Ni/Co=1/1組成	$Li\ 1.05\ (Ni_{1/2}Co_{1/2})O_2$	97.8	98.1	1.00	274.2	160	185	568	3.55
2元系Ni/Mn=1/1組成	$Li\ 1.05\ (Ni_{1/2}Mn_{1/2}Z)O_2$	95.8	96.1	1.00	276.1	164	175	599	3.65
鉄燐酸リチウム	$Li\ 1.00\ FePO_4$	157.8	157.8	0.97	164.8	170	160	578	3.4
チタン酸リチウム(負)	$Li\ 1.00\ [Ti_{5/4}O_{12/4}]$	114.8	120.0	0.75	175.1	170			2.7
炭素(黒鉛系)	C_6	72	113.6	1.00	372.2	340		-	
炭素(ハード系)		72			445				

注)電圧は黒鉛系負極のセルを仮定，Z は Mn,Ni,Co 以外の異種元素，LTO は LMO 正極のセルを仮定

実績値 試算値 F= 96485 xF/(3.6*M)

図表 2.5.1 正極，負極材の化学組成と放電容量

第2章 電池（セル）の構造，構成，設計と特性

り返す場合に，全ての活物質がこの範囲（フルスイング）で機能できないので（ヤンテーラー歪みによる劣化），コバルト酸リチウム（LCO）などは1.0～0.5が，ニッケル酸リチウム（LNO）では1.0～0.3が，それぞれの結晶構造を維持できる範囲である。すなわちLCOでは理論容量の50％，LNOでは70％が実際に充放電に使用可能な"設計容量"である。

左記の範囲は活物質の合成方法やセルの充放電条件によっても変わるので，一律には定めがたい。この図表においてはLCOを0.5，LNOを0.7，LMOを1.0で計算して理論容量として示した。Co／Ni／Mnなどの二および三元組成の活物質は結晶化学的に上記のXが多種多様であり，製造方法によって一定ではない。従って，理論容量の計算はXを1.0～0.0として最大の容量計算値を示した。なお，最近の活物質はLiが1.00の化学量論値ではなく，異種元素を導入した結果として，多くはLiリッチの組成となっており，図表2.5.1には代表的な化学組成で示した。以上の特性を実際のセル設計を見通して使いこなすのが電池メーカーのノウハウである。

(2) 充電と放電容量

図表2.5.2に活物質の放電容量の測定と表示（100サイクルまでの容量低下データを含む）を示した。先の図表2.5.1の工業材料としてのAh/kg = mAh/g容量などは，この測定チャート，あるいはさらに簡便化された"コインセル"などの方法で行われる。この値と実際の製品セルの容量は同一ではないが，品質管理の手段として再現性のある測定方法であれば当事者間の了解で

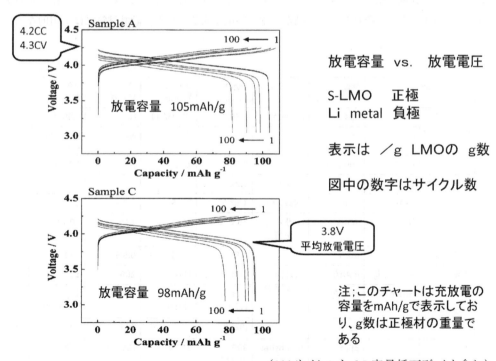

（100サイクルまでの容量低下データを含む）

図表2.5.2 活物質の放電容量の測定と表示

問題はない。

(3) 容量測定チャート

リチウムイオンセルの二次電池としての特性（測定）チャートは多くのタイプがあり，何を目的にその測定をしたかによって，チャートのタテヨコの数値や単位は異なる。図表2.5.2は実験段階で多く見られる充放電をサイクル評価と同時に示したチャートである。右肩上がりのプロットは充電を，一方は放電を示しており，それぞれの電圧が読み取れる。横軸は活物質（ここでは正極）のg当りのmAh容量であり，対極はLiメタルでその容量は無限大（正極の動作を規制しない範囲）である。この実験の放電側のカットオフは3.0Vであるが，黒鉛系負極で2.7Vを取る実用セルのデータとさほど大きな差は出ない。このチャートからは正極活物質のサイクル劣化の傾向が判るが，実際のセル（フルセル）のサイクル劣化はさらに別の因子が入ってくる。

5.2　生産用正極材の仕様と測定方法

図表2.5.3に生産用・正極材の仕様例と測定方法を示した。$は規格値を，#は参考値となる場合を示した。ここではデータのある4種の正極材の例を示したが，値はメーカーごとに（測定方法も含めて）異なるので，実際は1：1の対応となる。

S-LMOの試算ベースの事例

正極の選択は放電容量だけではなく，レートやサイクルの総合で決定されるので一律に定めがたい。左記の事情から，それぞれの製品が非常に特徴がある。以下の設計試算には汎用的なスピ

($:規格値、#:参考値)

項目		単位	測定方法	LMO spinel	LNMCO 顆粒系	LNO 顆粒状	LFP 粉末
化学組成	Li	%	ICP発光	4.30	(45/45/10)	NA	4.55
	M	%	〃	60.4	—	NA	33.0 Fe 2.25 Carbon
	Li／M	mol/mol	—	0.56 #	1.11 #	NA	1.10 $
比重 Density	Bulk	g/ml	JISほか	1.22			
	Tap	g/ml	回数mm	1.82 $	2.5 $	2.7 $	0.6 $
平均粒径	D_{50}	μm	レーザー回折法ほか	15.6 $	45 $	13 $	<0.7 $
比表面積		m2/g	BET	0.85 $	0.6 $	0.5 $	15 $
容量	初回充電	mAh/g	Li対極コインセルほか	(130)	(174)	200	150
	初回放電	mAh/g		113 # (120)ex	137 # (148)ex	180 #	150 $ (2.9-4.0V)
	初充放電効率	%		(92) #		90 #	99 #
水分		ppm	Karl fisher	300 <500 $	170 #	NA	<=700 $

図表2.5.3　生産用・正極材の仕様例

第 2 章　電池（セル）の構造，構成，設計と特性

ネル LMO の 120mAh/g を試算に採用した。さらに LMO に容量アップの目的で LNO を配合し，LMO 90%，LNO 10%，126mAh/g を試算のベースとした。

　s-LMO は優れた正極材ではあるが，高温（～60℃）でのサイクル特性に欠陥がある。改良のために結晶構造の"酸素欠陥"を無くする合成方法が検討され，最近になって実用レベルの製品が供給されている。この製品は噴霧熱分解法による"ナノ構造体複合粒子"が，化学組成の精密な制御に有効であり[*1, *2]その結果として比較的に高い比表面積（～$5m^2/g$）の LMO，130mAh/g（Li metal コインセル），125mAh/g（Graphite 対極）の製品が得られている[*2]。さらに 5%程度の Al を複合することにより，60℃レベルでのサイクル特性（＞300）が達成される[*1]。

5.3　生産用負極材の仕様と測定方法

　図表 2.5.4 に 4 種の負極の仕様例を示した。炭素系負極として生産されている材料は，人造黒鉛，変性天然黒鉛，ハードカーボンである。メソカーボン（MCMB 大阪ガスケミカル社）は

($: 規格値, #: 参考値)

項目		単位	測定方法	AG人造黒鉛系	MCMBメソカーボン	HCハードカーボン系	LTOチタン酸Li
化学組成	Li	%	ICP発光				
	M	%	〃				
	Li／M	mol/mol					4/5
比重Density	Bulk	g/ml					
	Tap	g/ml		1.0 $	1.4 $	0.9 $	1.0 $
平均粒径	D_{50}	μm	レーザー回折法ほか	14 $	14 $	22 $	7.5
比表面積		m2/g	BET	1.5 $	2.2	3.5 $	11
容量	初回充電	mAh/g	Li対極コインセルほか			520 $	6
	初回放電	mAh/g		330 $	320$	445 $	170 # (1.0-2.0V)
	初充放電効率	%		94	94	85	99
水分		ppm	カールフィシャー	NA	< 100	NA	3000

図表 2.5.4　生産用・負極材の仕様例

---

*1　小野喬之（㈱ナノリサーチ）「リチウムイオン二次電池の電極・電池材料開発と展望（第 2 章第 2 節）」p.37-41 ㈱情報機構（2010）
*2　服部康次，山下裕久「噴霧熱分解法による $LiMn_2O_4$ の合成と評価」マテリアルインテグレーション p.17-21 Vol. 12 No.3（1999）

2008年に生産が中止された。開発途上ではあるが，LTO は新たな負極材として高速充電特性が注目されている。

(1) 負極材の多様性

黒鉛負極は原料組成（炭素前駆体）や炭化・熱処理温度によって多様な特性が発現するので，製品の仕様も非常に幅が広い。汎用的な人造黒鉛系で可逆容量は 320～350mAh/g，典型的には 330mAh/g であり，汎用設計には 330 がほぼ妥当な値である。

ハードカーボンは大きな不可逆容量を除いても，440mAh/g レベルの放電容量が得られるが，放電電圧のプロファイルの問題から単独で使用されることは少なく，黒鉛系への添加剤として 10% 前後使用される。以上の点から，試算には人造黒鉛 90%，ハードカーボン 10% の混合組成とし，容量は 340mAh/g とした。負極材については第3章2に詳しく述べたのでそちらを参照願いたい。

図表2.5.5に生産用・正負極材の測定項目と方法を示した。材料メーカーがこの全ての項目を仕様書（ないしは出荷検査票）に入れているとは限らない。一部の項目はその製品の事前評価の段階の技術情報として開示されるが，最終的には参考値となることが多い。原材料メーカーの出荷検査に対して，電池メーカーが受入検査を実施することは，まれである。特に大量の粉体材料

項目		単位	測定方法	測定と仕様書（規格値と参考値）への取込方
化学組成	Li	%	ICP発光	誘導プラズマ発光系でのカチオン分析は元素によって感度の異差が大きく，Li_xMのXは1.0N±0.005程度であり，小数点以下2桁目が±1程度の精度である。Xの値は活物質の特性との関連が高いので，製造管理上も重要ではあるが，製造者側ではこれを規格値（出荷合否）に入れることは難色を示す場合が多い。
	M	%		
	Li／M	mol/mol		
比重 Density	Bulk	g/ml	JISほか	バルク（嵩）比重は測定値が安定しないので，一定条件で詰めたタップ比重が用いられる。この測定も任意性が高いので，同一測定方法での値を管理値としてモニターするに留まる。最終的な極板層の密度とは大まかな比例関係にはあるが，極板の塗工工程の影響が大きい。
	Tap	g/ml	回数mm	
平均粒径 粒径分布	D_{50}	μm	レーザー回折法ほか	Laser diffraction で迅速に測定可能であり，平均粒径としてD_{50}が，微粉D_{10}，粗粒D_{100} が規格値として採用。活物質製造側の工程管理の問題であり，塗工工程では余裕をもった規格幅の設定が必要。
比表面積		m2/g	BET	測定が気体の等温吸着で行われるので，溶液系における表面積の作用とは1:1で対応しない。細孔径分布が大きく異なる物質での比較は問題があろう。高性能活物質は全て比表面積が高くなる傾向である，参考値としてモニターして工程の収率との関係が判れば有用である。
充放電容量	初回充電	mAh/g	Li対極コインセルほか	セル製造の上では最も重要な特性である。測定の簡便性と再現性から，Li対極のコインセルで一定の電圧・電流の範囲での測定される。製造したセルの放電容量とは1:1で対応はしないが，規格値の幅を実用的に設定してモニターが必要である。効率は不可逆容量を示すが，活物質の組成異常などが反映されている。
	初回放電	mAh/g		
	初充放電効率	%		
水分 異物		ppm	Karl fisher	大量の粉体では非常に管理が困難な特性であり，大半の塗工不良の原因である。測定試料の採取が不適当であると測定値自体が無意味である。受入後の活物質の管理も影響するので，常に工程を見ておく必要がある（他人任せにしない）。

図表2.5.5 生産用正負極材の測定項目と方法

から測定試料をサンプリングすること自体が困難である。バルクで流れている原材料メーカーの工程管理を信頼し,定期的に ISO9000 の品質監査を実施しておくことが有効であろう。

電極塗工の結果などから,特定の正負活物質のロットが塗工不良の原因とされる(推定される)ケースもあるが,塗工不良の原因は電池メーカーの粉体加工や塗工自体の可能性もあるので,この種の品質クレームは白黒がつかないことが多い。

5.4 高性能正極の製品化事例

(1) ハイニッケル 18650 円筒型セル

最近の高性能正極の製品化の事例として,図表 2.5.6 は 2011 年パナソニック・エナジー社が発表した高容量 18650 型円筒電池のデータを基にプロットしたものである。寸法規格(JIS C 8711)の定められた電池の場合は,体積の制限があるので,放電容量(Ah ないし Wh)をアップするには,容量(mAh/g, mAh/cm^3)の高い活物質を使用する必要がある。ここでは高容量正極材である Ni 系および改良 Ni 系を使用して,最大で 3.4Ah の製品を設計している。電池は 4.2V 充電,3.6V 放電,正極の組成は $Li(Ni・Co・Al)O_2$,Ni は高容量化,Co は構造安定化,Al は耐熱強化の配合である。比容量は 730mAh/l と非常に高い。このレベルは電気品安全性法で PSE マークを義務づけられている,比容量 400Wh/l を大きく超えている。

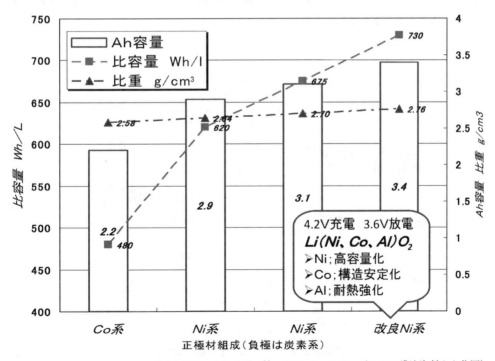

(パナソニックエナジー社 2011 バッテリージャパン講演資料から作図)

図表 2.5.6 Ni 系正極による容量向上 18650 型円筒セル

(2) 合金系負極材への移行

同社の発表によれば，これ以上のAh容量は負極により高容量の合金系負極を使用して，4Ahレベルの目処が立っているとのことである。セルの容量データは後の図表3.2.11に示した。電池の形状が定まっている18650型では，カーボン負極は高い容量350（黒鉛系）〜450（ハード系）mAh/gを有しているものの，比重が2.0程度と低いので，電極密度（塗工，乾燥とプレス後）は1.5g/ml程度であり，正極の3.0g/ml前後と比べるとかなり低い，すなわちセルの体積に限界がある場合は，より比容量の高い負極を使用しないと，セルのAh容量がこれ以上アップしないこととなる。以上の点は，外形寸法に特段の制約のない大型リチウムイオン電池（セル）では無用なことであろう。また18650型の16.7cm^{3}の空間に3.4Ahないしそれ以上の電気エネルギーを蓄積した場合の安全性は，従来以上の対策が必要であろう。

5.5 リチウムイオンセルの設計

図表2.5.7にセル設計における設計項目と，原材料の「量」的な設計と「質」的な設計，さらに構造設計の項目を示した。いずれの項目も改めて言うほどの内容ではないが，多くの項目をバランス良く，手落ちのないようにして設計を完了することはなかなか大変である。始めから高い容量の製品セルを（一発で）設計することはでき難いので，次の図表2.5.8に示すステップで，製品セルの1／10程度のスケールの試作セルで種々の設計要因を確認しながら，最終製品の設計を完成させるやり方が妥当であろう。

設計項目		原材料		構造設計
		「量」的な設計	「質」的な設計	
基本特性 （品質保証）	定格容量 Wh、Ah	A／C比 過充電マージン 劣化マージン		外装材シール ガス安全弁
動作特性	放電パワー W＝A＊V	（基本特性はクリアしているとの前提で）	活物質の特性 組成、粒径 結晶構造..	集電構造 端子容量
	高速充電 min〜hr		セパレータ 電解液 バインダー	
	回生充電 sec〜min			
安全性	JIS、UL、UN 他の試験クリア	過充電マージン	電極板の導電 低インピーダンス	機械的強度 放熱性　ほか
寿命特性 （温度特性）	10〜15年 45〜60℃			総合（原材料と構造）

図表2.5.7　リチウムイオンセルの設計

第2章 電池（セル）の構造，構成，設計と特性

5.6 研究，試作，製品への流れとその評価

　実験段階でセルを作成して種々の測定を行うことは多いし，理論計算だけでこのステップをカバーすることは現在は不可能である。この実験段階から最終の製品としての評価に至る「研究＞試作＞製品」までの流れを図表2.5.8に示した。各段階で評価したい試料と測定項目は多種・多様であるが，始めのステップほど単独の物質の特性測定が目的であり，後のステップほど複数の物質や部材の組み合わせにおけるセルの特性を評価する内容となる。

(1) 極の構成と評価項目

　具体的にはセルの極構成と評価項目にわけて記載した。ここで試験セルの極構成はハーフセル（片極）かフルセル（両極）のいずれかになる。コインセルやテフロンセルは，正負いずれかの活物質の容量評価が目的であることが多いので，対極の影響をできるだけ避けた試験系で評価する必要がある。対極にはLiメタルを置き，無限大に追従する条件（対極の影響が出ない条件）で行うことが望ましい。この段階でサイクル特性やレート特性（Cレートを上げた充放電）も実験的にできない訳ではないが，電圧や電流の条件が実用セルと大きく異なった設定になるので，得られた結果の応用に疑問がもたれる。上記のような実験報告が学会発表などで見られることもあるが，実用セルとは区別したい。コインセルやテフロンセルでは活物質を集電板の上に"置いて"あれば試験は可能であり，バインダーを使用して集電箔に活物質を塗布する方法も採用はで

項目	セル			評価可能な項目				
		極構成	セル容量 mAh	充放電容量評価，不可逆容量 mAh/g	レート特性	分解ガス発生	サイクル特性	安全性ほか
研究室	コインセル2032（数がこなせる、工程試験向き）	片（対極Li metal）	10-20	可能（主目的）	（不可）	不可（セルは強制加圧でガスは出ない）	不可	不可（実施しても無意味）
	テフロンセル（多様な解析研究が可能）	片極or両極	< 100		可能 *1		（不可）10c/c程度は可	
試作室	1対極評価セル（ラミネートが容易）（セルとしてのpreliminary評価）		100-4000	可能（正負の両極構成での評価）	可能3C程度まで	可能 ガス発生に敏感に反応		
	多極試作セル	両極	> 3,000	実用セルの比容量確認，設計マージン確認	可能 ～10C	長期のサイクルにおける評価。容量意地率のデータ等で評価	可能 全ての実用評価が可能	
製品	多極製品設計（最終製品セルの検討段階）		>3,000 5～30Ah		可能 ～10C			

図表2.5.8　セルのサイズと評価事項（活物質の評価とセルの評価）

(2) "評価"セル

セルの評価としてセパレーターを正負対極で挟んだ"1対評価セル"が最低の試験である。この段階で，はじめてセルとしての評価になる。塗布済みの電極板が比較的多量にある場合は，円筒型の18650などのセルを，準製造装置で作成してしまった方が手っ取り早いし，その後の評価なども準生産装置をフルに使用可能である。活物質やその配合組成を多数の組み合わせで実験したい場合は，極板を準生産設備で作成することはかなり大変な作業と費用になる。このような場合は比較的小型のラボコーターで作成した電極板で，ラミネート型の評価セルを作成する方が便利である。最近はラミネート型セルの実験装置も販売されており，手軽にセルの作成が可能となっている。いずれにしろ，セルの乾燥や電解液注入はドライボックス中で注意深く行う必要がある。ラミネート型セルはセルの内部でガスの発生がある場合にはかなり敏感に反応し，セルの膨れや充放電不能が直ちに現れる。このことは実験系としてはむしろ好ましいことであり，この段階で電極組成や加工（粉体加工やスラリー調製）を十分に詰めておく必要がある。

(3) Ahクラス試作セル

次の段階は数Ahの多極試作セルの作成になるが，この容量でも実用になる用途もあり，ほとんど実用セルの設計と評価に近い形での試作と評価になる。また，安全性試験や長期のサイクル試験なども可能になるので，電極材料や電極板以上にセルとしての構造（集電，端子ほか）も試験結果に影響を与える。従って，この段階は最終製品へのスケールアップが可能な範囲であることが重要である。最終段階のセルで試行錯誤的な試験を行うことは時間と費用の点から好ましくはなく，この試作段階で実用セルとしての設計をほぼ完了する方が望ましい。

最終の製品形態での試作と評価は，商品としての品質保証などの因子が入ってくるので，原材料の品質安定性，工程の良品率，セルの特性バラツキ，等々の問題解決のために，必ずしもセルの性能本位の評価ではなくなる。

5.7 実用セルの設計
(1) 正極・負極の容量バランス

実用セルの設計は正極と負極の容量バランスを考慮しなければならない。図表2.5.9の（上）セルのA／C容量比を1.0以上に設定した場合は，正極の充電完了（LMOの例で4.3VまでCV充電したとする），Liイオンは負極に完全に収納される。図（下）セルのA／C容量比を1.0以下に設定した場合は，正極の充電完了（LMOの例で4.3VまでCV充電したとする），Liイオンは負極に収納される量を超えてしまい，Al集電箔の合金化など副反応を発生する。実際のセル設計は過充電マージンや劣化マージンを設定しているのでA／C比も数値が変化する。また充電も電圧だけで制御している訳ではなく，セルの容量設計の範囲の中で充電される。それぞれの説

第2章 電池（セル）の構造，構成，設計と特性

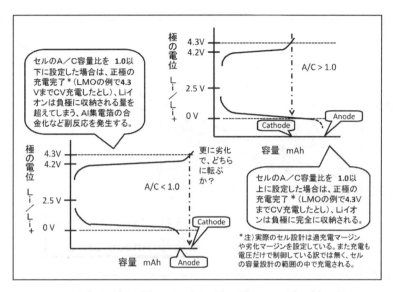

図表 2.5.9　正極と負極，容量のバランス（概念図）

明は図中に書き込んであるので参照願いたい。

以上の説明は負極電位が 0V に近い炭素系負極の例であったが，最近実用化された LTO 負極の場合は後の図表 3.2.16 のような電位とバランスになる。A／C 比を変えることによって，充放電挙動を制御できる場合もあり，外部電圧によらずにセルの動作をコントロールできる（特開 2012-14968）。

(2)　実用セルの設計と制約

図表 2.5.10 に各種の中大型リチウムイオン電池（セル）の容量（Wh = Ah×V）と，正極負極それぞれの面積 cm^2 を示した。一般的なセル設計では負極面積が正極に比べて 10％程度多く取られている。物理的にも正極と負極が同一面積である，両電極板の端部（切断エッジ）がセパレータを挟んで対峙することとなり，圧迫された場合などに内部短絡の原因となる。同一の Wh 容量の場合でも，出力特性重視（パワータイプ）はより大きな電極面積となる。この図からも判るように，Wh 容量に対して電極面積は指数関数的に増大し，製造技術とコスト（原材料ほか）に対する負担は急増する。

(3)　電極面積と活物質量

図表 2.5.11 に Wh 当たりの電極面積と活物質量（目付量）を示した。横軸は活物質の Wh あたりの重量，縦軸は Wh あたりの電極面積である。この両者を結びつけるのが電極の目付量 $mg／cm^2$ となる。一般的には正負それぞれの電極板の両面塗布の状態で，集電箔の重量を除いた目付量で表示される。測定はバインダーや導電助剤（アセチレンブラック）等が含まれた乾燥電極板（塗工仕上がり）で行うが，バインダー＋アセチレンブラックは乾燥基準で 10％以下であるので，測定方法決めておけば問題はない。s-LMO 正極／人造黒鉛負極の例では負極は

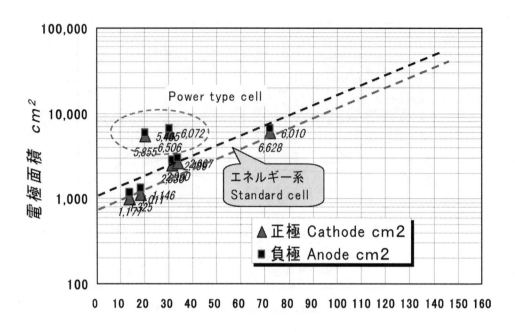

図表2.5.10 中大型セルの容量と正負極面積

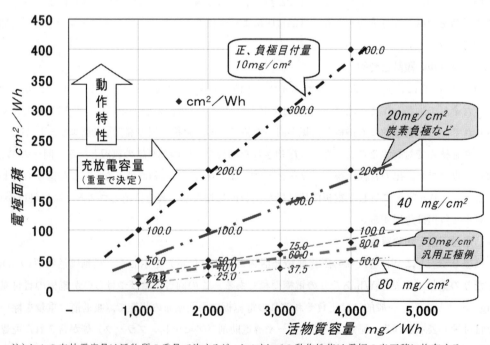

注) セルの充放電容量は活物質の重量で決まるが、セルとしての動作性能は電極の表面積に依存する

図表2.5.11 Wh当たりの電極面積と活物質量（目付量）

第2章 電池（セル）の構造，構成，設計と特性

20mg/cm² 前後，正極は 40～50mg/cm² が多い。極端な薄塗りや厚塗りは電極板の剥離や厚みムラが起こるので，塗工技術の可能な範囲で目付は管理する必要がある。

(4) セルの設計ステップ

図表 2.5.12 にセルの設計（ステップ 1）として，
① 正極・負極の容量特性（材料選定）
② A／C 比，設計マージン
③ 正極・負極の必要量 g/cell
④ 電極面積 cm²／Wh　出力特性で決定

の順で示した。ここでは 25Ah のエネルギー系セル（3.7V 92.5 Wh）を設計の基礎としている。個々のステップのポイントを図中に書き込んだので参照願いたい。

図表 2.5.13 に次のステップ 2 を示した。
④ 電極面積 cm²／Wh　出力特性で設計
⑤ 電極面積　負極／正極＝ 1.1～1.2
⑥ 集電箔セパレーターの面積計算，重量積算／Cell
⑦ 電解液の充填量計算，空隙を完全に充填の順である。

以上が完了した時点で，
⑧ 設計ステップ完了＞検証へ比容量 Wh／kg，Wh／L セルの試作＞充放電試験出力特性 W／kg

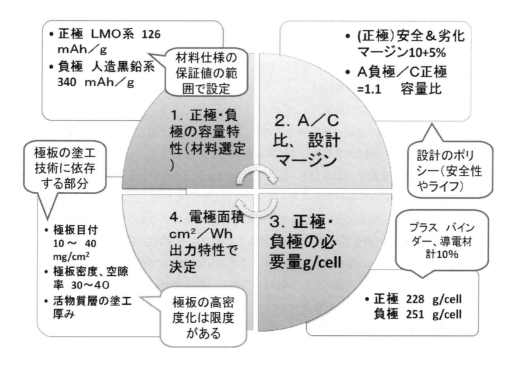

図表 2.5.12　セルの設計（ステップ 1）（25Ah エネルギー系セル 3.7V 92.5 Wh）

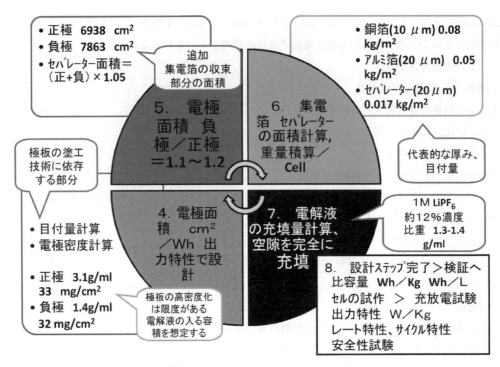

図表 2.5.13　セルの設計（ステップ2）25Ah エネルギー系セル 3.7V 92.5 Wh

の確認，レート特性とサイクル特性の確認となり，

最終段階で安全性試験が行われる。いずれのステップも不具合があれば前のステップに戻って修正が必要であり，全体をまとめるにはかなりの工数を要する。

(5) マージンを含むセルの活動質設計

先の設計ステップにおいて"設計マージン"として示した項目を，図表2.5.14で詳しく説明する。なおこの図の計算の設定が多少異なるので，図表2.5.12と図表2.5.13の数値と合わない部分があるが，説明の内容は同じなのでご容赦願いたい。図表2.5.14は定格容量100mAhのセルを設計し，仮に過充電マージン分を5%，劣化マージン分を5%をそれぞれ追加し，トータルの正極材の所用量はセルの定格容量に対して110%とした例である。この計10%はいわば"無駄を承知"で入れた部分であるが，100%まで充電された段階でもなお5%相当の正極材は残っており，この先5%程度の過充電には対応可能である。劣化マージンも同様の考え方ではあるが，二次電池においては劣化は正常な変化でもあり，ここの5%程度のマージンは製造のバラツキ対策や，製造後の在庫の劣化（保存劣化）への対策である。以上のマージンを置くと，正極利用率は90.9%，負極利用率は79.4%と計算される。

(6) 製造工程の歩止まり（材料ロス）

以上のセル設計試算においては，製造過程における原材料のロスは含めなかったが，実際の工程ではある程度の（いたし方ない）材料のロスは発生する。このロスは先のマージンとは異なり，

第2章 電池（セル）の構造，構成，設計と特性

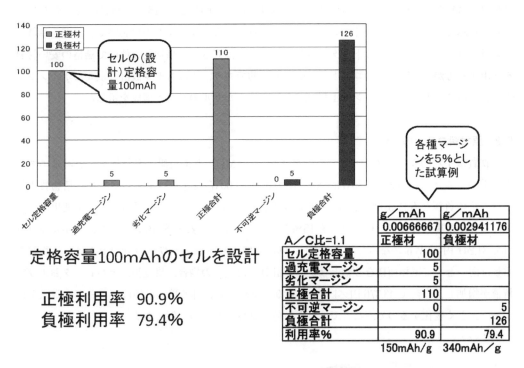

図表2.5.14 マージンを含むセルの活物質設計例

材　料 Materials	極板製造 Electrode	電池組立 Cell assembly	出荷検査 Inspection	ロス合計 Loss total	記 Note
正　極　材 Cathode	１０	３	２	１５	釜残ロス 塗工条件
負極材 Anode	１０	３	２	１５	耳カット 格外不良
バインダー Binder	１０	３	２	１５	
導電剤カーボン Conductives	１０	３	２	１５	
包材函体 Laminate	───	２	２	４	塗工条件 耳カット
アルミ箔 Al foil	５	３	２	１０	
銅箔 Cu foil	５	３	２	１０	
セパレーター Separator	───	２	２	４	
電解液 Electrolyte	───	２	２	４	配管残留等

注）塗工条件は所定の極板厚みに塗工機を調整するまでのロス。　耳カットは塗工した
極板のスリット工程での整寸カット部分。出荷検査は充電完了時点での格外不良ロス。

図表2.5.15 試算に用いた製造工程の歩止（材料ロス）

無駄（ロス）そのものであり，電池性能には寄与しない。図表2.5.15に正負材のロスを15%とした例を示した。これは少なくない量であり，これをさらに減らす努力は必要であるが，単価の高い材料ほどこのロスによるトータルのコストアップは大きい。平均的な性能で価格の安い材料を使用する方が，トータルのコストダウンに効果的であり，これもセル設計の重要なポイントである。次項には上記のマージンや工程ロスを組み込んだセルのコスト構成を示した。

5.8 原材料コストの試算

活物質は平均的なスピネル−マンガン系正極（s-LMO）と人造黒鉛系負極を，設計はエネルギー系のセルとし容量密度130Wh／kg，出力密度2,000W／kgレベルを想定した。活物質の単価は，正極負極ともに3,000円／kg，その他の材料は2009年レベルの平均的単価を使用し，計算の過程で電極板の製造工程のロスを15%とした。結果を図表2.5.16に示した，エネルギー設計で31,241円／kWhとなった。またHEV車などで求められるパワー設計のセルは，活物質の重量は同一として電極面積を2倍と仮定して計算した。この場合，集電箔，セパレータおよび電解液が増加し，合計で43,376円／kWhである。なお，原材料の購入単価はグレードや購入量によって大きく変化するので，ここで取った数値は試算のための一例である。

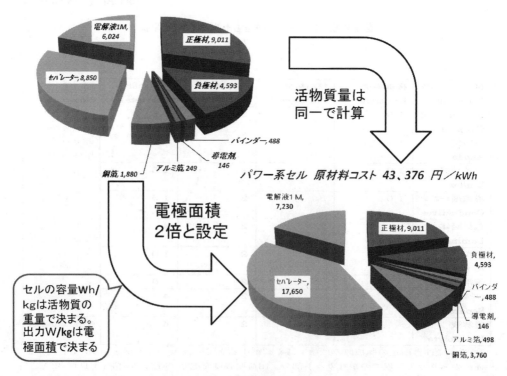

図表2.5.16　エネルギーと原材料コスト例（31,241円／kWh）

第2章 電池(セル)の構造,構成,設計と特性

6 充放電チャートとその読み方

ここでは,電流,電圧特性を中心に充放電の方法やその測定規格にも触れて説明したい。二次電池は充電しないと放電をしないし,全ての現象は時間の推移の中で,速度(充放電レート)を伴って変化しており,それらを正確に把握するためにはいくつかの工夫が必要である。

製造工程の初充電は最も始めの充放電であるが,内容が近いので本節で扱う。

6.1 リチウムイオン電池の測定規格と性能試験

図表2.6.1に最も基礎的なJIS C 8711のリチウムイオン二次電池の測定規格の項目を示した。現在のJISにおいては,C 8711(対応国際規格 IEC61960:2003)が唯一測定の方法を規定しているが,"小型のリチウム二次電池"に関しての規格である。自動車用途などの大型のリチウム二次電池はこの規格を準用して測定されるケースがあるが,電池の容量が大幅に異なることと,正極などの構成がJIS制定の前提とは大きく異なってきているので,JIS規格通りの測定が意味をなさないケースもある。

JIS C 8711の規定は,図表2.6.2に示す内容である。放電容量試験の条件と方法および手順,サイクル寿命,容量保持率と回復率,内部抵抗(DC, AC),標準リチウム二次電池,基本的な事項はC 8711に全て示されている。電極構成の異差による条件などはメーカーの指示に従うとなっている。

図表2.6.1 リチウムイオン二次電池の測定規格

規格名称 Title of the standard	**JIS C 8711**　ポータブル機器用リチウム二次電池 Secondary cells and batteries containing alkaline or other non-acid electrolytes -- Secondary lithium cells and batteries for portable applications	制定 改訂　2006 (H18/2/20)
制定者 Establishment	Japanese Industrial Standards Committee、IEC 61960 準拠	日本国「日本工業規格」JIS 日本工業標準調査会　審議
対象 Target	Compatibility ; IEC 61960:2003　ポータブル機器用のリチウム二次電池の単電池及び組電池における性能試験, 呼び方, 表示, 寸法及びその他の要求事項について規定。	
内容 Contents		
拘束力 Regulation	放電容量試験の条件と方法および手順、サイクル寿命、容量保持率と回復率、内部抵抗 (DV,AC)、標準リチウム二次電池、基本的な事項はC8711に全て示されている。電極構成の異差による条件などは製造メーカーの指示に従う。	（JISは拘束力のある法令ではない）
Li-ion セル,パックおよびモジュール Cell ,Pack and module		単電池及び組電池
Li-ion 応用 Application		ポータブル機器用

図表 2.6.2　JIS C8711 リチウム二次電池の単電池及び組電池における性能試験

6.2　初充(放)電工程における条件と測定項目

　一方，リチウムイオン電池（セル）を製造する最終ステップでは初充電が行われる。図表 2.6.3 と図表 2.6.4 に初充電の工程における条件と測定項目などを示した。初充電はかなり特殊な操作であり，充放電方法は必ずしも図表 2.6.3 の A0)，B0) と C0) に示した JIS 準拠の測定方法や，製品セルの定格試験の方法に合わせる必要もない。初充電は工程としては時間のかかる，設備の占有率の高いステップであり，原則として中断できない工程なので，合理化にはかなり工夫が必要である。

6.3　定電流と定電圧充電の経過

　図表 2.6.5（下）に CC 定電流と CV 定電圧充電の経過を示した。セルの充放電は電圧やレートを設定すると，充放電装置が自動的にやってくれるので，あまりその内容を考えないことが多い。汎用の充電器はセルの満充電（SOC100%）に至るまでは CC（定電流）と CV（定電圧）のステップで充電する。一般的なセルでは CC 充電で 90%SOC に達し，その後の CV 充電で残りの 10%を充電するようなパターンが多い。この図表 2.6.5（下）は NEDO の共通基盤研究でセルの加速劣化試験の条件を検討する際の資料であるが，長期のサイクルで使用するセルにおいては SOC を 100%まで使用する事はまれであり，むしろセルのライフを短くする悪影響の方が顕

第2章 電池(セル)の構造,構成,設計と特性

A0) 定電流充電CC
　　設定充電電流A(0.2C*)　終止電圧V(4.2*)
B0) 定電圧充電CV（CC充電後にCVに切替）
　　設定電圧V(4.2V*)　終止電流A(～0　成行)
C0) 定電流放電A(0.2～1.0C)　終止電圧(2.7V)

　初充電は充・放電の容量を決めるのが目的では無く、乾燥セルに入れた電解液の安定化(均一な浸透など)や残留水分の分解ガス化とガス抜きなどが主たる目的である。

　この段階でCC+CVの充電を実施するよりは、A0)のCC充電(SOCは90%以下か)で上記の目的を達する方が重要である。B0)のCV充電はこの段階ではあえて不要であろう。

　ここでの充電レートは多少時間をかけて0.2C程度で、フルに行うと5時間ほどかかるが、上記の目的の為には致し方ない。

　C0)の放電は、次のA1)、B1)充電の為の放電であり、放電容量の値は参考程度に取って置く。極端に放電容量の少ないセルは不良品の可能性があり、再度A0)に戻す。

CC　Constant Current　　CV Constant Voltage　　*マンガン正極／炭素負極など

図表2.6.3　初充(放)電における条件と測定項目

A1) 定電流充電CC
　　設定充電電流A(1.0C*)　終止電圧V(4.2*)
B1) 定電圧充電CV（CC充電後にCVに切替）
　　設定電圧V(4.2V*)　終止電流A(～0)
C1) 低電流放電(0.2～1.0C)　終止電圧(2.7V)

　先のA0)～C0)の操作でセルの内部が安定化したとして、この段階A1)、B1)、C1)からは充電と放電の容量データを採取する事も可能である。品質保証の為の内部抵抗(mΩ　DCR、ACR)、自己放電率(mV/day)のデーターも測定される。

　充放電のレート(時間)は工程のスピードアップの為に、1C(1時間)で十分であり、0.2C(5時間　JIS C 7911)である必要は無い。

　なお、この段階でもCC/CVの充電を実施するよりは、簡単なCC充電のみ(SOCは90%以下か)で十分であり、充電設備のコストダウンにもなる。CC／CV充電は最後の出荷検査の段階で、良品セルについて実施すれば十分である。

図表2.6.4　初充(放)電における条件と測定項目(2)

大容量 Li イオン電池の材料技術と市場展望

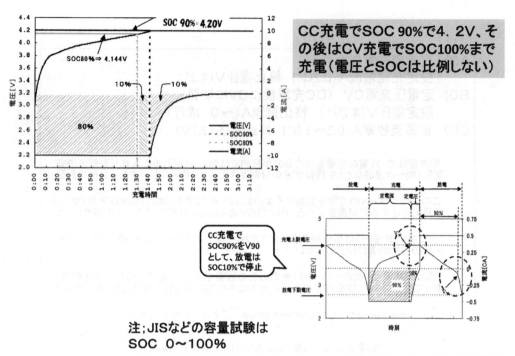

NEDO 共通基盤研究（2, 3th ワークショップ資料（H21/6/23　H22/2/24 東京））

図表 2.6.5　CC 定電流と CV 定電圧充電の経過

著である（第1章2参照）。

　なお補足的ではあるが，図表2.6.5（上）にリチウムイオンセルの充電経過を実際の電圧で模式的に示した。横軸は充電開始からの時間，縦軸は端子電圧である。10A の CC（定電流）で SOC90%まで充電した段階で電圧は上限の 4.2V に達している。これ以上の残り10%の充電は CV（定電圧）で行うことになるが，NEDO の研究における方法は SOC90%に留めている。なお充放電ともに，端子電圧では SOC%は決定できず，セルの容量劣化が加わると，さらに電圧と SOCの比例関係は崩れる。充放電装置の電流×電圧の積算データによって SOC を定めなければならない。

6.4　電圧データの読み方
(1)　電圧のプロファイル

　図表2.6.6に負極材料の異なる黒鉛系と難黒鉛化系の電圧データの読み方の例を示した。横軸は放電容量 mAh，縦軸は端子電圧 V で正負両極からなる 1.6Ah の "18650（18φ）" 実セルのデータである。負極の特性によって，放電に伴う電圧の低下はパターンが異なり，難黒鉛化（ハード）炭素は放電とともに電圧が低下するが，黒鉛系は比較的平坦な電圧カーブである。どちらがセルとして望ましいかは用途しだいであるが，最近のほとんどのセルは黒鉛系の平坦な電圧プロ

第 2 章　電池（セル）の構造，構成，設計と特性

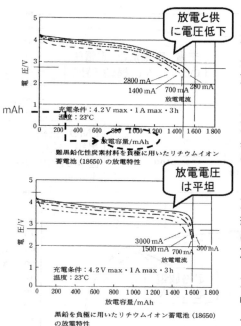

(出典；電気化学便覧第五版（電気化学会、丸善書店平成12年）

図表 2.6.6　電圧データの読み方（負極材，黒鉛系と難黒鉛化系）

ファイルである。

(2) **SOC と電圧**

　SOC（State of charge）を検知して，充放電のタイミングを見るために，電圧（セルの端子電圧）は簡便ではあるが，図からも判るように電圧と SOC の関係は直線的ではないので，目安程度にしかならない。図には放電電流を変化させた（放電レートを変えた）データも同時に示されており，実線グラフの低 mA 放電と約 10 倍の点線グラフでは放電量 mAh の低下は見られるが，このセルはかなりレート特性の優れた，高率放電が可能なセルであることがわかる。

6.5　大型セルの充放電特性データ

(1) **CC, CV 充電と放電**

　図表 2.6.7 に大型（20Ah）セルの充電と放電（充放電レート 0.2C〜3C）を示した。図の（上）は 0.3，0.5 および 1.0C の各レートで充電を行っている過程である。セルの容量（新品時の設計容量）が 20Ah であるので，1C は 20A の定電流を流し（CC），4.2V に達した時点で定電圧（CV）に切り替えている。なおこの実験では 4.2V の CV であるが，Mn 系正極ではここで 4.3V に上げて充電するケースが多い。図（下）は充電完了の 4.2V からスタートして，定電流で放電を行う状態である。0.2C（1／0.2 = 5 時間率）で 20Ah の設計容量を示している。放電レートを高くして行くと電圧降下が著しく，Ah 容量も低くなる。試験の詳細は資料*を参照願いたい。

115

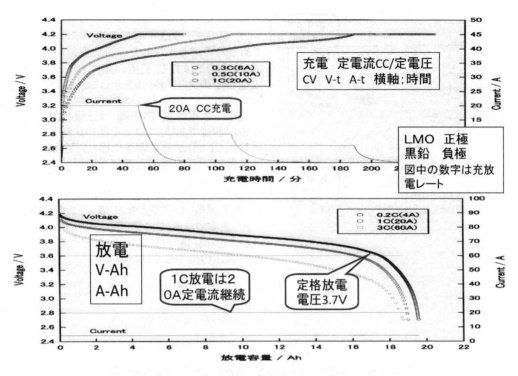

図表2.6.7 大型(20Ah)セルの充電と放電(充放電レート 0.2C〜3C)

放電レートを上げて行くと電圧降下も急になり,放電容量も10Ahを下回る。

レート特性の優れたセルほど,ハイレートにおける電圧低下とカットオフ電圧におけるAh値が高いが,この特性は正負活物質の特性を含むセルの総合的な性能である。

(2) 放電容量データの取り方

図表2.6.8に放電容量データの取り方の簡便方法を示した。材料の組合せなど,多くの実験条件のセルのデータを取るのは,特にサイクル試験においては時間のかかる試験である。ここではレートパターンを組み合わせて,効率良くセルの評価を行う方法を紹介する。この方法では次第に放電レートを上げながら,それぞれで10サイクル程度の充放電を行い,最後に0.1Cに戻して回復を見る。この充放電シーケンスは主要な充放電機のメーカーの制御システム(パソコン制御)にプログラムすることが可能であり,開発業務の効率化に有効である。実際にどの様なスケールのセルでこの試験を行うかが問題になるが,活物質容量の少ないコインセル(2032型などでは,1Cまで10サイクル程度が再現性の限界である,最低でも数百mAhの容量の試験用セルが望ましい。

---

* 堀田剛「リチウムイオン電池による蓄電システムの開発(大型ラミネートセルの性能および安全性評価試験)」北陸電力㈱研究開発年報第43号(2009年)

第 2 章 電池（セル）の構造，構成，設計と特性

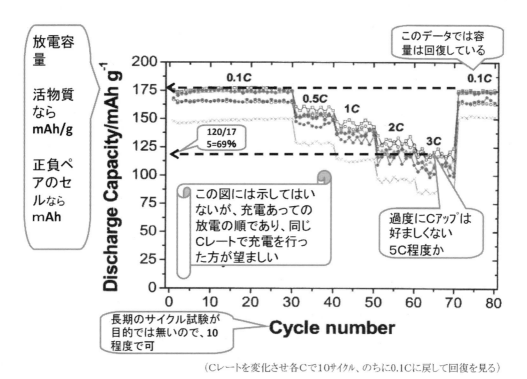

（Cレートを変化させ各Cで10サイクル、のちに0.1Cに戻して回復を見る）

図表 2.6.8 放電容量データの取り方（簡便方法）

第3章　原材料の基本特性と性能向上

1　正極材

1.1　実用セルとしての正極材

　現在のリチウムイオン電池（セル）は1980年にJ. B. Goodenughらが発見したコバルト酸リチウム（LCO）を正極とし，負極に炭素を用いる原型が旭化成㈱の吉野彰氏らによって創出された。その後1991年にソニー㈱が，実用面における材料の諸問題を解決して商品化に至った。その間の経緯はインターネットのWikipediaに紹介されているので参照願いたい。

(1)　正極材の重要性

　先の第1章（図表1.1.14ほか）にも示したように，正極材はリチウムイオン電池（セル）の主役であり，4V級の高い電圧によって，従来の水系電解液二次電池と決定的な性能向上を実現した。今後とも正極材の進歩がセルの高性能化の最重要ポイントであることは言うまでもないが，負極材と電解液（質）のバックアップがないと，性能や安全性の維持ができないことはそれぞれの章・節で解説する。

　LCOがレアメタルであるCoを成分とし，資源やコスト面で制約があることは早くから指摘されていた。また充電過程においてLiを1.0から0.5まで放出した段階がサイクル使用の限界であることから，より充電容量が大きく且つ低コストな正極材が望まれていた。

　中長期的な大型リチウムイオン電池（セル）の量産は，コストパフォーマンスの高い正極材がキーであり，多くの研究開発が集中している。正極材は化学物質ではあるものの，化学量論的な高純度物質を製造することとは異なっている。電極板製造に適合し，セルの充放電課程で性能が維持され，さらには安全性に問題のない機能材としての姿が求められる。

(2)　本章のポイント

　なお，以下の内容は最先端の研究よりは，実用セルにおける正極材の諸問題を，理解し易いかたちで紹介している。技術ノウハウの制約から，概要のみを示した点も多いがご了解願いたい。またセル設計（第2章5）を踏まえて，正負活物質をどう評価するかは，設計ポリシー如何によるのでかなり偏ったケースもあろう。非常に優れた特性の材料よりは，平均レベルの特性で製造工程で扱い易く，できれば複数のメーカーの製品が選択可能な原材料が望ましい。これは正極材に限らず全ての原材料に言えることであろう。

菅原秀一　Shuichi Sugawara　泉化研㈱　代表

1.2 正極活物質の分解と酸素発生

図表3.1.1は文献値[*1]のデータを元に，正極材の加熱課程における酸素の発生（熱分解）を酸素発生量として計算した内容である。充電状態で酸素が発生する正極材はLCOとLNOである。LMOとLFPは図に示した安定化合物になるので酸素の発生はない。このような挙動はセルの安全性との関係で重要なことであるが，200℃レベルの温度は通常のセルの動作ではあり得ない温度である。従ってこのデータをもってLMOとLNOが安全性に問題が有りとは言えない。先に図表1.1.18（リチウムイオン電池と温度）において示したように，150〜200℃はセル内部の熱暴走が始まった温度であり，この温度領域でさらに正極から酸素が発生することは，熱暴走を加速することになり，その意味では危険性は高いと言えよう。熱暴走の基点は100℃を上回った領域における，充電状態の正極（LCOであれば，$Li_{0.5}CoO_2$）と電解液の発熱反応が起点となる。これらに関しての詳細は下記の文献[*2]を参照願いたい。

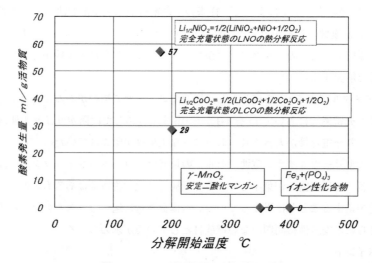

図表3.1.1　正極活物質の分解開始温度

---

*1　小久見善八（監修）「最新二次電池材料の技術」p27，シーエムシー出版（1997）
*2　リチウムイオン電池の充分に充電したカソード材料のある有機電解質の熱的研究　J Solid State Electrochem Vol.12, No.6, Page671-678（2008.06）
　　熱分析による6種の電解質塩の熱的挙動と分解速度論 J Power Sources Vol.156, No.2, Page555-559（2006.06.01）
　　リチウムイオン電池用のアルキルリン酸塩を含む電解質中での荷電グラファイトとLi_xCoO_2の熱挙動 J Electrochem Soc Vol.156, No.3, PageA176-A180（2009）

第3章　原材料の基本特性と性能向上

1.3　正極活物質と容量
(1)　正極活物質のLi$_x$と容量の関係

図表3.1.2に種々の正極材の充電容量（ファラディー則の計算値）を示した。教科書的にも知られたことであり，層状結晶のLCOはLiを全て抜くと結晶が不安定になるが（ヤンテーラー歪），強固なスピネル構造のs-LMOはLi$_x$が1.0〜0.0までフルに使用可能であり，容量も高く取れる。工業製品としての正極材を，長期のサイクルで扱うリチウムイオン電池（セル）においては，Li$_x$をどの範囲で動かす（使う）かは，セル設計の基本であり，技術ノウハウの重要な部分である。Li$_x$を0.0以前で止めているセル設計においては，過充電などで0.0付近までLiを抜くことは可能であり，現在のJISの過充電試験が，「定格容量の250％まで（過）充電して…」となっているのは，この段階を示している。LMO正極のセルは多少の過充電マージンは設計に入っているとしても，120％程度の過充電が限度である。

(2)　最近の多元系材料

以上は単成分の正極材についてであるが，後に示す二，三元系などの複合正極が図表3.1.2のマップの中でどのような挙動を示すかは不明である。おそらくは左記の多元系の組成や結晶化状態によって多種多様であろう。個性の強い多元系正極を使いこなすのは，電池メーカーの技術ノウハウではあるが，長い時間のかかるサイクル試験などから結論をまとめるのは，かなり大変な仕事である。

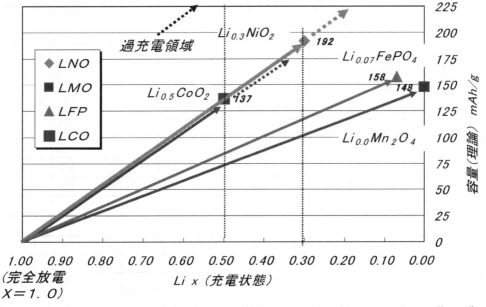

注）化学式は各ポイントのLiの状態を示す。N：ニッケル，M：マンガン，C：コバルト，F：鉄リン酸

図表3.1.2　正極活物質のLixと容量の関係（理論）

(3) 活物質の理論容量計算

先の図表2.5.1と同様の内容を表3.1.3に示した。ここではLi_xのXを変えたケースも併記してある。LNOやLFPはどこまでLiを抜けるか（充電できるか）は定説ができているが、ここで示したのは多少の余裕もいれた、LNOで30%、LFPで7%程度は残した試算例である。セル設計この辺の設定から始めて、サイクルと容量維持率の実験データを見ながら最終的に決めて行くことになる。これら特性は正極材のメーカーとグレードに依って異なる。化学メーカーは正極材としての完成度（出口）よりは、原材料の安定と製造工程での物質としての均一性（入口）を維持して製造する立場である。ある程度は入り口と出口のミスマッチは致し方ないが、お互いにそれを意識しないで製造しているケースが多い。

(4) 正極・負極材の容量

図表3.1.4に現在使用されている主な正極と負極の"実用容量例"を示した。なお図中にも示したように、理論値はいくつかの仮定を置いて計算した値である。実用容量（mAh／g）はメーカーが示すカタログ値を見た上で、大体の"セル設計を始める設定値"であるが、例えばLMOは120であり、Mn溶出による劣化などを見込んで、かなり低い値でスタートしている。中大型セルにおいては容量アップのためにLMOはLNOと混合して使用するケースが多いので、容量の高いLNOとのバランスを考慮すると、このあたりの設定が妥当とも言えよう。LFPは

活物質の理論容量計算

	放電状態	充電状態	M g/mol	x in C/D (Li 移動)	Ah/kg (理論計算)
コバルト酸リチウム(正)	$LiCoO_2$	$Li_{0.5}CoO_2$	97.9	0.50	136.9
コバルト酸リチウム(正)	$LiCoO_2$	$Li_{0.0}CoO_2$	97.9	1.00	273.8
ニッケル酸リチウム(正)	$LiNiO_2$	$Li_{0.3}NiO_2$	97.6	0.70	192.2
ニッケル酸リチウム(正)	$LiNiO_2$	$Li_{0.0}NiO_2$	97.6	1.00	274.5
マンガン酸リチウム(正)	$LiMn_2O_4$	$Li0.0Mn_2O_4$(立方晶)	180.8	1.00	148.2
チタン酸リチウム(負)	$Li[Ti_{5/4}O_{12/4}]$	$Li_{1.75}[Ti_{5/4}O_{12/4}]$	114.8	0.75	175.1
鉄燐酸リチウム(正)	$LiFePO_4$	$Li_x=0.0\,FePO_4$	157.8	1.00	169.9
鉄燐酸リチウム(正)	$LiFePO_4$	$Li_x=0.07FePO_4$	157.8	0.93	158.0
炭素(黒鉛)	$Li_x=0\,C_6$	LiC_6	78.9	1.00	339.7
炭素(ハード)					
Liメタル	Li^+	Li	6.9		3,860
3元系		$Li_x(Ni_{1/3}Co_{1/3}Mn_{1/3})O_2$	96.5	1.0	277.9
2元系		$Li_x(Ni_{1/2}Mn_{1/2})O_2$	95.8	1.0	279.9

注1) 実用（最大）容量＝理論容量－不可逆容量
注2) 実用セル容量＝実用（最大）容量×（安全マージン＜1.0）

図表3.1.3 活物質の理論容量計算

第3章 原材料の基本特性と性能向上

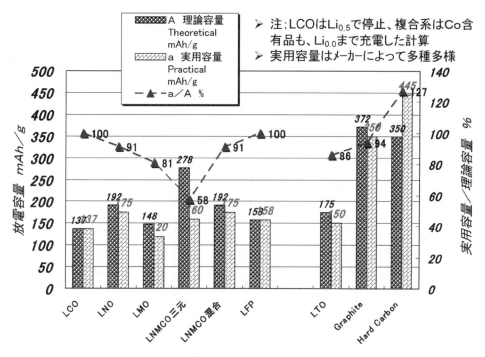

図表3.1.4 活物質の理論と実用（最大）容量事例

170mAh／g程度の容量と言われることが多いが，耐熱性が高いことと充放電レートを高めに設定したい場合は，170の設定では追い付かないケースが多い。なお，ここでは後の図表3.1.14で扱う正極の充放電効率（不可逆容量）の問題は，非常に大まかなレベルで意識はしているが，設計データとして取り込むまでは至っていない。しかし，NiやCoの多い正極材は不可逆容量が大きめであることは考慮する必要がある。

負極の場合は先の第2章5の「セルの設計」におけるA/C比の設定と，長期のサイクル劣化を考えると，負極はかなり多めに使用することになるが，容量値にかなり余裕があるので，正極ほど厳密に考える必要はない。LTOセルの場合はセルの容量規制を負極側で行うケースもあり，組み合わせる正極材によって，設計が多種多様である。図に示した150は設計開始のレベルであり，LTOは現段階ではコストも高いので，170程度で設計が収まることが望ましい。

以上の容量は活物質以外の，導電剤，カーボンコーティング，バインダーや増粘剤（水系塗工におけるCMCなど）は含まない値である。左記の物質は電極板（層）の固形分換算で合計10％以下ではあるが，充放電に寄与しない物質が入ることは，活物質の容量値を下げることと同じである。

(5) 実用（最大）放電容量

図表3.1.5に各種の正極材のWh／g容量を，先の図表3.1.4の実用容量（mAh/g）に電圧を積算した値として示した。電圧はそれぞれの正極材を黒鉛系負極（充電状態でほぼ0V（vs. Li／

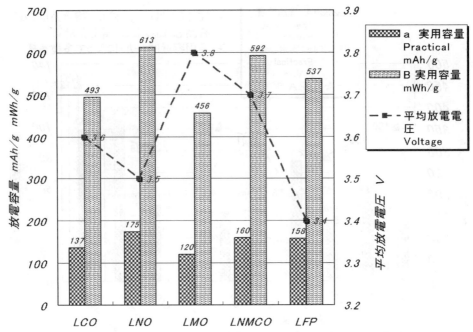

注）容量値は製造メーカーによって測定条件等が異なるので比較のための事例である。

図表3.1.5　正極活物質の実用（最大）放電容量（事例）

Li^+））と組み合わせた放電電圧のレベルである。JIS C 8711 の 0.2C 放電における容量測定値がほぼ上記のデータに対応するが，放電レートを上げた場合は低い値となり，また実験研究における高い電圧設定とは異なる。Wh 容量は実際にセルが使用される場合のエネルギー量の相対比較であり，これを容量で稼ぐか電圧で稼ぐかのケースが示されている。

(6) 放電電圧とセル電圧の互換性

　セルの容量特性（エネルギー特性）からだけ見ると，LNO 単独が最も高いが，LNO が単味で（正極が100％LNO）使用されることは少なく，LMO などとの配合組成（LNO が 20％前後）で使用される。実用レベルでは二，三元系の正極が比較的に高い値を示し，これらが工業的にも期待されていることを示している。LFP（オリビン鉄）は電圧が 3.4V と低いにも関わらず Wh 値は高い。この試算においては実際の電極組成における導電カーボン（カーボンコーティングを含む）やバインダーの配合は除いて計算している。オリビン鉄はそれ自身が電気伝導性がないので，カーボンコーティングをして使用することが前提である。さらに多くのバインダーが実際は必要なことから，計算容量 578Wh/kg の 90％程度（520）が実用の容量であろう。

　このように，リチウムイオン電池（セル）は正負活物質の組合せによってセルの電圧が異なる。このことは一見すると"電圧の互換性"がないとも見られるが，単電池の一個使いは携帯電話など一部にあるものの，全てが応用機器の専用設計であり，寸法互換性の問題もあるので電圧の互換性は事実上は不要である。大型リチウムイオン電池システムでは"組電池"として並列と直列

第3章　原材料の基本特性と性能向上

の組合せで電圧と容量（Wh）を設計するので，セル（単電池）の互換性は不要である。最も規格が統一されている"18650型（円筒）"単電池は，種々の応用製品の素材として大量に使用されるので，電圧の統一はある方が望ましいし，充電器の互換性とも関係する問題でもある。

(7) 正極材の粒径と比表面積

図表3.1.6に種々の正極材の粒径（D_{50}）μmと比表面積（BET法）をプロットし，粒子のSEM図を併せて示した。正極負極ともにリチウムイオンの粒子内移動は速い方が望ましく，粒径の大きさが最も影響する。高速充放電を求めると粒径は小さくなり，その結果として比表面積は増大する（図の左上方向への変化）。セルの特性上は表面積の増大は望ましいことであるが，その結果として活物質の塗工スラリーの固形分濃度が低下するなどの製造工程上の不都合が多々生ずることになる。

図の中では，従来の固相合成法の大きな粒子，10μm以上は比表面積も1以下であり，塗工スラリーの固形分濃度も50％以上で，塗工作業性と電極板の密度（充填密度）も良好である。図中でおおむね10μm以下で$1m^2/g$以上の正極材は，次の図表3.1.8で述べるスプレードライで製造した顆粒状の粒子であり，正極材としての特性は優れたものが多い。最も極端な例はLFP（オリビン鉄）であり，μmオーダーの粒系と$10m^2/g$以上の面積を有する。

これら正極材は無機のLi塩であり，親水性の表面特性であり，従って比表面積に比例して水

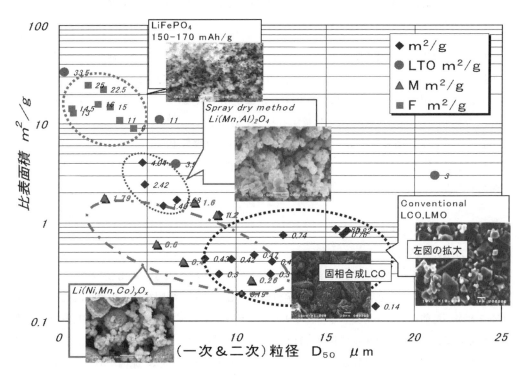

図表3.1.6　正極材の粒径と比表面積

大容量Liイオン電池の材料技術と市場展望

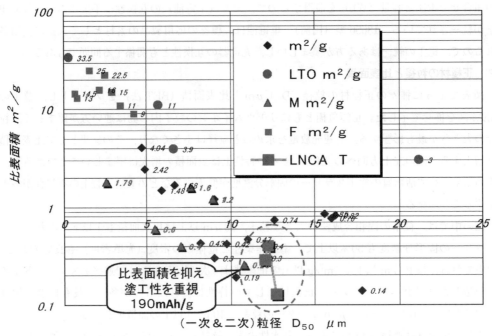

図表3.1.7 最近の3元系高性能正極材 LNCA190mAh／g製品の事例

分が吸着している。この種の吸着水はラングミュアー吸着層をなし，単純な加熱では除去できない水分である。データ例としては，三元系NMCで200～600ppm（Karl Fisher法）である。この水分がセルの中でどのような影響を与えるかは定かではないが，電解液などの水分は2桁ppmにコントロールしていることに比較すると，左記のレベルは非常に多い水分である。

図表3.1.7は先の図表3.1.6と同じであるが，最近の高容量190mAh／gの正極材のデータをプロットした。図から判るように，粒径12μm比表面積0.1～0.4m²／gに抑えて塗工性を改良した結果である。

1.4 高容量正極材の合成
(1) 合成方法の変遷

新たな高容量の正極材は，その化学組成のみならず合成方法も大きく変化している。その背景には，先に示した二，三元系など複雑な化学組成は，もはや従来の固相合成では再現性良く合成することが不可能なことがある。さらにリチウムイオンの高速移動のためには，活物質粒子の微細化が必要であるが，これを単に粉砕で行うことは活物質の製造や粒子のコーティング適性において不都合であった。また特性面においても，高温時のサイクル劣化の原因である酸素欠損を抑制させるための低温焼成や，逆に低温で比表面積が大きくなり過ぎる問題などは，下記の装置の

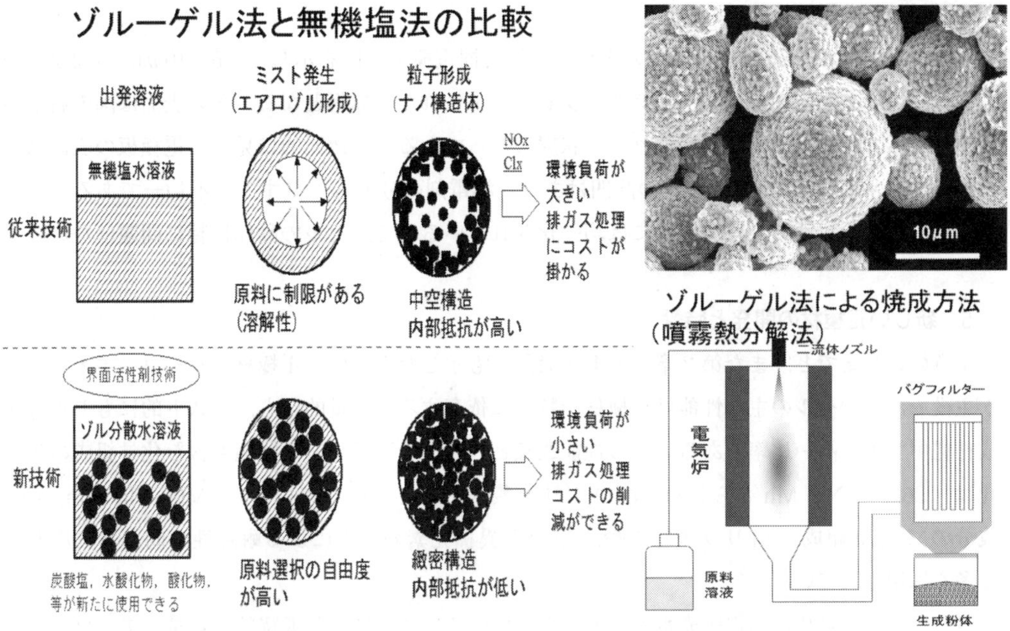

第3章　原材料の基本特性と性能向上

図表3.1.8　ゾル-ゲル法＋噴霧熱分解法によるマンガン系正極／LMOの合成
（NEDO系統連系プロジェクト（福井大学　荻原研究室））

工夫でかなり広範囲に制御できる技術となっている。

(2) 噴霧熱分解法

新たな製造（化学合成と造粒，結晶化）の方法は粒子の顆粒化（一次，二次粒子構成）によって上記の問題をかなり解決した技術である。合成方法は図表3.1.8に一例として示した，"ゾル-ゲル法＋噴霧熱分解法"によるマンガン系正極／LMOの合成である。原料のNi，Mn，Coなどの炭酸塩，水酸化物および酸化物と，さらには熱安定性の向上のための第3元素（Al，Mgなど）は，酸（硝酸などの強酸や酢酸など有機酸）に溶解し，"噴霧熱分解法"によって二流体ノズルで電気炉に噴霧さて，熱分解と乾燥・造粒がなされる。最終的には焼成炉で900〜1100℃の結晶化を経て正極材粒子となる。この方法は一次粒子が緻密接着に充填した，比表面積 m^2/g の大きな二次粒子を効率良く製造することができる。その結果として従来の固相法（加熱溶融反応後に粉砕）の粒子に比べて，高速な充放電（Liイオンの移動距離短縮）が可能となった。

装置や炉の技術は以下の参考資料[1〜3]に詳しいので参照願いたい。

---

[1] 服部康次，山下裕久「噴霧熱分解法による $LiMn_2O_4$ の合成と評価」マテリアルインテグレーション Vol.12　No.3（1999）
[2] 「噴霧熱分解装置」大川原加工機㈱HP
[3] 「機能材噴霧熱分解設備」中外炉工業㈱HP

(3) 顆粒粒子と電極板

図表3.1.9に噴霧造粒・焼成系の正極活物質と同電極板の図を示した。5～10μmの顆粒状の二次粒子は塗布と乾燥を経て，最終的にプレス加工された電極板となる。その表面は図の右下の状態となって，顆粒はかなり"潰れた"状態になっている。二次元的に見ると電極板の表面は，(突起はないが) 10μmオーダーの凸凹はあり，導電剤の分散も一見すると不均一である。しかしながら，この状態でも三次元的には均一化されているので，セルの動作に特に問題はない。

1.5 新しい正極材の開発と特性

本章のこれまでと，また第2章5のセル設計でも示したように，正極材はリチウムイオンセルが主役であり，セルの主な性能は正極材の特性に依存する。重量的にも，コスト的にもセルの構成材料中で最も高い比率である。その性能改良と，一方で資源ソース問題も含む化学組成の多様化は，CoからNi, MnさらにはFePO$_4$（リン酸鉄）まで発展している。NMC (Ni, Mn, Co) 成分の二,三元組成とLiリッチ組成や，Alなど異種元素の導入による耐熱性の向上も実用セルで多く採用されている。

さらなる高容量化は高電圧充電が必要となっている。これにより飛躍的な容量のアップがコスト負担の少ないレベルで達せられるが，電解液の耐電圧との兼ね合いで，安全性の確保も含めて，

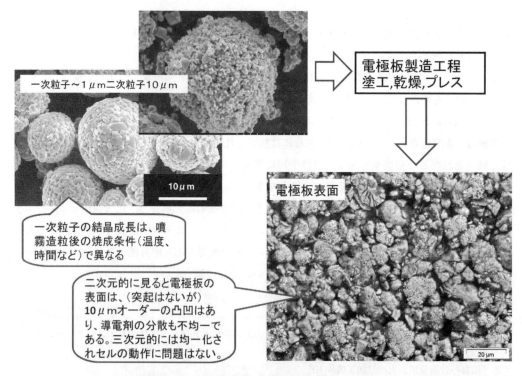

図表3.1.9　噴霧造粒・焼成系の正極活物質と同電極板

第3章　原材料の基本特性と性能向上

実用レベルでの"詰め"が必要となっている。

　高性能化は一方ではこれまで述べた粒子のナノ化や形状の変化も伴っている。上記の化学組成が変化している問題と併せ，塗工プロセス（スラリー調整と塗工・乾燥）における扱いが，これまでの技術では困難なケースが発生している。この工程の合理化と速度アップが電池のコストダウンの要であるだけに，高性能で使い易い正極材への集約が待たれる。

(1)　多元系正極材

　最近の多元系正極材の特性例を図表3.1.10に示した。いずれも工業製品として販売されているレベルである。組成はNi／Mn／Co比が1／1／1であるケースが多いが，さらにNiを増やすと放電容量は200を超えるレベルまで増加するが，サイクル特性などの総合評価からは左記の1／1／1組成が多い。表には特性データとしてpH（水分散状態）と平均粒系D_{50}および比表面積（BET法）を示した。pHはいずれも11を超えてLiリッチの組成であり，平均的には$Li_{1.05}$である。粒子のモルフォロジーはいずれもサブミクロンの一次粒子が集合した顆粒である。比表面積は1.0前後であるがこれは結果であり，メーカーとしては余り高くならない範囲で制御しているようにも見えるが，左記の顆粒状はBET値が高くなりがちであり，塗工特性とのバランスが必要となる。

(2)　放電容量と測定方法

　図表3.1.10に示した初充放電容量（mAh/g正極材）は，Li対極コイン型ハーフセル，4.2〜3.0Vで0.1〜0.2Cの条件である。データ値は製品セル（フルセル）における充放電容量を保証しているものではなく，材料の相互比較のためのデータである。正極材の出荷検査データはこの方法で行われることが多いので，このデータを製品設計の目安として，負極との組合せでセル設計

		A	B	C	D	E	LMO ref
化学組成 Li 1.03〜 1.11(1.05av)	Ni	0.33	0.33	0.5	0.33	0.33	
	Mn	0.33	0.33	0.2	0.33	0.33	0.95 Al 0.05
	Co	0.33	0.33	0.3	0.33	0.33	
pH（水浸漬）		11	11	11.5	11	11	10
D_{50}	μm	5.3	10.5	9.0	6.0	6.5	9.0
比表面積 ガスBET法	m²/g	0.8	0.4	0.4	1.0	1.2	0.5
初充放電 mAh/g （Li対極ハーフ セル4.2- 3.0V）	充電	180	180	190	168	168	106
	放電	164	162	169	148	152	105
	効率%	91	90	89	89	90	99

図表3.1.10　NMC多元系正極材の特性例

を行うことになる（第2章5）。実際にこれらNMC正極材でフルセル（負極は人造黒鉛系）を作製して容量を評価すると，初充電で175mAh/g，放電で150mAh/gであった。この場合は3%ほど低めの容量であるが，ハーフセルでの評価と同じである。なお，Li対極のコインセルは実験として容易ではあるが，電極面積が極端に小さく20mmφセルで3.14cm^{2}であり，製品セル（例，2Ahの18650型）では400cm^{2}程度の電極面積であることと比較すると非常に小さい。従ってわずか電流値を上げると電圧もCレートも高くなり，実用セルとはかけ離れた条件で測定が行われることに注意が必要である。

(3) 正極の不可逆容量

初充放電に関しては，充電においては正極材はLiを脱インターカレートし，$Li_{1.0X}$から$Li_{0.0}$に至る過程ではあるが，測定は4.2V CC（定電流規制）で行われているので，$Li_{0.0}$になったとの確証はできる。続く放電は対極（ここではLiメタル）から正極材がLiイオンを受け入れて$Li_{1.0X}$に戻る過程である（この場合は対負極は無制限にLiを供給できる系であり，放電容量は正極容量に依存）。この往復の効率は図表3.1.10のデータにおいても90%前後であり，いわゆる不可逆容量*の存在を示している。単独成分の正極材としてのLCO，LNOとLMOは順に$Li_{0.5}$，$Li_{0.3}$，$Li_{0.0}$レベルが限界（結晶構造の維持）とされている。NMC多元系は単なる混合物ではなく，複合酸化物Li塩としての結晶構造を取っているので，左記のLiが多元系として，どのレベルであるかが問題となる。この問題はかなり複雑であり，工業材料としては必ずしも必要な情報ではないが，多元系正極はある程度の不可逆容量を見越したセル設計が必要であることを示している。参考に示したLMO（Al成分で高温特性改良品）は容量は少ないが効率は99%である。

(4) 高容量正極材

図表3.1.11に最近の高容量正極材（2011/06/06 AABC欧州における各社発表データほか）をグラフに示した。充電は4.3Vであるが，実験系はコインセルであるが，各社ごとに細かい条件は異なるので，全体の傾向を見るデータである。NCMはNi/Co/Mnの三元系正極を，NCはNi／Coをそれぞれ示す。またMnとNi単独組成はいずれもアルミなどを入れた安定化組成である。容量はNとNCが高いがこれらは単独で使用されることは少ない。Mは容量的に限界があり高温（～50℃）における劣化が著しい（Al添加で多少は改良されるが）ので，総合的に優れたNCM（NMC）系正極が評価される。Coはレアメタルとしてリサイクルされることが前提であるが，価値の低いNiやMnも単に廃棄することはできないので，Co回収の過程でこれらも同時に回収される方が望ましいと考えられる。なおこの図の数値は，コインセル（ハーフ）による相対評価であり，製品セル（フルセル）における容量を示したデータではない。セル設計における正極材の容量設定は第2章5を参照。

---

* 厳密な不可逆容量（活物質の充放電過程）以外に，電解液の分解，セルの内部の水分の電気分解（1.5Vレベル）など様々な原因による容量低下を含んでいる。実験系コインセルと充放電装置では要因は判別できない。

第3章 原材料の基本特性と性能向上

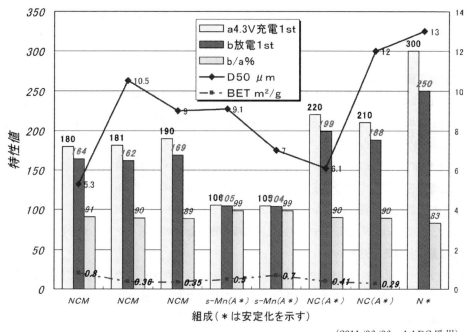

(2011/06/06 AABC 欧州)

図表 3.1.11　最近の高容量正極活物質（各社発表データ）

(5) **新規活物質の特徴と問題**

2009年初頭の段階で，新規な材料（活物質）を使用した「実用電池」の開発状況をまとめた。正極が鉄リン酸リチウム，負極がチタン酸リチウム（LTO）に集約されているのが特徴である。いずれの場合も，放電電圧が低く，極板の充填密度が上がり難いなどの理由で，セルの Ah 容量や Wh 容量は，通常の Li イオン（多くは Mn 系正極，炭素系負極）に比較して，かなり低く，50〜70%相当である。セルの開発は EV や HEV をターゲットにしているので，基礎特性としては高いサイクル特性や高温動作特性を改良点としている。EV や HEV での放電と充電（回生充電を含む）の動的特性（有効エネルギー密度）が高ことをアピールしている。

これらの新しい活物質の量産・供給，価格などは現時点では不明であるが，特許の問題（鉄リン酸リチウム）や原料ソースが限定される（LTO は Li を 6%，Ti を 52%含む）などこれまでの材料とは違った問題が含まれる。

(6) **NMC 三元系正極**

Ni／Mn／Co 三元系正極は充電の電圧（CC, CV の最終電圧）を上げることによって，充電，放電容量をアップすることが可能であり，セルの特性上は極めて望ましい。文献の例では，充電電圧を上げて行くことによって，最大で 200mAh/g（4.6V 充電）の容量（可逆）値が得られており，通常の 4.2V 充電の 133%である。このような高い容量は数サイクルの間は再現されるが，それ以上のサイクルにおいては，主に電解液の電気化学的な分解およびその結果としての正極活

物質上面の不活性化によって，充放電容量は低下する。電解液の分解は第3章6（電解液）の図表3.6.3にモデル的に示すように，ほとんどの実用電解液においては4.5V付近から軽度の分解が始まる。

(7) 高容量正極材の問題点

図表3.1.12は最近の放電容量の向上した正極と，黒鉛系負極と組み合わせた放電容量をAh/kgとWh/kgのプロットで事例を示した。図の左側に2010年レベルの二，三元系正極材の平均レベル150～170mAh／gを，右上に200超～300mAh／gレベルまでの新規開発品の放電容量Wh/kgと放電電圧を示した。データはいずれも工業製品レベルの数値である。新規開発品はいずれも放電電圧，従って充電電圧も高くなっており，Wh（＝A×V×h）値が大きくアップしている。これら高性能材料はエネルギー特性が必要なEV用セルの性能向上とコストダウンに有効である。一方で高い充電電圧（～5.3V）は電解液の電圧耐性の問題をクリアする必要があろう。

(8) 高容量化と高電圧充電

図表3.1.14は正極の高容量化を高電圧充電によって行ったケースである。高Mn比3元系正極材をCC／CV充電　カットオフ3.0Vで評価した結果である。正極材をより高い電圧で充電することによって，充放電容量が増加する現象は，かなり以前から知られていたが，これを実用レベルで製造した材料である。図表3.1.13では横軸に充電電圧を，縦軸に放電容量を示した。図

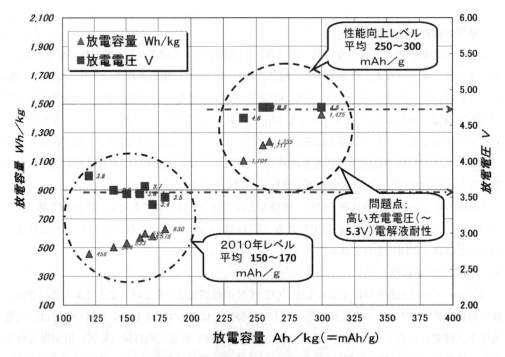

図表3.1.12　正極活物質の放電容量の向上
（黒鉛系負極と組み合わせた標準的な事例）

第3章　原材料の基本特性と性能向上

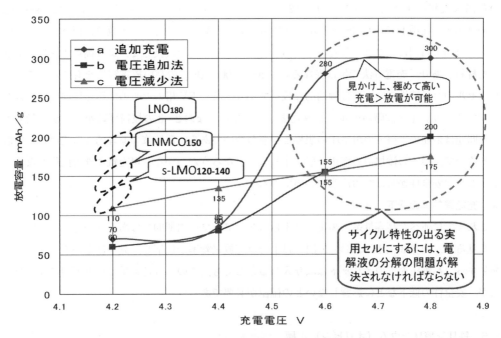

図表3.1.13　正極の高容量化（高電圧充電の効果）
（高Mn比3元系正極材，CC／CV充電　カットオフ3.0V）

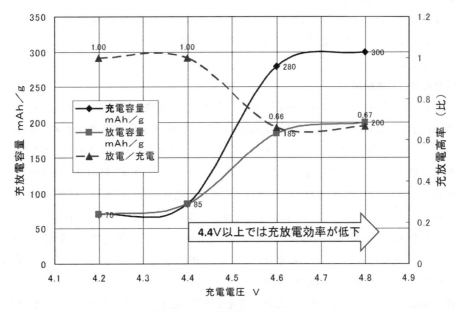

図表3.1.14　高電圧充電の効果　2
（高Mn比3元系正極材，CC／CV充電　カットオフ　3.0V）

の左側は現状の 4.2V 系正極であり，4.2V 充電（4.3V，CV 充電も併用可）において，s-LMO 120〜140，三元系 LNMCO 150〜160，LNO 180 などのレベルである。複数の正極材メーカーのデータを図の右側にプロットした。これらの材料は結晶構造を改良して，より高い電圧に対応させた材料であり，充電方法で値は異なるが，200〜300mAh/g の高い放電容量を有する。この効果はセルの容量特性の向上には画期的な技術であり，特に EV 用のセルの実用化に向けて大きな進歩であろう。生産段階のセルに組み込まれるまでは，なお 2〜3 の技術課題があるが，最も大きな問題は前述の電解液の耐電圧の限界との兼ね合いである。電解液の原理的な解決は難しい面もあるので，種々の添加剤の応用で解決することになろうが，かなり過充電よりの動作となるので，セルの安全性からはなお注意が必要であろう。

(9) 充放電効率の低下

これまでに述べた高容量系，高電圧系正極の容量アップは画期的ではある。一方で詳細にデータを見ると，図表 3.1.14 において 4.4V 以上では充放電効率が低下し，見かけ上の不可逆容量が発生する。高電圧充電のメリットは取り入れるとしても，この不可逆容量で行方不明になった容量が，安全性の低下などに影響しないとの確認が必要であろう。

1.6　鉄リン酸リチウム（オリビン）正極

正極材は NMC 三元系の特性向上と，一方で資源的に最も制約の少ない LFP（オリビン鉄）の実用化が急速に進んでいる。オリジナルは米国特許 US6,514,640（Filed：Dec. 24, 1997）他であるが，化学組成と同時に粒子表面をカーボンコーティングによって導電性を付与した構成である。粒子は先に図表 3.1.6 に示したサブミクロンで比表面積が $10m^2/g$ 以上のナノ物質である。カーボンコーティングは必須の技術であるが，最終焼成を非酸化雰囲気で行うために，生産コストは高くなる。

(1) LFP の特性と電極加工

これまで，国内外の多くのメーカーがその開発とサンプル提供に関わってきたが，活物質としては Postech Lithum/SUD-CHEMIE/Clariant の"Life Power®P2"が大手セルメーカーに供給されている。同時に韓国の LG 化学，日本の三井造船㈱，住友大阪セメント㈱ほかが特許ライセンスを得て開発をおこなっている。過去 5, 6 年にわたって多くの国内外の会社がオリビン鉄正極の開発サンプルを提供してきたが，活物質としては未完成のものが多く，最終的に上述の P2 ほどの特性に至らなかった。この正極による電池（セル）としては，（仏）SAFT／（米）SDD が航空宇宙用途に，SONY ㈱が据置型システムに，IHI ㈱が A123 社製造の電池を消防庁向けに，中国 BYD が自動車用にそれぞれ実績を有している。国内大手電池メーカーも既に開発は終了し，商品化のタイミングを見ている状況である。

特性の詳細を次の図表 3.1.15 に示した。高速充放電，耐熱性およびサイクル特性に優れている。放電電圧が 3.3〜3.4V（黒鉛負極）と低いのが欠点であるが，充電電圧は 4V 以下であるため，電解液へのストレスが少なく，安全性と寿命の面からはメリットとなろう。LFP による電極板

第3章　原材料の基本特性と性能向上

特性／メーカー	A	B	C	D
粒径 D50% μm	1.7	4.1	0.9	3.0
比表面積 m2/g	27	10	15	17
嵩比重 g/cm2	1.75	1.99	1.86	1.76
カーボンコート %	5	0	2.1	1.9
合成方法	固相	噴霧焼成	水熱結晶	固相

注1）何れも粒子系は小さく，比表面積は大きくバルキー（嵩高い）
注2）この為に媒体中（水またはNMP）でも粒子の凝集が強く，分散が困難である

図表3.1.15　LFP（鉄リン酸リチウム）の特性例　2010

の製造は，塗工スラリーの分散性が悪く，固形分濃度も上がり難い。PVDFバインダーの添加量も汎用タイプで10%，高分子タイプで5%程度であり，他の正極材が3%台であることと比較すると不利である。逆にSBR/CMC水系バインダーによる塗工は，表面がカーボンであるためにスムースに行われる。

(2) カーボンコーティング

　図表3.1.15にLFPの特性データを示した。何れも粒子系は小さく，比表面積は大きくバルキー（嵩高い）このために媒体中（水またはNMP）でも粒子の凝集が強く，分散が困難である。合成の方法は固相法，噴霧焼成法，水熱結晶法などがある。カーボンコーティングはカーボン前駆体（有機物質）を含浸させた後に非酸化雰囲気で炭化焼成する方法による。カーボン量は5%程度が上限であるが，コーティング量よりはその分布や導電性能が重要である。LFPのメーカーは現在数社あるが特性はかなり異なっている。工業材料であるので，製品の互換性がある複数のサプライヤーからの購入が望ましい。

(3) LFP正極セルの開発事例

　正極を用いたセルのデータは，(仏)SAFT社，(米)A123社ほかから発表されている。ここでは詳細なデータを発表しているGSYuasa㈱の技報*を参考に紹介する（なお同技報は同社のHPからPDF版が入手可能である）。図表3.1.16にデータの一部をいくつかの項目でまとめた。なお正確には技報のオリジナルを参照願いたい。LFPはいずれもカーボンコーティングがなされた状態で，PVDFバインダーによって電極板を作製し，汎用の電解液とセパレータでセルを構成している。負極は黒鉛系である。充電は3.5V 放電は3.3〜3.2Vであり，LMOの放電3.8V

＊　資料：GS Yuasa Technical Report 2009年12月第5巻第2号，同2008年12月第5巻第2号

事例	正極材	容量Ah セル試作	比容量（単電池）		充電V 放電V	容量保持率*	高温特性**		安全性
			Wh/L	Wh/kg			容量（サイクル）	保存	ハザードEUCAR
事例1（2009）	カーボンコーティング品	25 PVDFバインダー	182	81	充3.5（1CA）放3.3〜3.2（1CA）	99%（5CA）	90%（45℃、1,000C/C）	86%（45℃、8ヶ月）	レベル3（圧壊、過充電20V@1CA）
事例2（2008）	カーボンコーティング品 160mAh/g	4	156	108	充3.5 放3.3	98%（10CA）	96%（45℃、500C/C）	93%（60℃、7日）	—
比較LMO	LMO	4	180	115	充3.8 放3.2	—	75%（45℃500C/C）	83%（60℃、7日）	—

*％表示の数値は0.1CA放電を100%とした値　**サイクルと保存は試験開始前を100%

図表3.1.16　鉄リン酸リチウム正極セル（開発事例）

に比較すると15%ほど低い。この影響で比容量Wh/kgでは低くなっている，なおここで比較に示されているLMO正極の比容量は115Wh/kgであるが，かなり控え目の設計である。5〜10CAにおける容量保持率や高温特性（容量維持率，保全劣化）などは非常に優れた結果である。充電特性はSOCが99%に至るまで定電流／CC充電が可能である，1時間以内に96%まで高速充電ができる。この特性は実用段階の過充電の回避に有効である。25Ahセルについては安全性試験も行われ，EUCARの"レベル3"相当であり，実用上の安全性は確保されている。以上の結果は高度な技術ノウハウを持った電池メーカーの成果であるが。データには現れていないが，負極サイドの材料と設計が十分になされていないと，正極の優れた特性も発揮できない，重要な技術ノウハウであろう。

(4) LFP正極セルの放電容量と放電電圧パターン

図表3.1.17にカーボンコーティングLFP正極／人造黒鉛系負極の4Ah試作セルの特性（25℃）を示した。なお，設計は4Ahであるが多少大きめにできている〜4.3Ah。このセルを0.2C〜最大で20Cまで，条件を変えて放電電圧を測定した。この様なデータ測定の場合，それぞれの放電の前に充電が入るが，この実験は全て0.2Cで行っている*。実験は一つのセルで低レート

＊　充放電共に同じレートで，例えば充電3C，放電3Cで行う方法もあるが，この方法は多少の劣化試験も含まれているので，試験の最後に0.2C程度に戻して，Ah容量の低下を見ておく必要がある。

第3章　原材料の基本特性と性能向上

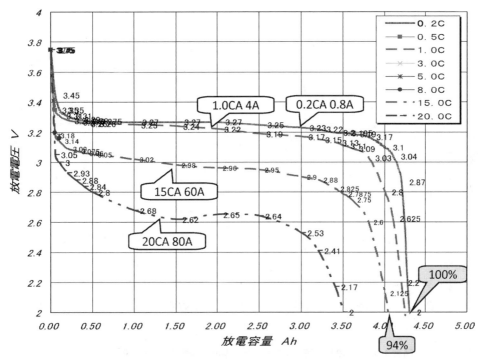

注) 設計は4Ahであるが多少大きめに出来ている〜4.3

図表3.1.17　鉄リン酸リチウム正極（4Ahセル特性　25℃）　放電電圧と容量

から順に行っているが，実験の過程で特にレートが上がった場合は，後のデータは途中経過での劣化も含んだ結果となる。放電電圧は1.0C程度までは3.2Vでありが，レートが上がるに従って低下し15Cで2.9V程度である。15CA放電の容量維持率はかなり高く94%である。

　LFP正極セルの放電電圧は比較的平坦で安定しており，設計容量値に至って急に低下する挙動である。放電初期における急激な電圧ドロップはセルの内部抵抗，特に正極材と集電箔の界面オーミック抵抗が大きいと推定される。カーボンコーティングの場合，最終の熱処理温度は非酸化雰囲気で1,200程度が限度であり，カーボンではあるが非黒鉛の不定形炭素であり，電気伝導性は低い。また，正極粒子の比表面積が先の図表3.1.6にも示したように非常に高く，正極表面積が大きいことによる界面電気二重層の抵抗成分*も累積して大きいと推定される。LFPは基本的には優れた正極材ではあるが，その粒子の電気・物理化学的特性に合わせたセル設計の最適化必要である。さらには電解液や電解質の濃度などの最適化も特性向上に有効であろう。

(5)　**放電容量維持率**

　LFP正極セルデータ例をさらに図表3.1.18に示した。この例は容量維持率をプロットしたサ

＊　成書参照　杉本克久「化学電池の材料化学」アグネ技術センター（2010）

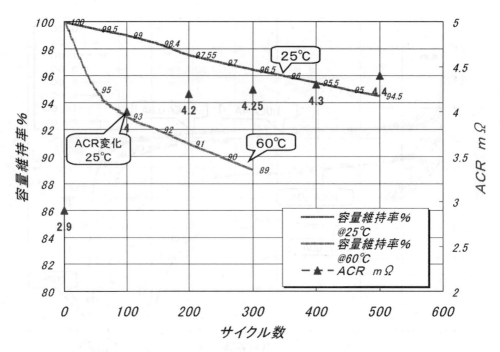

図表 3.1.18 鉄リン酸リチウム正極（4Ah セル特性） 容量維持率（％）

イクル特性であるが，60℃の試験データも同時に示されている。室温に比較して 60℃におけるサイクル劣化は大きいが，LFP 以外の正極特に LMO ではこのレベルに達することも困難であり，LFP の優れた特性を示している。サイクルに伴う内部抵抗（1000kHz ACR）の変化もプロットしたが，カーボンコーティング正極で 4mΩ 台の抵抗は比較的良好なデータではあるが，サイクルの初期 100C／C 以下の過程で内部抵抗が上昇している原因を解明する必要があろう。

第3章　原材料の基本特性と性能向上

2　負極材

2.1　負極材の進歩と容量の拡大

　リチウム電池（一次，二次）の負極は，Li金属（3,860mAh/g）が最も優れていることは言うまでもない。しかしながら，デンドライト発生の問題で二次電池化が頓挫した歴史がある。左記の問題を炭素へのLi$^+$のインターカレントで解決したのがリチウムイオン電池（セル）である。現在の負極材製品は，人造易（ソフト）黒鉛化系，難（ハード）黒鉛化系およびそれらの複合化品あるいは混合配合が主流である。またサイクルと入出力に優れているチタン酸リチウム（LTO）の特性が評価され，製品化に至っている。

　今後の大幅な容量特性のアップ（第1章5技術開発ロードマップ）には，正極，負極いずれにおいても大幅な容量アップが求められている。負極においては酸化物系（SnO_x，SiO_x，600～1,000mAh/g），合金系（例，Si＜＞$Li_{22}Si_5$ 2,000mAh/g）などが実用化されつつある。これら高容量の材料は大量のLi$^+$を内部に取り込むので，充放電に伴う膨張・収縮が極めて大きいので，電極板製造におけるバインダーの改良が必要である。また酸化物系は自己電気伝導性が低いので，炭素コーティングなどの方法で，粒子に導電性の付与が必要であり，工程的にコスト的に負担が大きい。

　個別の問題としては，回生特性重視の微細黒鉛は，高速充放電の特性とサイクル維持のバランスが難しい。さらに電極板の製造における濡れ性や乾燥性が大きく異なる問題がある。

2.2　炭素系負極材

　図表3.2.1に各種の負極材の概念図を諸文献からの引用で示した。正極は化学組成と結晶構造の問題であるが，炭素系負極は化学組成は炭素のみであり，構造的な要因が充放電特性に影響する。構造はリチウムイオンのインターカレーション（充放電）に影響する事項，構造の表面における電位（vs. Li/Li$^+$）および表面における電解液の分解の問題に分けられる。構造は大きく分けて黒鉛系（易黒鉛化（ソフトカーボン））と非黒鉛系（難黒鉛化（ハードカーボン））に別れるが，それらを複合した構造の材料も開発されている。

(1)　炭素系負極材の種類

　図表3.2.3に代表的な炭素系負極材料の特性をまとめた，数値は代表例である。炭素系負極の容量特性は比較的高いので正極に比べて余裕があるが，入出力やサイクル特性は炭素の構造に直接依存する。炭素系負極は化学合成で製造する正極材とは異なり，化学組成は炭素である。天然黒鉛は別として，有機物前駆体（多環芳香族化合物）を炭化する方法が唯一である。炭素製品は"生まれ"（前駆体の特性）と"育ち"（炭化から焼成までの温度と条件）によって特性が決まるといわれる。この辺の技術要素は後の図表3.2.12にまとめたが，製造における環境問題と，高温焼成に伴うエネルギーコストの負担が大きい。

大容量 Li イオン電池の材料技術と市場展望

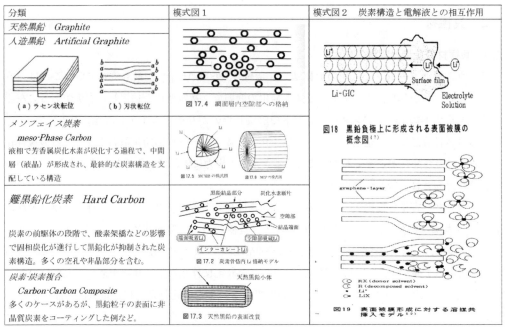

出典：模式図1（芳尾真幸，小沢昭弥　編「リチウムイオン二次電池（第二版）」日刊工業新聞社　2001）
　　　模式図2（小久見善八　監修「最新二次電池材料の技術」CMC出版　1999）

図表3.2.1　炭素系負極の模式図

(2) 原料と電極板（天然黒鉛の例）

図表3.2.2に天然黒鉛の原料（精製原料の塗工前）と電極板表面（塗工，プレス後）のSEMイメージを示した。原料は最大で30μm径の平板状であり，黒鉛構造が発達しているが異方性は強い。これをPVDFバインダー/NMP溶液でスラリー化して塗工，乾燥とプレスを経た電極板の表面を図の右に示した。この電極板はモデル的に作製したものであり，板状黒鉛相互の結着強度が低く，異方性が強いので充放電のレートもサイクル特性も上がり難い。負極は水系塗工への適性が求められるが，この状態の黒鉛はほとんど水には濡れないので，下記の親水化処理も必要である。

天然黒鉛の優れた特性を活かすためには，粒径調整（粉砕と篩別），表面処理（アモルファス層形成）やハードカーボンとの混合で電極密度を上げる必要がある。しかしながら，天然黒鉛のメリットはなによりも安価なことであり，左記の二次加工のコストを付加することが妥当か否かは難しいところであろう。

(3) 不可逆容量の原因と対策

図表3.2.4に炭素系負極の不可逆容量を文献＊からの引用で示した。図に示されているので説

＊　水田進　脇原将考（編）固体電気化学［実験法入門］講談社サイエンティフィク（2001）

第3章 原材料の基本特性と性能向上

図表 3.2.2 天然黒鉛（精製）原料と電極板表面

分類	結晶性 真比重g/ml	放電容量 mAh/g	不可逆容量 %初充電時	膨張収縮% （インターカレーション）	電気伝導性
天然黒鉛	2.25	340 (**372 LiC$_6$**)	5	3	高（異方性）
人造黒鉛	2.23				
メソ構造 (MCMB)	2.07 (**1500℃品**)		<10	(0) データ無し	中（等方性）
難黒鉛化品 (ハードC)	1.52	450	10～15	～0 測定方法？	低
炭素-炭素複合 (表面コーティングなど)	*	～340 黒鉛コア	5	<3 粒子モルフォロジー依存	高～中
コメント	S-LMOなど正極の1/2の重さ	容量的には余裕がある	%の大きい負極の単独使用は困難	>3,000サイクル寿命に影響	カーボンブラックの添加で導電性補強
LTO比較	3.9	170	0	0	無

図表 3.2.3 炭素系負極材の多様性（数値は代表例）

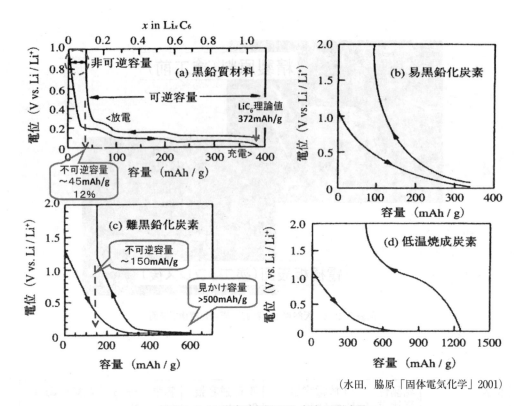

図表 3.2.4　炭素系負極の不（非）可逆容量

明は省くが，初充電における難黒鉛化炭素の不可逆容量が高いことが判る。

　図表3.2.5に不可逆容量の原因と結果（炭素系負極側）に関する事項をまとめた。この内で導電剤に関する問題はごく一部ではあるが，大表面積の導電剤の不整炭素面へのLiイオン吸着は非常に大きな不可逆容量の原因となる。例えば代表的なリチウムイオン電池（セル）用カーボンブラックであるTIMCAL社のC_{45}とC_{65}は，それぞれ45，65m^2/gの比表面積を有している。不可逆容量の値はセルの構成によるのでデータが発表されてはいないが，比表面積に比例して大きいと推定される。カーボンブラックに由来する不可逆容量は，図表3.2.5に示した種々の原因による不可逆容量と測定上の区別が付きがたく，セルの容量データが設計から外れてくるなどの現象として現れてくる。多量の導電剤の配合による上記の現象は，配合量を減らす以外に方法がないので，後の図表3.3.1に示す正極材との混合のケースでも，添加量が6～8％を上回るようであれば，別の方法で電極板の電導性を改良する方法を取るべきであろう。

(4)　放電電圧のプロファイル

　多少教科書的な内容も含んでいるが，図表3.2.6に異なる2種類の負極の放電容量と電圧の変化を電気化学便覧第5版からの引用で示した。現在では難黒鉛化系（ハードカーボン）～100％の負極設計は見られないので，特性の調整のためにハードカーボンを黒鉛系負極に混合しても，

第3章　原材料の基本特性と性能向上

原因		不可逆容量	対策
充電	放電		
黒鉛層内へのインターカレート（黒鉛系）に伴う膨張〜3%	脱インターカレートに伴う収縮（正極側はヤンテーラー歪み発生を避けた範囲で充放電されるとして）	理論値＝0 実用値〜10%（電気化学的な平衡と速度のバランス）JISC8711、5時間率で実用評価。ハイレートほど見かけ上の不可逆容量は増大	
		長期サイクル劣化	原理的に不可避
不整炭素面へのLiイオン吸着（非黒鉛系）	Liイオンの不動化	観測値20〜40%	原理的には不可避であるが、炭素構造の制御で低減へ
不整炭素面へのLiイオン吸着（大表面積導電剤）	Liイオンの不動化 （不可逆容量とは言えない／セルの劣化）	観測値〜50%	導電剤（アセチレンブラックなど）の選定と配合量のコントロール
電解液の分解（正極表面）正常範囲は<4.3V＊	電解液の分解（負極表面）正常範囲は>2.7V＊	サイクル劣化も含め〜30%（実用電池にはならない）	非PCのEC系電解液負極表面SEIの形成（VCの添加など）
負極表面へのMnの沈積など	LMOからMnの溶出（>45℃）	サイクル劣化も含め〜30%（実用電池にはならない）	LMOの改質、Alなど異種元素導入

図表3.2.5　不可逆容量の原因と結果（炭素系負極側）

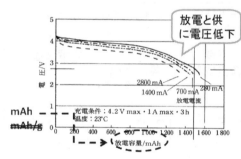

› 左記のデータは正極の仕様が不明であるので、"セル"としての特性を示したものでは無く、負極の差による放電電圧のプロファイルを示している。

› また、放電容量（図横軸）は正極への充電が前提であり、この上下図の比較で黒鉛系（下図）が放電容量に優れているとは言えない（この種の誤解は多い）

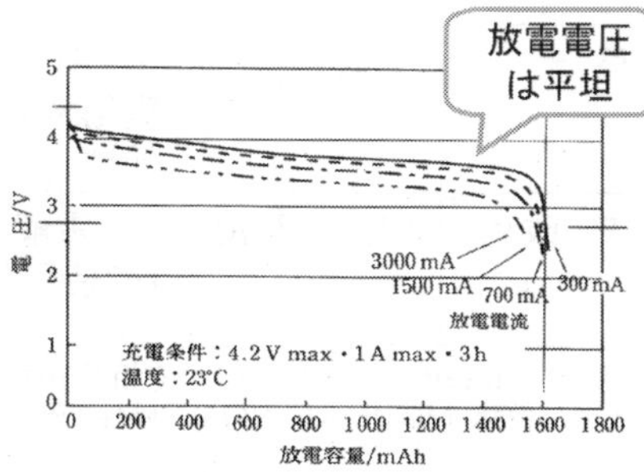

› 上下図供に、実線が0.2C放電、2点鎖線が約2C放電であり、この範囲では両者にそれほど大きな放電特性の差（ハイレートでの放電電圧の低下など）は見られない。

› 横軸はカットオフ電圧（約2.7V）に於けるmAh容量＊がSOC=100%となる（＊注；新品セルでサイクル劣化の無い状態で）。

（出典；電気化学便覧第五版）

図表3.2.6　負極材料　黒鉛系と難黒鉛化系

放電プロファイルは図（下）のように平坦になる。

2.3 負極材の特性

図表3.2.7に炭素系負極材の充放電に関係する事項を示した。なお，A，Bなどの評価は大まかな分類である。負極の放電容量は先の第2章5の「セル設計」でも述べたように，比較的余裕があり大きいに越したことはないが，設計上の大きなポイントではない。レート特性（高速充放電）やサイクル特性はかなり多様であり，黒鉛系と非黒鉛系のメリット/デメリットを相互補完で使用するセル設計が一般的である。MCMBは両者の中間特性で優位性がある。安全性は充電状態でLi化された状態における電解液との反応の問題が背景にあり，次の項で説明する。

(1) 炭素系負極の原料，容量と電位

炭素系の負極は炭素前駆体の化学組成や最終的な熱処理温度によって，負極としての充放電容量が異なることはよく知られている。前駆体がヘテロ原子（O，N，S）が少ないⒶ芳香族炭化水素の場合は"易黒鉛化"素材として，人造黒鉛系の負極材料になる。難黒鉛化材（ハードカーボン）は，セルロースなどのⒷ天然物由来の材料や，Ⓒ石油系重質油を酸化不融化処理を行って後に炭化した炭素である。Ⓐは熱処理温度に応じて黒鉛化が進行し，2000～2500℃に至ると，真比重2.26g/cm^{3}の黒鉛に迫る構造となる。Ⓑ，Ⓒは初期の炭化の過程（600℃前後）が固相炭化であり，多環芳香族構造が発達し難いので，その後の熱処理温度を高くしても黒鉛化は進行せず

分類	結晶性 真比重g/ml	放電容量 mAh/g	レート特性 高速充放電	サイクル特性	還元反応
天然黒鉛	2.25	340 mAh/g （372 LiC$_6$）	B 不良 （粒径依存）	B 不良 （電解液の分解、膨張収縮による劣化）	電解液還元 要 SEI層
人造黒鉛	2.23				
メソ構造 （MCMB） 製造中止	2.07 （1500℃品）	焼成温度依存、 商品化；320 mAh/g (2,200℃)	A-B 良	A 良	小 PC可
難黒鉛化品 （ハードC）	1.52	～450（単独使用は希、配合使用）	A 良	A 良	小 PC可、実用域で還元性
炭素-炭素複合 （表面コーティングなど）	コア材に依存する	～340mAh/g 黒鉛コア	A-B 改良	A-B 改良	小 電解液にPC使用可能
コメント	嵩比重は1.0-1.5	正極の2倍程度あり、容量設計には余裕がある	黒鉛系と非黒鉛系のメリット／デメリットを相互補完で使用するセル設計、MCMBは両者の中間特性で優位。		
LTOとの比較	3.9	170 mAh/g	AA 良	AA 良	無

図表3.2.7 炭素系負極材と充放電関係の特性

第3章 原材料の基本特性と性能向上

に，真比重は 2.20g/cm^3 が上限である。ⒶとⒸの中間的な材料として，MCMB（メソカーボンマイクロビーズ[*1]）やMCF（メソフェース炭素繊維[*2]）などがあり，いずれも高性能の負極材料として実用化されてきた。

炭素系負極は完全にLiイオンがインターカレートした状態（Fully Lithinated）においては0V（vs.Li/Li$^+$）であり，実験的にはLiメタルを対極とするセルを組んで充電量mAhに対する電圧プロットから，0Vとなった時点を充電容量（X mAh/g）とする。放電は0Vから開始して，徐々に電圧が上昇し1.5～2.0V付近に達した時点を（Y mAh/g）とすると，放電容量は（$X-Y$）となる。Yは0 mAhにならないことが多く，不可逆容量に相当する。この測定はコインセルなどで0.5mA/cm^2 程度の電流密度で，電解液（質）はLiPF$_6$／カーボネート系など，実用リチウムイオンセルに近い条件が取られるが，過塩素酸Li／アセトニトリル電解液などの系で測定しても原理的には同じデータが得られる。

(2) 負極の電位とセルの動作

充電状態の負極がほぼ0Vに達すことは，セルの動作と安全性に関して重要な影響がある。0Vの負極は電解液を分解するので，VCなどの添加物によって負極表面に"SEI"を形成して，セルの安定な充放電サイクルを確保することは実用セルにおいては一般的に行われている。実際のセルにおいては，負極の容量は正極よりも大きく設定されており，満充電（SOC100%）に達して，正極が全てのLiを放出しても，それを全て受け容れてなお余裕がある程度，例えばA/C＝1.1（10%多く）程度になっている。従って，負極の電位は先に述べた0Vになることは少なく，A/C＝1.1とすれば，上記のXの90%相当のmAh容量で停止し，そこから折り返して放電することとなる。即ち$0.9X$容量における負極電位がサイクル特性や安全性に実際的な影響がある。

図表3.2.8の$0.9X$容量における電位は組成や熱処理温度の異なる負極の容量と，充電過程の$0.9X$容量と，放電過程の$0.1X$容量における電位を示したもので，上記のA/C＝1.1を想定したポイントである。いずれの負極も完全にLi化されれば0Vの電位になっているが，左記の$0.9X$と$0.1X$ポイントにおける電位は，材料によってかなり異なった挙動を示している。図はデータを$0.9X$容量における電位値の順に示したものであるが。いわゆる難黒鉛材料が0.01V程度の低い電位を示す。一方で熱処理温度が3,000℃レベルの黒鉛系は0.05～0.1Vを示し，メソカーボン系は両者の中間的な値となる。これらの現象は，Li挿入のステージモデルで説明されるが詳細は成書[*3]を参照されたい。

(3) 電解液との反応と安全性

高容量の難黒鉛化炭素が，$0.9X$容量においてリチウム金属析出電位に近く，黒鉛構造の発達したグラファイトがむしろ高い電位にあることは実用上も重要である。負極のLi受け入れが不

[*1] 嘉数隆敬（大阪ガス）マテリアルインテグレーション　Vol.12　No.3（1999）
[*2] 高見則雄　大崎隆久（東芝）東芝レビュー　Vol.51　No.10（1996）
[*3] 小久見善八編　リチウム二次電池，p114 オーム社（2011年）

大容量Liイオン電池の材料技術と市場展望

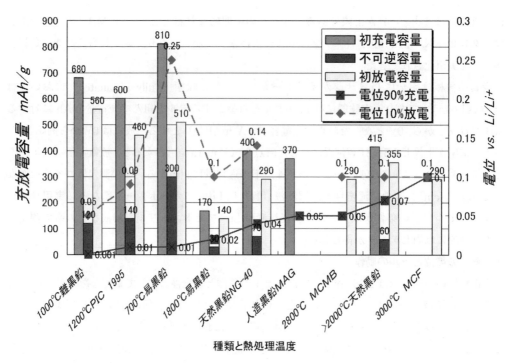

図表3.2.8 炭素系負極の容量と電位

均等になりがちな高速充電の状態や、満充電状態におけるセルの劣化（保存劣化）や各種の安全性試験（原則としてSOC100％で実施）においては、難黒鉛化炭素がマイナスの作用を起こす可能性が高い。左記の問題は負極電位の値だけで判断はできない。0V近傍までLi化した各種の負極と電解液との反応熱を、走査熱量計DSCで測定で比較する方法が取られている。

(4) 負極材の粒径と比表面積

図表3.2.9に種々の負極材の粒系（D_{50}）μmと比表面積（BET法）をプロットし、粒子のSEM図を併せて示した。正極負極ともにリチウムイオンの粒子内移動は速い方が望ましく、粒径の大きさが最も影響する。高速充放電を求めると粒径は小さくなり、その結果として比表面積は増大する（図の左上方向への変化）。その結果として活物質の塗工スラリーの固形分濃度が低下するなどの製造工程上の不都合が多々生じる。正極と異なり炭素系負極の場合は化学合成ではないので、粒径調整は固相炭化でできた固まりを粉砕して粒径を調整することが基本である。なお、メソカーボン（MCMB）や炭素繊維状負極では液相の前駆体の段階で粒度調整も可能であったが、現在は生産を中止している。

この比表面積の問題は先に正極の項で述べた、塗工スラリーの固形分濃度の問題があるが、負極材の場合はそれ以上に表面特性（濡れ性や乾燥性）の問題が大きい。図に示した回生充電対応の5μm黒鉛は比表面積も高いが、濡れ性に乏しく水系塗工が困難であった。この問題は後にも

第3章 原材料の基本特性と性能向上

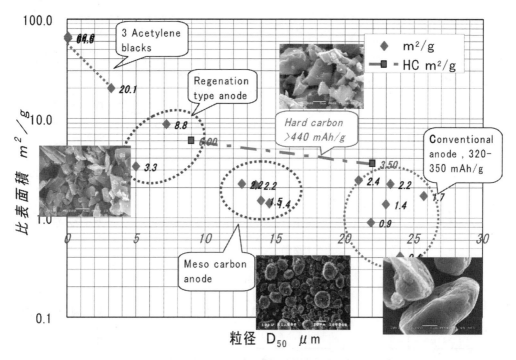

図表3.2.9 炭素系負極材の粒径と比表面積

扱うが，表面にアモルファス層を形成するなどの複合化で，総合的な特性を改良している。さらに比表面積の大きいのは導電剤であるアセチレンブラックなどであるが，これに関しては不可逆容量との関係で後に扱う。

2.4 新しい負極材の開発と特性

(1) 開発事例

図表3.2.10に2，3の開発事例を示した。いずれもEV用の大型セルをターゲットにして開発し，回生特性を含めてオールマイティーな特性を狙っている。コアが人造黒鉛で表面をアモルファス化した複合系などが主流である。活物質販売の全体的な傾向として，カスタマーグレード（特定顧客向け）と汎用グレードに二分化する傾向がある。前者の方が性能的に優れていると言えるが，複数のメーカーの汎用グレードを使いこなす方法もあろう。

(2) 合金系負極セルの製品化

セルの容量は正極材に依存し，負極は比較的余裕があるのでA/C比を定めて追従する設計であることを先に述べた。中大型セルの場合は，負極材の大幅な容量増加は不要である。ここで図表3.2.11に示した開発は，容積の定まった18650円筒サイズの事例である。一定の容積中に可能な限り大きなAh容量を実現するためには，正極極ともに大幅な容量増加が必要である。この例では正極は最も容量の高いニッケル系正極である。これに応じて，負極もいわゆる合金系のも

グレード	メーカー	タイプ	容量 mAh/g	特性
ENG－A1	JFEケミカル	人造黒鉛系	電池(セル)の放電容量は正極支配なので、負極材の容量の絶対値はそれほど重要では無い。人造黒鉛系であれば340mAh/g程度は出る	汎用、ハイレート、サイクル寿命[*2]
Gramma90	大阪ガスケミカル	ハードカーボンと黒鉛の中間組成		同上＋高容量[*1]
SCMG－AR	昭和電工	高温処理3200℃人造黒鉛	>330	15μmタイプ ハイレート10C 23μmタイプ ハイレート
MAG SMG	日立化成	楕円状の粒子形状を複合、高速Li移動 黒鉛表面に均質なハード炭素層を形成	370	サイクル特性
SiO／MAG HYBRID		Si 11〜15%	450	高容量(サブミクロンSiO) サイクル特性

[*1] ハードカーボン HC を添加しなくても容量は出る　[*2] HC を 15％程度添加して

図表 3.2.10　新規な人造黒鉛系負極

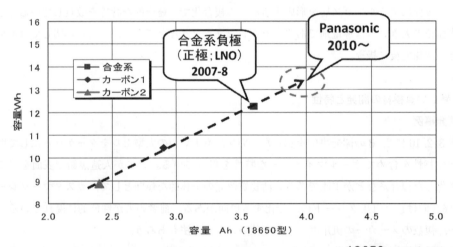

負極	正極	充電V	終止V	放電V	容量mAh	容量Wh
合金系	ニッケル系	4.2	2.0	3.4	3,600	12.2
カーボン1	ニッケル系	4.2	2.5	3.6	2,900	10.4
カーボン2	コバルト系	4.2	3.0	3.7	2,400	8.9

定格電圧

図表 3.2.11　合金系負極 "18650型" セルの製品化例（松下電池工業（株））

第3章　原材料の基本特性と性能向上

極	組成	原料	合成炭化	焼成（結晶化）	造粒分級	製造工程でネックとなる部分（問題は少ないが要注意）	製造コストでネックとなる部分
負極	人造黒鉛系	高純度コークス		＞2,000℃	粉砕、分級	高温焼成における酸素遮断	エネルギーコスト（電気エネルギー）
	難黒鉛化系 CT-P	エチレンタール	液相炭化、酸化不融化	Max 1500℃	粉砕、分級	不純物精製、ハロゲンフリー化	タール状廃棄物の処理、ガス
	液相炭化系 MCMB	ハイアロマ炭化水素	球晶化と溶剤抽出接着	＞2,200℃	−（不要）微粉除去	球晶の溶剤抽出、炭化焼成炉と処理速度	原材料コールタール類の安定供給
	炭素／炭素複合系	人造黒鉛	CVDなど	複合化は1000℃レベル	−（不要）微粉除去	−（粉体の焼成炉システム）	−（原料の人造黒鉛のコスト）
	新規（酸化物系、合金系）	Sn, Si 酸化物	−（純度）	−	−	CDVなどによる導電性付与	CVDのエネルギーコスト
	LTO	酸化チタン 炭酸Li		900℃レベル	噴霧焼成（分級不要）	−（酸化チタン供給源）	Liコスト　％ 導電化処理CC
正極	単成分固相合成系	高純度原料炭酸塩、酸化物			粉砕分級	固相の加熱と均一化、炉材のコンタミ	高純度
	多元系液相合成系	炭酸Li Ni塩、Co塩、Mn塩	硝酸など溶液		噴霧焼成分級不要	噴霧造粒炉、連続焼成炉装置コストとエネルギーコスト	Li塩、Co塩、Ni塩

図表3.2.12　炭素系負極の開発と製造

のを採用している。結果として円筒で3.6Ahを実現しており、さらに4Ahも可能であると示されている。この場合は正負極ともに、電極板製造に相当の技術ノウハウが必要な組合せであり、その成果が大型セルに応用されることを期待する。

(3) 負極材製造における諸問題

活物質の製造、特に炭素系は、大量の粒子状物質を1,000～2,000℃レベルの温度で炭化・焼成するプロセスは多くのプロセス上の困難を伴う。列記すれば、

①耐熱容器（ルツボ）とサイズ
②熱源（燃焼炉は温度や酸化性雰囲気の問題で使用し難い、電気加熱となる）
③酸素の遮断（酸化と火災防止）
④昇温と冷却の時間ロス
⑤副生する多環芳香族物質やオフガスの処理

負極に例を取っても、リチウムイオン電池の負極材料は、製鋼やアルミ電解用の大型炭素電極（棒）の生産規模に比較すれば、今後の増加は望めるとしても2桁以下の規模である。粗原料を左記の電極棒と同じ高純度コークスに求めることが合理的であり、リチウムイオン電池用途の規模では、粗原料から炭化・焼成までのプロセスを維持することは採算が合わないであろう。従って、炭素系負極は、モーターブラシや各種炭素製品（炭素繊維、活性炭、摺動材など）のメーカー

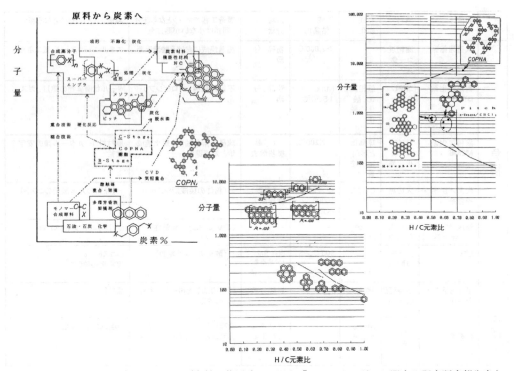

(資料：菅原秀一，ほか「ニューカーボンに関する調査研究報告書」，
平成2年5月，ニューカーボンフォーラム（炭素協会））

図表3.2.13　有機原料から炭素へのルート

の中で，連産品の様な形態で生産しなければ，設備コストもエネルギーコストも維持できにくい。

図表3.2.13は極めて一般論であるが，炭素系材料を生産する場合の流れを示した。種々の有機化合物を炭化してカーボンにする過程は，炭化収率を高く維持する技術と，黒鉛化を進めるエネルギーコストの戦いである。石炭は地球が大きなエネルギーを与えて創った多環芳香族の塊であり，コールタールピッチはそのステップである。石油系ピッチから炭素材料や炭素繊維を製造する場合はまさに上記の問題の連続である。

2.5　チタン酸リチウム（LTO）負極材

(1) LTOの充放電

チタン酸リチウム（LTO）は過去に一次電池の正極にも使用された活物質である。リチウムイオン電池（セル）においては唯一のLi塩負極材として，そのユニークな特徴が注目され，2,3の製品化もなされている。充放電反応を正極LMO，負極LTOを例にして示すと，

正極　$Li_1Mn_2O_4$　　　　　　充電＞　＜放電　　$Li_{1-x}Mn_2O_4 + xLi^+ + xe^-$

負極　$Li_4Ti_5O_{12} + xLi^+ + xe^-$　　充電＞　＜放電　　$Li_{4+x} + Ti_5O_{12}$

第3章 原材料の基本特性と性能向上

この充電過程でTiの原子価はIVから（IV—X）に変化し，IV価では電気伝導性がなかった状態から脱する。この過程はセルの初充電で起こる現象であるが，初充電を行うためには導電剤を混合して伝導性を確保する必要がある。最大の特徴はLiイオンの移動速度と，充放電に伴う構造劣化が少ない点である。高速充放電は幅広いSOCにおけるパワー特性のレベルアップと，短時間充電のメリットがあり，HEVやPHEVには適合し易い。一方で作動電位が炭素よりも高こ（ママ）とが，セル電圧の低下となり，Wh容量の大幅な低下となる。従ってエネルギー特性重視のEV用途には不向きである。いずれの場合も大幅なサイクル特性の増加が可能であり，電池を交換しないで使えるメリットは大きい。LTOの動作電位が高いことによるメリットは，Liメタル電位における電解液の還元を回避して安全性に寄与する。

(2) **LTOセルの設計**

負極集電箔に銅ではなくアルミ箔が使用可能（第4章1）なことは，セルの軽量化とコスト低減に大きな効果が期待される。LTOはそれ自体は電気伝導性の乏しい物質であり，初充電を経た後のTi価数の変化に至るまでは，何らかの導電付与が必要である。カーボンコーティングあるいは大量の導電剤（カーボンブラック）の併用が有効であるが，重量効率の低下と不可逆容量の増大を招く。

LTO負極材は開発の歴史が浅いために，セル設計における扱いが定まっていない部分が多い。単に炭素系負極材と充放電容量で換算して置き換えても，容量の大きな炭素系（340mAh/g）に比べて170mAh/g前後のLTOは重量が倍になる。組み合わせる正極の選択や，電解液のガス化防止など，炭素系とは別の設計方法が必要である。

(3) **LTO負極のエネルギー密度と相対比較**

LTO負極は対Li電位が約1.5Vと高いので，セルの端子で電圧（正極電位－負極電位）は低くなる。この問題に関して，活物質のmAh/g容量だけで試算した例を図表3.2.14に示した。実用セルにおける設計マージンなどは考慮していない単純比較である。図には黒鉛系負極との比較で示したが，53％前後の差でLTOセルはエネルギー密度が低くなる。

(4) **カーボンコーティングLTOと容量**

電気伝導性に乏しいLTOは粒子をカーボンコーティングその他の方法で，あらかじめ導電性を付与する方法で特性が大きく向上する。図表3.2.15はカーボンコーティングしたLTOの充放電容量値である。10Cの放電で比較すると，非コーティング品は放電容量が大きく低下するが，コーティング品は高い容量を維持している。この様な特性は同時にLTOの粒径に大きく依存する。LTOは炭素負極とは異なり，合成系のLi塩であり，先に正極材の合成（第3章1.4）で説明した噴霧造粒による一次／二次の複合顆粒が製造可能である。サブミクロンの一次粒子を持つ顆粒にカーボンコーティングした方が特性が向上する。

(5) **負極規制とセルの充放電**

セルの充放電の挙動を図表3.2.16に示した。図の左は充電過程の正負各極の電位と端子電圧，右は放電過程における変化である。説明は図中にあるので省略するが，LTOによる"負極規制"

大容量 Li イオン電池の材料技術と市場展望

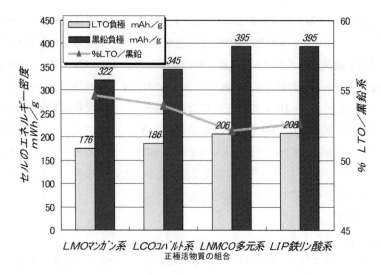

図表 3.2.14　LTO 負極セルのエネルギー密度比較

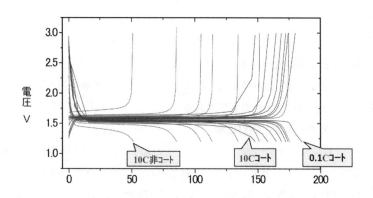

図表 3.2.15　カーボン・コーティング LTO の容量とレート特性
10C で 150mAh/g の放電容量（放電電圧は正極材により異なる）

でセルを設計する方が，充放電における正極電位の上昇を抑え，電解液へのストレス回避と安全性向上につながる。

(6) **各社の LTO 負極セル**

　図表 3.2.17 に国内の東芝㈱と GS Yuasa ㈱の製品および試作段階の LTO 負極セルの特性を示した。電圧が低いことから比容量は上がらないが，パワー特性は高く設計できる下地がある。このような特性から，容量本位の EV には不向きで HEV や PHEV 用であると考えられているが，EV の充電インフラが整備されれば，短時間で充電できるメリットを活かすことも可能である。

152

第3章 原材料の基本特性と性能向上

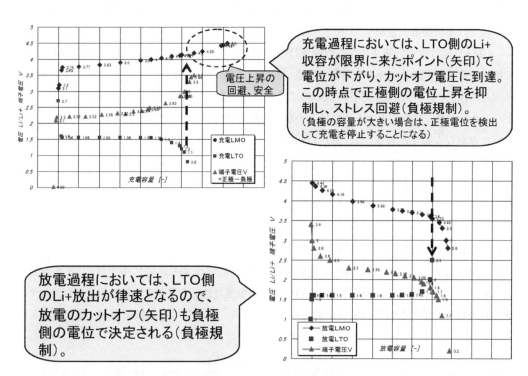

図表3.2.16 LMO正極／LTO負極セルの充放電過程 （容量比　正極：負極＝1.0：0.9）

メーカー	用途分野	放電容量 Ah	放電電圧 V	正極材（推定を含む）	W/Kg パワー特性	比容量 Wh/Kg	比容量 Wh/L
東芝 SCiB (R)	EV (4/2009)	20セル	2.4セル	(Co/Mn/Ni)三元系	1,000	100	NA
	HEV	3セル	2.4セル	NA	3,900	NA	NA
	アシスト自転車 (12/2007)	4.2	2.4	Co系	NA	67〜87	132
GS Yuasa Toughion (R) タフィオン	汎用	0.52	2.1	(Co/Mn/Ni)三元系	NA	55	126

出典：1. 東芝レビュー　Vol.63 No.2 (2008)
　　　2. GS Yuasa Technical Report 2007年6月　第4巻第1号

図表3.2.17 各社のLTO負極セルの特性

安全性に関しては，LTO自体の負極電位が約1.5Vと高いので，炭素系負極の0V（Li/Li$^+$）付近における電解液の分解やLiメタルの析出の問題は解消され，大きな安全上の懸念はなくなる。LTO負極特有の分解ガス発生の問題は，正極材との組み合わせるセル設計の技術ノウハウで解決する必要がある。セルの圧壊や破壊（事故や過酷試験）時における内部短絡による危険性に関しては，LTOの電気伝導性が低いので，相対的に安全性が高いといわれている。しかしながらセルのパワー特性向上のためには，かなりの導電性向上をカーボンコーティングや導電剤の併用などを行う必要があるので，LTO自体の電気伝導性が低いことが安全性と直接は関係しないと考えられる。

なおLTOの特徴は優れたサイクル特性と入出力特性の高さにあり，詳細は文献*を参照願いたい。

2.6　正負極材の役割，特性と安全性

これまでに扱った正極と負極の問題を図表3.2.18にまとめた。先に第1章5「技術開発のロードマップ」などは，この表の充放電特性，二次電池特性とそれらを電極板製造で可能とする活物質の物理化学的な性質の実現が求められるであろう。現在の電極板製造が"湿式塗工"を

活物質		充放電特性			二次電池特性		物理化学特性	
	技術動向	充電	回生充電	放電	サイクル	C・レート	電子電導	親水性、疎水性
正極材	二元三元など多元化	Li$^+$の放出	同左＋高速反応	Li$^+$の収納	結晶構造の維持	微粒子化(vs.塗工性)	要付与(LFP)、向上(Mn系)	耐水性、塗工次親水、セル内で疎水性(バランス調整)
	高電圧充電による高容量化	粒系の微細化、1,2次複合粒子化			(要；電解液の耐電圧改良)	結晶構造と粒系依存		
負極材	炭素系負極材	Li$^+$の収納	同左＋高速反応	Li$^+$の放出	層間構造の維持	微粒子化(vs.塗工性)	導電性付与(LTO、酸化物系、合金系)	
		粒系の微細化(高速化)、表面変性(アモルファス化など)			Li化状態での安定性	表面ハード化、複合化		
	新規負極酸化物系、合金系LTO系	炭素系の一桁上の容量 電圧低下の抑制(対Li電位が高い) (材料の量産技術確立、セル試作による技術蓄積、安全性への見通し)			>5,000 LTO 多くの未解決課題	>10C LTO 多くの未解決課題		

図表3.2.18　正，負極の役割と期待される特性

＊　森山斉昭　チタン系材料「リチウムイオン電池の部材開発と用途別応用」シーエムシー出版（2011）

第3章　原材料の基本特性と性能向上

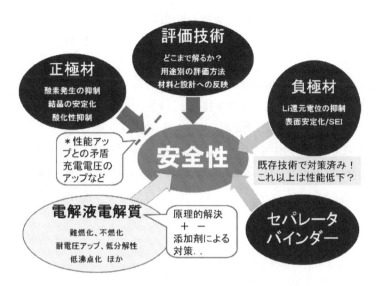

図表3.2.19　リチウムイオン電池（セル）の安全性と正負材その他との関係

ベースとしていることは，本来のセルの特性とは無用な特性を活物質粒子に求める結果となっている。乾式プロセスが電極板製造に応用可能か否かは，エネルギーデバイスがmAh/gの重量で電気容量が確保されることから，大幅なブレークスルーがないと不可能であろう。

本章でリチウムイオン電池（セル）の安全性の技術内容には及ばないが，図表3.2.19に安全性に関する技術要素を模式的に示した。電池の安全性試験の判断が"発火，破裂"などであり，可燃性の電解液の問題解決が大きな重みを持つが，正極負極などの材料は性能維持の役割が第一であり，安全性だけを重視することは現実的ではない。材料だけではなく，安全性の評価技術，用途別の評価方法，材料と設計への反映など多くの問題解決が必要とされている。

2.7　活物質関連の文献資料

（総説）

正負極材に関する総説は多いが，理論的に統一の取れた下記が推奨される。

1) Naoaki Kumagai etal,「Material chemistry in lithium batteries 2002」, Research Signpost（India）
2) 熊谷直昭，リチウム二次電池用正極，電気化学，62, No. 11, 1018（1994）

（電池メーカー技報）

実用セル設計の観点から書かれており，データの信頼性も高い，下記の2社以外にも「技報」は多いので参照願いたい。

3) 井町，中根，生川「リチウムイオン電池用スピネル型マンガン酸リチウム正極」，SANYO TECHNICAL REVIEW, 34, No.1, JUN. 2002

4) 鈴木勲　et.al「カーボン担持LiFePO$_4$正極の適用による大型リチウムイオン電池の安全性および高率放電性能の向上」，GS Yuasa Technical Report., 20-25, 2009年12月，第6巻第2ほか

(成書) リチウムイオン電池全体に関する比較的新しい書籍
5) 杉本克久「化学電池の材料化学」アグネ技術センター (2010)
6) 小久見善八 (編集)「リチウム二次電池」オーム社 (2008)
7) 水田進, 脇原将考 (編) 固体電気化学 (実験法入門)」講談社サイエンティフィック (2001)
8) Kazunori Ozawa (Editor)「Lithium Ion Rechargeable batteries」WILERY-VCH (2009)

第3章　原材料の基本特性と性能向上

3　導電剤

3.1　導電剤の概要

(1) 基本機能

導電剤（粉体）は正・負極の活物質（粉体）相互と，集電箔と活物質の間の電気伝導を分担する。その模式図は先の図表1.1.2に示したように，活物質層の内部と正負両電極の大きな面積で機能することが求められている。

(2) 添加と粉体加工

導電剤は例外なくアセチレンブラックなどの炭素微粉末であり，活物質に単純に混合することで，ほとんどその機能は発揮されるが，さらにセルの高い性能を求めるためには種々の"最適化"が必要となる。添加量は3〜9%であるが，表面積が非常に大きな物質であり，その分散方法や活物質との配合方法（粉体加工）は，電極板の特性を左右する重要な技術である。

(3) 導電以外の作用

リチウムイオン電池（セル）用の導電剤はいくつかの基礎研究や，専用グレードの開発もあるが，その特性や基本的な事項は意外と知られていない。負極材と同じ層状構造の炭素であり，セルの充放電に無関係ではないが，導電以外の作用は望ましくはない。導電剤の電気化学的な挙動はほとんど知られていない。

(4) 新たな技術課題

導電剤の応用技術として，電気伝導性に乏しいLFP（正極）やLTO（負極）を使用する場合と，さらにより高速の充放電を達成するための電気伝導性の向上などが，今後の技術課題である。前者は粒子表面にカーボンコーティングされている状態での導電剤の作用（併用），後者は繊維状の導電剤や集電箔の表面処理の技術で対応する方向である。

3.2　正極における導電剤の添加効果

図表3.3.1に正極における導電剤の添加効果（単純乾燥混合）を概念図として示した。炭素系負極の場合はそれ自体の電気伝導性が高いので，導電剤の添加量も少ないが，正極材，特にマンガン系はそれ自体の導電性が低いので，相当に導電剤の添加が必要となる。コバルト系LCOやニッケル系LNOは相対的に導電剤の添加は少なくて済むが，集電箔との導電維持のためには数%の添加は必要である。図では単純乾燥混合（プレス）の状態における抵抗Ωcmで示したが，最終的には塗工・乾燥とプレスの完了した電極板の電気抵抗測定が望ましい。初充電の完了したセルの内部抵抗でも測定はできるが，他の電気化学的な因子が入って来るので。導電剤の過剰添加は（図の右）添加量の割には抵抗が低下せずに，不可逆容量だけが増加する結果となる。

3.3　導電剤の機能と配合

図表3.3.2に導電剤の機能と配合として，正極剤と負極材の最近のバリエーションの中で，導

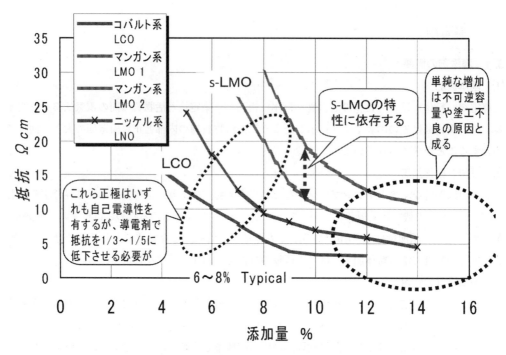

図表3.3.1 正極における導電剤の添加効果(単純乾燥混合)

電剤との関係でいくつかのポイントを整理した。リチウムイオン電池(セル)の電極板製造の過程で，最も内容が把握できにくいのが，
　①導電剤と正負極活物質との関係
　②正負極活物質が導電剤と複合した(上記①)の状態における集電箔との関係
である。いずれも微粉の混合物であり，測定方法などが限られることが原因である。さらにはどのような状態が理想的であり，成分の分散や電極板が現段階でどのようになっており，それがセルの特性に最終的にどう関与しているかなどが解析できにくいことも原因である。

　一方で，これまで述べてきたように，正負の活物質が特性向上を求めて，粒子の形状などが大きく変化したことも，上記の導電剤との問題が未解決である原因となっている。図表3.3.2に粒径，比表面積，分散処理(図中＊2導電剤の混合前の活物質の分散)，混合処理(図中＊3活物質と導電剤の"複合化"と機能化)，電気化学特性(図中＊4セルの充放電の電圧範囲における導電剤の電気化学的な挙動)などに関して，極めて一般的に示した。粒径の小さな比表面積の大きな活物質は，導電剤の種類や添加と加工方法も独自に工夫する必要がある。

　CNT(カーボンナノチューブ)やVGCF(気相成長炭素繊維)など新規な導電剤，集電箔の電導性向上のための表面処理(第4章1)などは導電剤の新しい発展形態である。これらの技術は，従来のカーボンブラックなどの導電剤では，新規な活物質の性能をセル特性の向上の活かせないことから発生した技術開発である。

第3章　原材料の基本特性と性能向上

		粒径 比表面積	分散処理*2	混合処理*3	電気化学特性-*4	新規な導電剤	集電箔の表面処理
正極材 *カーボンコーティング	顆粒系 <4.3V	二次10μm 〜1m²/g	不要／要	単純混合 高度混合 （効果次第で）	汎用導電剤		
	顆粒系 >4.3V				専用導電剤		
	ナノ系 CC品*	一次<1μm 〜10m²/g	要	高度混合		CNT系	導電化処理、カーボンコーティング
負極材 *カーボンコーティング	人造黒鉛 水系用 NMP用	〜10μm <〜1m²/g	不要／要	単純混合	汎用導電剤		
	人造黒鉛 （回生用微粒）	〜5μm 〜1m²/g		高度混合			有効（目的次第）
	LTO(CC*品)	二次10μm 〜1m²/g		単純混合		CNT系	導電化処理、カーボンコーティング
	合金系、酸化物系	N.A.	要	ケースバイケース	専用導電剤？		導電化処理、カーボンコーティング

図表3.3.2　導電剤の機能と配合

3.4　導電性カーボン

　図表3.3.3にリチウムイオン電池（セル）用の導電剤のいくつかの特性を示した。アセチレンブラック類は汎用の材料であり，着色顔料，ゴム・プラスチック配合用，燃料電池用など用途も広い。電池用としても一次，水系電解液二次など多くのグレードがあり，リチウムイオン電池用はその延長線上のグレードである。総じていえば，少ない添加量でより高い電気伝導度が得られる品種が優れている。その意味ではケッチェンBK®や気相成長炭素繊維（VGCF®）さらにはカーボンナノチューブ（CNT）などが優れてはいるが，リチウムイオン電池の場合にはスラリー化の過程で溶剤を多く吸収する中空粒子や，均一分散が難しい繊維状の物質はプロセス上の問題がネックとなり易い。

　リチウムイオンの導電剤としてはアセチレンブラック（ABK)*が最も多く使用される。ABKについて限定的な特性範囲というものはなく，図表3.3.2の導電剤の機能と配合に示したように，特性はケースバイケースである。リチウムイオン電池（セル）の特性との関係で，図表3.3.3の右列に示した，不可逆容量の問題と，活物質との粉体加工あるいはスラリー化と電極板の塗工における諸問題は，湿式で電極板を製造するという特殊性から発生した問題である。従って，

---

* 文献　和田徹也（電気化学工業㈱）「アセチレンブラックの製造方法，粉体特性ならびに用途」炭素TANSO，No.247, 75-79（2011）

大容量 Li イオン電池の材料技術と市場展望

導電性カーボン剤		粒子サイズ μm	比表面積 m²/g	比抵抗 Ω*cm	不可逆容量 %	加工上の注意点
アセチレンBK	Oil furnace	Pri <0.01 Sec 10	100		表面積が大きいほど不可逆容量は大きくなるが、炭素の乱層構造や表面の化学組成(酸化物質とう)の異差で大きく異なる	"ストラクチャー"の破壊防止
	Super-p Li TIMCAL®	Pri <0.01 Sec 10	62	3-10		
ケッチェン®BK (中空体)	EC	Pri <0.001 Sec 10	800			溶剤の吸収によるゲル化に注意
	EC-600JD		1200			
人造黒鉛	KS-6 TIMCAL®	6.5	20			形状の選択 *1
気相成長炭繊 VGCF®	VGCF-H Φ=105nm	5-10	13	1*10^-4 (@0.8g.cm³)		"毛玉PILL"の発生に注意
	VGCF	10-20	13	1*10^-4 (@0.8g/cm³)		

*1　一般に、正極には球状(ISOTROPIC)を黒鉛負極にはフレーク状(ANISOTROPIC)

図表 3.3.3　導電カーボン一覧

1,000 倍　スケール =10μm

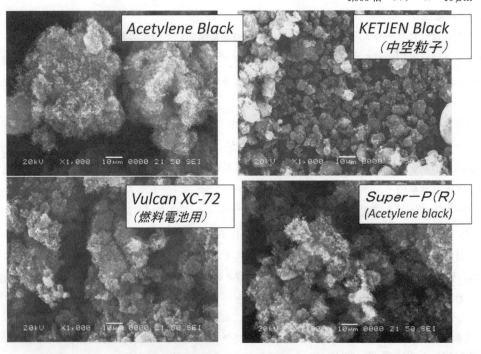

図表 3.3.4　導電性カーボンの SEM 観察

第 3 章　原材料の基本特性と性能向上

導電剤の機能の本質とはすこし離れた問題ではあるが，実務上はプロセスの重要なポイントである。

　リチウムイオン電池用のアセチレンブラックは数社から専用グレードが発売されている。電気化学工業㈱の「電化ブラック」，(スイス) TIMCAL 社の「Super-P」，(米) CABOT 社などが代表的である。導電剤のいくつかの SEM 写真を図表 3.3.4 に示した。アセチレンブラックはこの倍率で見ると，サブミクロンの一次粒子がさらに集合した不定形の連続粒子（ストラクチャー）である。比較で示したケッチェンブラックやバルカン X（燃料電池の Pt 触媒担持用）は数ミクロンの粒子がかなり独立している。粒子のモルフォロジーや透過電子顕微鏡の写真は，TIMCAL 社や CABOT 社の HP にも多くの掲載があるので参照されたい。

(1) 電気化学的安定性

　図表 3.3.5 に TIMCAL 社のリチウムイオン電池（セル）用導電剤（Super C45, C65）のデータを引用して，カーボンブラック導電剤の電気化学的な挙動を示す。なお図中のコメントは筆者による記載である（オリジナルには含まれていない）。測定は汎用の電解液系（1M LiPF$_6$）の中で行われたサイクリックボルタンメトリー CV である。グラフの縦軸が 0 であれば電気化学的な反応（この場合は電解液が表面で重合した SEI 膜生成）が起こっていないことを示す。黒鉛系

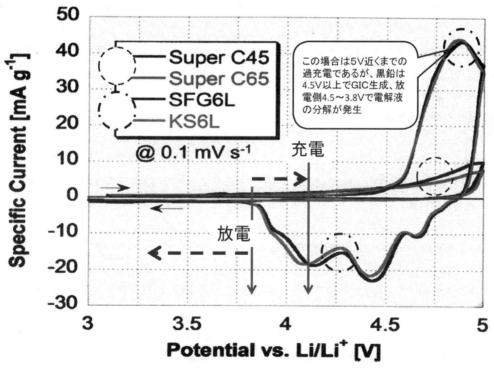

（品名は TIMCAL 社の製品）

図表 3.3.5　黒鉛とカーボンブラックの電気化学的安定性

大容量Liイオン電池の材料技術と市場展望

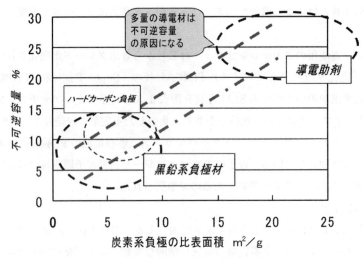

図表3.3.6 炭素材料と不可逆容量（概念図）

負極材（図中SFG6L, KS6L）が充放電の電圧領域（図では上限が4.3Vと放電の3.8V以下）でSEI（原図ではGIC）を形成することは，セルの安定な動作上は必要である（第3章5参照）。

一方，導電剤（Super C45, C65）の場合は，充電と放電領域において電気化学的反応は起こっていない。反応が起こって導電剤の表面にSEIが形成された場合は，イオン伝導はあるが電気伝導が阻害され，導電剤として機能しなくなる。以上の特性上の区切りは，導電剤として非常に重要である。単に炭素の微粉を添加しても導電効果が上がらない場合は，導電剤の電気化学的な特性を再検討する必要がある。

(2) 炭素材料と不可逆容量

不可逆容量については図表3.3.6に示したが，比表面積の大きな非黒鉛系の材料は，比表面積に比例して不可逆容量を持つ。アセチレンブラックなどの導電剤は20以上60m^2/gレベルの高い値を持つので，30％以上の不可逆容量が予想される。セルの構成上，導電剤は不可欠であるが不可逆容量は好ましくないので，その添加量は極力制限する必要がある。

3.5 活物質粒子の複合化と導電剤の粉体加工

(1) 粉体加工

導電剤を使用して活物質に導電性を付与するためには，導電剤と活物質粒子を均一に混合してやる必要がある（粉体加工）。粉体加工をモデル的に図表3.3.7に示した。導電剤はその特有の"ストラクチャー"が導電性を発現する機構であり，粉体加工の過程で過度の応力でステラクチャーを破壊することを避ける必要がある。一方で，活物質も凝集している場合があり，凝集した状態を解消せずに導電剤と混合しても効果はない。この工程では種々の問題点があり，乾式か湿式か，バインダーの入れ方（バインダーの粉かその溶液），加工時の応力の均等化（力まかせ

第3章　原材料の基本特性と性能向上

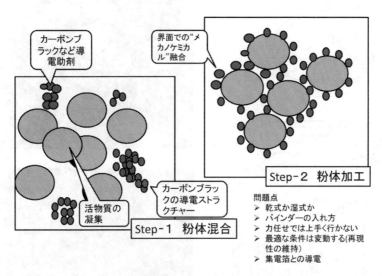

図表3.3.7　活物質粒子の複合化　均一分散，導電アップ

ではうまく行かない），最適な加工条件は変動する（再現性の維持），集電箔との導電などの問題がある。粉体加工の過程において，導電剤の状態をなんらかの測定で把握する方法は少ない。系の嵩比重の変化や，一定条件における体積抵抗の測定なども目安とはなるが，投入する材料の特性変化の影響の方が支配的であるケースも多い。

(2)　活物質のメカノケミカル処理

サブミクロン～10nm（10^{-9}）オーダーの導電剤と$10\mu m$前後の活物質は，比重と嵩比重も異なり，混合し難い系である。さらに静電気の反発などで，混じりにくい系であるが全体が黒いので判別が付き難い。"メカノケミカル"な方法で，活物質と導電剤を擦り合わせて"フュージョン（融合）"する方法があり，この一例を図表3.3.8の公開特許の図に示した。この場合は活物質と導電剤を効率良く処理するための機器の工夫もなされており，導電剤は活物質粒子の周辺に"まぶされた状態"となって導電効果を発揮する。

3.6　繊維状導電剤

基本が粒子のアセチレンブラックなどに比べて，糸状のVGCF®やカーボンナノチューブCNTは，活物質粒子間を導電ネットワーク的に接続する効果に期待が寄せられている。リチウムイオン電池（セル）に使用されるグレードは，理想的なナノチューブである必要はないが，それでも原料の特殊性，製造方法とエネルギーコストなどはこれら糸状の導電剤を特殊なものとしている。リチウムイオン電池（セル）に使用する場合の最大の難点は，それ自体の凝集性が高いので，十分に分散しないと効果が期待できない点である。図表3.3.9は顆粒状（球形）の活物質（図左

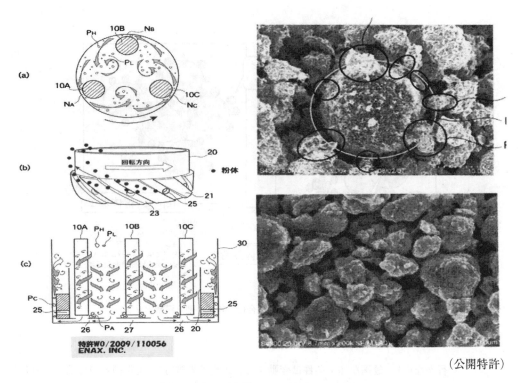

図表 3.3.8　活物質のメカノケミカル処理

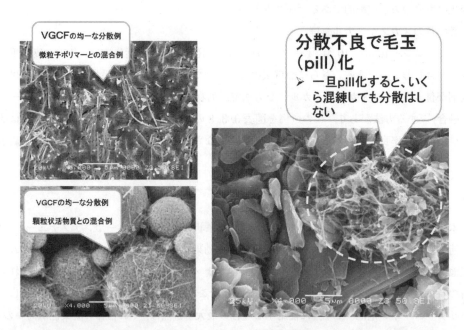

図表 3.3.9　VGCF(R)（気相成長炭素繊維）の分散

第3章　原材料の基本特性と性能向上

下）と比較的良好に分散したケース，右は5μmの人造黒鉛負極材（回生対応品）に添加したケースで"毛玉"になって終った系である。このような状態では導電性は発揮されず，再度分散することは不可能である。

4 バインダー

4.1 バインダーの役割とセル内の電気化学環境

バインダー系,「バインダーポリマー+媒体」の役割は,以下の2つに集約される。

①極板の製造過程(塗工)においては,活物質の安定な分散と粘度の維持,集電箔(アルミ,銅)への濡れ性とレベリング性などである。

②セルの充放電とサイクルの中では,活物質の接着と結着の維持,電解液への耐性(溶解,膨潤などへの耐性),酸化・還元ストレス(充放電)耐性,ポリマー自体の安定性(耐熱,耐酸化など)が必要である。

以上の特性はかなり多岐にわたるものであり,過去に多くのポリマーがバインダーとして検討されたが,実生産に使用されているのはPVDFのNMP(N-メチル-2-ピロリドン)溶液とSBRラテックス(水分散系)のみである。

バインダーは活物質に対して固形分換算として数パーセントの添加量であり,多く添加するとセルの比容量(Wh/kgなど)を低下させるだけである。セルの内部において充放電作用はないが,他の部材(セパレータなど)と同じで,絶えず充放電における電気化学的なストレスを受けている。上記の状況において,ポリマーがどのような作用を受けているかは,電解液であれば"有機電気化学"として基礎的な研究基盤が存在するが,"高分子電気化学"という分野は確立されていないので,経験技術的な問題解決が多くなる。バインダーやセパレータとして,電池の中に大量のポリマーが導入されたのは,リチウムイオン電池が初めてである。従来の水系電解液の二次電池においては,バインダーはデンプンなどを含む水溶性ポリマーであり,最大1.5Vの環境に耐えられれば十分であったが,リチウムイオン電池においては4.3Vないしそれ以上の電圧域である。

バインダーが充放電環境で受ける物理・化学的な作用は別に図表3.4.4にまとめたが,何らかの測定で判断ができる項目はほとんどない。

4.2 活物質の結着状態と電気伝導性

バインダーの最も重要な役割は,最終的に電極板(活物質層と集電箔を含めた状態)における結着(活物質の相互固定)と接着(活物質を集電箔に接着)である。上記の2点は活物質スラリーの塗工(コーティング)と乾燥を経て完成されるが,これらの工程における種々の問題を考えるためのモデルを図表3.4.1に示した。理想的には活物質を点と点で結着し,さらに集電箔に十分接着している必要がある。模式的には,a)が完全と考えられる。b)とc)は塗工後の乾燥条件の設定が問題が主な原因ではあるが,塗工スラリーの濡れ性,流れ性や集電箔上におけるレベリング性の問題も含められている。

なお製品の電極板は両面に塗工されているので,2章5の図表を参照願いたい。

この集電箔上での活物質の結着状態において,導電剤は活物質粒子間と同時に,集電箔との間

第 3 章　原材料の基本特性と性能向上

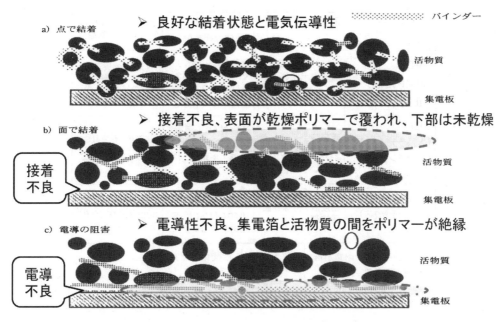

図表 3.4.1　集電箔上での活物質の結着状態（模式図）

の電導性も維持しなければならない。活物質は粒子であり，その表面積も大きく，導電剤粒子との接触点も多い。一方で集電箔は基本的に平面であり，活物質層との電気的な接触を維持するのは困難が多い。このためには，

　①塗工・乾燥後の電極板をロールプレスによって加工して，導電剤を含む活物質層を集電箔と密着させる（めり込ませる）

　②集電箔の表面にあらかじめカーボンブラックのコーティングを行う

などの方法が取られる（詳細は第 4 章 1「集電箔」を参照）。

4.3　バインダーポリマー

(1)　種類，原形とスラリー

　バインダーには何らかの形でポリマーが使用されるが，塗工の過程で活物質のスラリーを作成する必要上から，ポリマー溶液あるいはポリマー分散体（ラテックス）の形で使用される。図表 3.4.2 に代表的な PVDF/NMP 系と SBR／水系の要点を分類した。塗工スラリーの組成から見ると，バインダーの量（固形分換算）は多くても 5％（対活物質で 10％）である。これはバインダーがあくまでも助剤であり，それ自身は "蓄電能力のない脇役" であることを示している。従って電極板の中で少ない量で機能を発揮することが望ましい。セルの中でのバインダーポリマー状態（結着，接着）は先の図表 3.4.1 に示したイメージであろうが，ポリマー自体は電気絶縁物質であり，電気伝導性を付与する導電剤（カーボンブラックなど）の機能をバインダー機能を妨げない状態での接着と結着が理想である。接着だけを強化することは容易ではあるが，電気の流れ

バインダー種類	原形の状態	塗工スラリー（数値は代表例）	セルの中でのバインダーポリマー状態
PVDF（NMP溶液）正極、負極	高濃度ポリマー溶液、～12%高粘度	活物質45＋ポリマー5＋導電剤3＋NMP47 例 温度 80～135℃	（推定）活物質表面を結晶核として結晶化、一部の接着強化PVDFは極性基で接着
SBR（水系ラテックス）カーボン負極（炭素被覆系正極）	固形分、～40%低粘度液、界面活性剤、＋増粘剤	活物質40＋導電剤3＋SBR5＋増粘剤3＋水49 例 温度 ＞100℃	緩く架橋した非晶SBゴムが粒子を包み込む、柔軟性と粘着性
PTFE（4フッ化）（水系ラテックス）	固形分、～40%低粘度液、特殊界面活性剤	同上（リチウムイオンでは実施例が少ない）	混練操作でフィブリル化したPTFEが粒子を絡み込む

注）共通の課題：耐電解液（溶解＆膨潤），耐酸化・還元，耐熱，加工柔軟性（粉落ち）

図表3.4.2　バインダーポリマーの原形と接着（結着）形態

ない（流れ難い）電極板は使用できない。

(2) **結着と接着**

　PVDFの結着と接着のメカニズムは，PVDFがフッ素樹脂として非接着性（表面エネルギー）の特性も有するので，明確な接着，結着の機構は不明ではあるが，2，3の実験から，活物質表面を結晶核として結晶化することが，結着のメカニズムであると推定される。一部の接着強化型PVDF（カルボン酸変性品，特開平6-172452など）は極性基で接着を増強していると考えられる。SBRラテックスなどは数nmのナノ粒子である，メーカーの技術資料[*]によれば，ナノ粒子が効率良く活物質粒子を結着するモデルが示されている。主成分はゴムであるので粘着と接着には優れている。

(3) **助剤類と不純物**

　バインダー系に含まれる助剤類（水系ラテックスの界面活性剤や増粘剤）や，NMPの酸化で発生する可能性のあるコハク酸イミドなどの高沸点化合物は，いずれも電極板に残留する。これらの残留物質が電解液に溶解・溶出したり，充放電（酸化還元）で分解を受けたりする可能性は否定できない。長期のサイクル特性が求められる大型リチウムイオン電池（セル）においては，"疑わしきは排除する"方が対策としては明確であろう。

(4) **樹脂濃度と粘度**

　図表3.4.3にバインダーの樹脂濃度と粘度の関係を示した。ポリマーバインダーの溶液および

---

[*]　日本ゼオン㈱「Binders for LiB」(2010)，JSR Micro「Water-based binders Advanced SBR Latex for Anode」(2011)（AABC/Mainz）

第3章　原材料の基本特性と性能向上

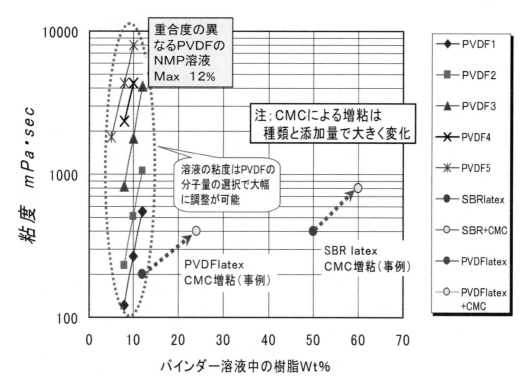

図表3.4.3　バインダーの樹脂濃度と粘度の関係（活物質などの混合前の粘度）

ラテックス（水分散の乳化重合ポリマー）の粘度は，これに活物質を加えて塗工用スラリーを作成した場合の活物質の均一分散と沈降防止*のために，少なくとも1000程度の粘度は必要である。PVDF/NMP系は高重合度のポリマーの溶液であるので，少ない樹脂濃度で高い粘度が発現し，さらに高重合度のPVDF4，5などでは5～8%の樹脂濃度で数千以上の粘度が得られる。一方，SBR等のラテックスは固形粒子であるポリマーが水に溶解しない状態で分散しているので，樹脂（固形分）濃度は高くても粘度は低い。このためにラテックス系ではCMCなどの水溶性ポリマーを添加して増粘を行う必要があるが，ポリマーとCMCの合計で樹脂分濃度は元の濃度の2倍程度になる。

(5)　バインダー量と活物質量のバランス

塗工特性にとってスラリーの高粘度は重要であり，仮に塗工時のスラリーの粘度が活物質の添加（望ましくはスラリー中の活物質濃度は40%以上）によって見かけ上の粘度は上がるとしても，元のバインダーの粘度が十分高い必要がある。最終的な電極組成（この段階では溶剤や水は乾燥で除去されている）においては，バインダーは活物質に対して数%（3～8%）が上限であり，

---

*　ストークスの法則　粘性媒体中での粒子の沈降速度（活物質の比重が高い（特に正極材）は粘度が低いと直ちに沈降して固化する）

過剰なバインダーの存在はセルの比容量（Wh/kg）を低下させる。このためにも，バインダーはできるだけ少ない樹脂濃度で高い粘度を発現することが望ましい。

(6) 物理・化学的作用

バインダーポリマーはセルの中において種々の物理的，化学的ストレスを受ける。図表3.4.4に化学的作用（A, B）と物理的作用（C, D）を示した。Aの正極から発生する酸素は，LCOとLNOで200℃レベルの温度での現象であると言われる（図表3.1.1）。正常な動作においてセルの内部がこのような高温になることはなく，200℃レベルまでの過熱は異常な充電や内外部の短絡時にしか起こらない。上記のような状態ではセルはすでに破壊されている，従ってこのような異常事態にまでポリマーバインダーが対処する必然性はないと考えられる。正常なセルの充放電動作の繰り返しの過程で，正極から酸素が放出される可能性はゼロではないが，微量の酸素はまず電解液の酸化分解に作用し，セルのガス膨張はこれが主たる原因と推定される。

Bの電気化学的範囲の問題は永井ら[*]によって理論的に示されている。バインダーはセルの中で充放電に伴う酸化還元を受けるが，使用されるポリマーはこの範囲で安定な化学構造であることが望ましい。電解液と異なりポリマーの電気化学的測定は不可能であるので，ここでは分子軌道法により理論計算で各種のバインダーポリマーの安定性を推定した。比較は電解液の主成分であるEC（エチレンカーボネート）であるが，PVDF，SBRともにこの範囲には収まっており，酸化還元の恐れはないと推定される。ポリエチレン（PE），ポリプロピレンオキサイド（PPO），ポリエチレンオキサイド（PEO）などのポリオレフィンはLUMOが高く，酸化される可能性が

		作用	結果	記
A	酸素酸化	充電状態の正極からの酸素発生 ＞ 酸化分解 $LiCoO_2$ $LiNiO_2$ ＞200℃	酸化分解 極板崩壊	通常のセルの使用条件下では起こらない（セルの熱暴走時のみ）
B	電気化学 充放電に伴う Δ18.3eV	正極 Cathode ＋6.2eV	電解酸化 極板崩壊	電解液のRedox_Windowsの範囲内ではあるが，数百から千サイクルでポリマーが電解酸化・還元で劣化する可能性あり
		負極 Anode －15.2eV	電解還元 極板崩壊	
C	有機電解液による膨潤	特にPCなどの昇温下（40℃以上）における膨潤＆溶解作用	接着と結着剥離	セル内部が60～80℃になった場合は強く膨潤
D	膨張・収縮	黒鉛系負極のインターカレーション，3％膨張収縮	負極の結着，接着の破壊	負極自体の構造破壊も起こる。

図表3.4.4　ポリマーバインダーに対する物理・化学的な作用

[*]　永井愛作，栗原あずさ，電池討論会講演3C09（1999）

第3章 原材料の基本特性と性能向上

ある。負極ではポリ四フッ化エチレン（PTFE）が不安定で，脱フッ素の結果カーボンまで変化する場合があるが，現在の製品二次電池には使用されてはいない。以上を含めてリチウムイオンセルの部材や添加剤に，ポリマーを使用する場合は何らかのチェックは必要である。

Cの電解液による膨潤は，後の図3.4.11で詳しく扱う。

Dの機械的なストレスは，バインダーの接着と結着の維持には関係があると推定されるが，影響は黒鉛負極自体の性能維持に直接的に作用すると思われる。現在のリチウムイオンセルの黒鉛負極の表面はビニレンカーボネート（VC）などの電解重合で生成したSEI層が覆っており，膨張・収縮はSEIにはじめに作用し，その後にバインダーポリマーに作用する。この問題は原理的には不可避な現象であり，ポリマーバインダーだけで対策は立て難い。

以上は，セルの内部が常に均一で正常に動作（充放電）しているとの前提での解析である。電解液が充填され電極面積の大きなリチウムイオン電池の内部で，局部的な異常（ドライスポットやマイクロシュート）が起こっていない保証は無く，セルの寿命や安全性においては，上記のポリマーバインダーへのストレスは可能な限り解決しておく必要があろう。また，A～Dの作用は同時にセパレータなどポリマー材料にも影響があり，同様な対策が必要である。

4.4 実用セルのバインダー
(1) バインダーと製造メーカー

現在までリチウムイオン電池の電極製造に使用されているバインダーはPVDF/NMP溶液系とSBRラテックスである。後者は事実上炭素負極専用であり，正極は一部の試作を除けばPVDF系が使用されている。SBR系の最大の特徴は水媒体であることによる低コストと製造プロセスでの安全（防爆が不要）である。詳細は図表3.4.5に示したが，水系は粘度と増粘剤（CMCなど）の選択と配合の組み方はかなり工夫を要する。また，水が活物質（特に正極材）に与える問題を事前に解決しておく必要があるが，これはかなり大きな問題であり根本的な方策が必要である。

(2) 複合系バインダー

PVDF系は重合技術の発展によって，さらに高分子化の傾向にあるが，一方でNMPに均一に溶解が困難なケースがある。バインダーは均一な溶液である必要性は特にないので，例えば未溶解のポリマー粒子がNMPに分散していても（複合系），最終的に活物質の結着に有効に作用するのであれば問題がない。しかしながらポリマー粒子の凝集を避けた均一な分散は難しく，アクリル系の乳化重合ポリマーが多少架橋（溶解度低下）した状態で，NMPなどに部分溶解と粒子の分散が行われた方が安定であると考えられる。

4.5 負極材の構成と電極バインダー

負極材の主な特性とそれを踏まえた電極板製造用のバインダーを図表3.4.7にまとめた。人造黒鉛とハードカーボンには既に大量生産に使用されているバインダーがあり，PVDF/NMP溶剤

高分子 Polymer	組成 Composition	共重合体 Co-monomer	分子量 Mn （重合度）	溶剤＆媒体	製造会社
PVDF ポリふっ化ビニリデン Poly vinylidene fluoride -(CH2-CF2)-	Homo-PVDF 懸濁重合品 (高Tm) 乳化重合品 (低Tm) *1	ホモポリマー 懸濁重合および乳化重合	標準グレード Mn 8×10⁴ 高＆超高分子 グレード Mn 10⁵〜10⁶	有機溶剤系 NMP N-methyl -2-pyrrolidone	➢ Kureha (KF) ➢ Solexis (SOLEF) ➢ Arkema (Kynar)
	共重合 Co-polymer Suspension and Emulsion	ふっ素系モノマー HFP(Hexa-Fluoro) カルボン酸変性 Carboxylic and acrylic			➢ Kureha
SBR latex スチレンブタジエンゴム(ラテックス) Styrene butadiene rubber (latex)	Styrene butadiene copolymer			水分散系 Water with CMC and surfactant*3	➢ JSR ➢ ZEON
	Styrene butadiene plus *2 acrylic, carboxylic and glycidyl-acryl monomers カルボン酸変性、グリシジル変性メタアクリル系モノマーとの多元共重合				

*1 異種結合の量による融点 T_m の差　*2 メチルメタアクリレート MMA，グリシジル MMA，無水フタル酸など　*3 増粘剤 CMC Carboxy methyl cellulose-Na および界面活性剤

図表3.4.5　リチウムイオン電池ポリマーバインダー（実用段階）

かSBR水系ラテックスのいずれかである。LTOの場合は電位が1.5V付近と高いので，集電箔は銅に限らずアルミ箔も使用が可能である。バインダーはLTOがLi塩であることから，水に対して正極材と類似の溶解やpHの変化があるので，現在はPVDF/NMP系が適当であるが，カーボンコーティングLTOになった場合は水系塗工の可能性もある。

　リチウムイオン電池（セル）のサイクル特性を決める大きな要因の一つは，充放電に伴う負極の膨張と収縮である。バインダーの働きは接着（対集電箔）と結着（活物質相互），同時に膨張収縮の吸収（クッション作用）が重要である。人造黒鉛系では3％の膨張収縮と言われているが，このレベルであれば上記のバインダーで，数千サイクルまでは対応が可能である。LTO負極は原理的に膨張，収縮の問題がなく，圧倒的に長期のサイクル特性が得られる。実用上はカーボンコーティングLTOが優れており，この場合は水系バインダーの適応も可能である。

　合金系負極はその大きな容量から非常に期待されているが，300％にも及ぶ膨張収縮をバインダーがコントロールすることの難しさが存在する。現在の合金系負極の製品化は，18650型（円筒）までであり，柔軟性のあるポリイミドのNMP溶液などが使用されている。今後の大型セルへの移行においてはバインダーのコストも含めて，効率のよいバインダー系が開発される必要が

第3章　原材料の基本特性と性能向上

タイプ（電位VS.Li／Li+）*1	化学組成	充電容量 放電容量（不可逆容量）	膨張収縮%	バインダー	サイクル特性（寿命）
金属Li（0V）	Li	3,860 理論	（デンドライトの生成）	（実用電池にはならない、一次電池は可）	
合金系材料（0.2〜0.5V）	$Li_{22}Sn_5$ $Li_{22}Si_5$など	2,010（$Li_{14}Si$） 800（$Li_{14}Sn$）	Max 300	柔軟性のポリマーなど、開発段階	>100 実験室 >500 開発品 18650型など
ハード炭素（0.01V）	$LiC_{x<6}$	400〜500 〜450（10〜15%）	〜0	➤ PVDF／NMP有機系	≫ 1,000 大型セル
（人造）黒鉛（0.05V）	LiC_6	372 理論 〜340 設計（5〜10%）	Max 3	➤ SBRラテックス/水系	> 1,000 大型セル
チタン酸リチウム LTO（1.55〜1.65V）	$Li_4Ti_5O_{12}$	175 170（〜3%）	〜0	➤ PVDF／NMP有機系 ➤ SBRラテックス/水系（カーボンコーティングLTO）	> 5,000

*1 充電時90%Li化状態

図表3.4.7　負極材の特性と電極バインダー

あろう。

4.6　正負極の材料プロセスとバインダー

(1) 粉体加工とスラリー化のパターン

　正極と負極の粉体加工とスラリー調整は，最終的に塗工して極板を製造してしまえば同じであるが，その間の工程には種々の方法がある。これは使用する活物質の特性や電池製造会社が採用している技術とノウハウの差異によるものであり，プロセスよりは結果としての電極板の優劣が決め手である。図表3.4.8は粉体加工とスラリー化の段階での加工レベルの程度を3ケースで示したものである。単純に混合して塗工するプロセスが最も簡便である。バインダーの導入形態は，

　　① PVDFなどのポリマー粒子（粉体）
　　② PVDFのNMP溶液
　　③ SBRラテックス（水系分散剤）＋CMC（増粘剤）溶液

などである。①は活物質とPVDFを粉／粉で混合した後にNMP溶剤を入れてスラリー化する。②はあらかじめPVDFのNMP溶液を製造しておき，これと活物質を混合する方法。③のSBRはラテックス以外では存在しないので，水系塗工のスタイルとなるが，次項で述べるように，CMCを入れるポイントや事前処理（活物質粉体との固練り）などのバリエーションがある。

大容量Liイオン電池の材料技術と市場展望

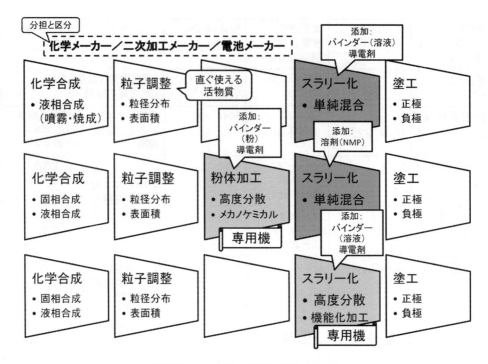

図表3.4.8　正極・負極の材料プロセス

(2) 製造パターンと安定化

　以上のプロセスにおいて，いくつかのパターンを図表3.4.8に示した。高度な粉体加工や液相での高度な分散・混練などは，単純なバッチ混合に比べてその効果も高く，プロセスの連続化の可能性もある。一方で装置は専用機化しコストも高くなる傾向である。上記の①～③のいずれの場合も，粉体加工プロセスが一定条件で行われたとしても，原材料（活物質，導電剤）の特性のバラツキによって，塗工スラリーの特性が変化し，その結果として電極板の特性（目付量や接着，結着性）が一定しないケースがある。原材料の安定化を進めるとしても，加工プロセスが高度で複雑である場合は結果の再現性に乏しく，例えば処理時間などの制御だけでは収まりが付かないことが多い。化学メーカー／二次加工メーカー／電池メーカーとの分担と区分が積極的に必要である。

4.7　ポリフッ化ビニリデン（PVDF）バインダー

(1) ポリマー構造とHFの発生

　図表3.4.9のPVDFの高分子構造（図の上部）と熱的な特性（図の下部）を示した。PVDFのポリマー構造は一つの炭素に2個のFが結合した"ビニリデン"構造である。この構造は加熱やアルカリとの反応によって脱HF反応（いわゆる連鎖ジッパー反応）を起こし易く最大で1mol％程度，HFの発生量として0.3％まで反応が進む。実際はほとんどのPVDFがその構造内

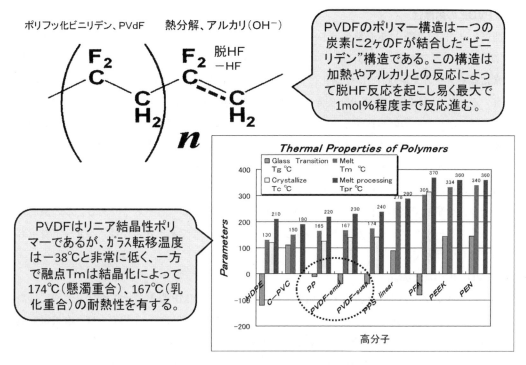

図表 3.4.9　ポリフッ化ビニリデン（PVDF）

部に"異種結合"としてモノマーが頭－頭（頭－尻が正常結合）結合した部分が数％含まれており，先の脱 HF 反応が異種結合部分で停止する。従って通常のバインダーの乾燥条件（～135℃）において PVDF 固形分の 0.03％程度の HF が発生すると推定される。実際のプロセスにおいては溶媒の NMP が弱アルカリ性であり，これに中和されてしまい，HF として検出されることはない。

(2) PVDF 溶液の着色とゲル化

上記の脱 HF は強アルカリの存在下や加熱によって促進される。正極材にフリーの LiOH（水酸化リチウム）が含まれている場合や，塗工後の乾燥温度を 200℃（PVDF の融点 174℃を超えて）付近まで加熱した場合などである。上記のようなケースは，正極材自体の異常や集電箔（特に銅箔）の酸化などで，もはや正常な電極板が製造できない領域であり，対策は無用であろう。塗工スラリー状態の（活物質／PVDF／NMP）が PVDF のゲル化によって，粘度や流動性が変化する問題は，製造現場的にはやっかいなことである。活物質や NMP の品質管理が要点ではあるが，簡単な予防策としてスラリーにシュウ酸など有機酸を 0.1％程度添加して中和処理することにより安定化される。有機酸は乾燥過程で揮発するので電極板には残らない。なお別に図表 3.4.13 に示した PVDF の結晶化によるゲル化は脱 HF とは異なる機序によるものである。

(3) PVDFの耐熱性

図表3.4.9（下図）は走査熱量計DSCで測定したいくつかのポリマーの融点 T_m、結晶化温度 T_c ほかのデータである。PVDFはリニア結晶性ポリマーであるが、ガラス転移温度は $-38°C$ と非常に低く、一方で融点 T_m は結晶化によって $174°C$（懸濁重合）、$167°C$（乳化重合）の耐熱性を有する。T_m は理論融点であり、実際にポリマーが溶融するのはPVDFでは $220°C$ 以上である。バインダーポリマーの耐熱性がどのていど必要かは、議論の多い問題であるが、後の電解液の項で述べるようにリチウムイオン電池（セル）と温度との関係で最も影響を受けやすいのは電解液である。したがって、バインダーポリマーだけが高い耐熱を有していても意味がないとも考えられる。この点は同じポリマー材料であるセパレータについても同様であろう。リチウムイオン電池（セル）の事故で最も危険性の高いのは、$200°C$ 以上で起こる"熱暴走"である。この温度領域でバインダーやセパレータが耐熱性を有していることが必要であるか否かは、ハザード対策も含めて難しい問題である。

(4) PVDFの溶解と膨潤

PVDFバインダーはNMP溶液の状態で使用するために、NMPなどの塗工媒体（溶剤）に高濃度に溶解する必要がある。しかしながら電極中で活物質を結着している状態では、有機電解液に溶解してはならず、膨潤現象は多少は許容される。図表3.4.11はNMPなど塗工用溶媒と、カーボネートないし有機電解液に対するPVDF（クレハ KF#1100）の溶解度を示したプロットである。横軸は便宜上、その溶媒の溶解パラメーター（SP）を取ったが、SPの近い溶媒とポリマーは溶解し易いとの経験則がある。この図では特にSPは明確ではなく、縦軸の溶解度のみがデータとして有効であった。

測定の結果から、PVDFはリチウムイオン電池の電解液には膨潤するが、溶解はほとんどしないことが分かった。例外はプロピレンカーボネート（PC）であるが、PCは単独で電解液として使用されることはない。このような特徴は極性の強いリニアポリマーであるPVDF特有のものであり、結果的にPVDFがバインダーとして大量に使用されることになった最大の要因である。リニアポリマーであってもポリエステルやポリアミドは上記の電解液に数％程度溶解するので、バインダーとして使用できない。

(5) PVDFとSBRの溶融温度

バインダーはポリマーであり、その融点（T_m）が耐熱性の基本である。現在の実用バインダーであるPVDF（ポリフッ化ビニリデン）とSBR（スチレンブタジエンラバー）の2種類のポリマーの T_m と T_c（再結晶化温度）を図表3.4.10に示した。測定は走査熱量計（DSC）による T_m と T_c の測定であるが、この方法は少量のサンプルで多くの情報が得られる有効な測定である。図の右下PVDFは $147°C$ でシャープな T_m を示し、冷却過程では $141°C$ で結晶化する典型的な結晶性ポリマーである。一方でSBRはラテックス（SBRを含む乳化重合液）の状態では測定ができないので、活物質を結着する場合と同じく、空気中で加熱と乾燥を経た状態の資料でDSCを測定した。図表3.4.9に示したポリマー構造からも、上記の加熱・乾燥でポリマーは三次元架橋

第3章　原材料の基本特性と性能向上

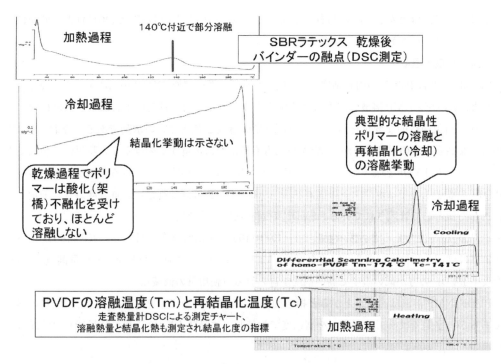

図表 3.4.10　バインダーポリマーの融点（乾燥後）SBR（左上）およびPVDF（右下）

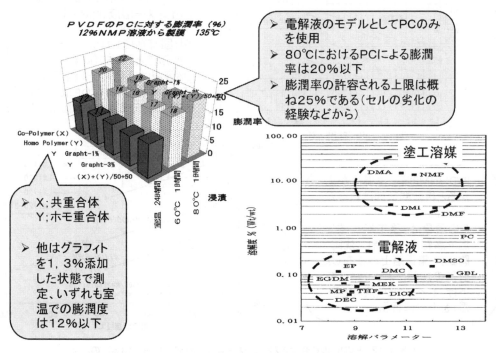

図表 3.4.11　PVDFの溶媒と電解液に対する溶解性と膨潤率

反応によって，ほとんど不融の物質に変化している。図の左上の DSC は 140℃ 付近で僅かに溶融ピークが見られるが，結晶化挙動は見られない。

(6) 溶液粘度と温度

図表 3.4.12 に PVDF の固有粘度（重合度）とバインダー溶液（NMP 中，8～13%）の粘度（図上）と，PVDF／NMP 溶液の温度による粘度の変化を示した。粘度は重合および温度に対していずれの指数関数的な変化を示し，この範囲では溶液と考えていい挙動である。なお，PVDF のような高重合度のポリマーが 10Wt% 以上も有機溶媒に溶解するのはかなり特異的な現象である。これには PVDF の高い極性（F-C-F，ビニリデン）が関係していると考えられている。PVDF の製造工程ではポリマーの固有粘度（ η inh DMF 溶液で測定）が重合度（＝分子量）に比例した値として管理されている。PVDF の固有粘度（重合度）とバインダー溶液（NMP 中，8～13%）の粘度を見ると。固有粘度 1.1（KF#1100）の 13% 溶液と同 1.56（KF#1600）の 8% 溶液はほぼ同一の粘度である。高重合度の PVDF は低濃度で高粘度を発現（使用量削減）。高重合度の PVDF の方が低い濃度で高い粘度が得られる（使用量の低減）。

PVDF／NMP 溶液は温度が上がると指数関数的に粘度が下がる。PVDF は沸点が 204℃ の溶媒であるが，室温では塗工スラリーを高粘度で維持し（沈降防止）。塗工後の乾燥過程（乾燥機の

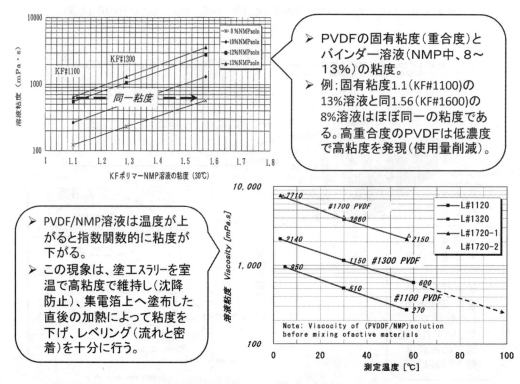

図表 3.4.12　PVDF の重合度とバインダー溶液（NMP 中，8～13%）の粘度

第3章　原材料の基本特性と性能向上

第1ゾーン）は約80℃からNMPの揮発が開始するが、この間に60℃レベルの状態で十分に粘度が低下することが必要である。この間に集電箔上でレベリング（流れと密着）を十分になされることが、均一で密度の高い電極板の製造に必要な条件である。紙面の都合で、上記に関する現象の概略のみを示したが、詳細は文献*を参照願いたい。

(7) 溶液中でのPVDFの結晶化

図表3.4.13は高重合度のクレハ#1300PVDFの12%NMP溶液である。冷却法によって均一に溶解（写真右の透明溶液）した後に、室温で数日放置して置くとPVDFの結晶化によって半固化して不透明になる。この状態は結晶化による物理的な変化であり、ポリマーが分子間の架橋cross-linkingしたものではない。わずかの加熱によって可逆的に均一な溶液になる。この実験はバインダーに使用するよりは高い粘度（高ポリマー濃度）で行っているが、活物質を配合した塗工スラリーでもポリマーの結晶化は徐々に進行している。上記の架橋反応は不可逆であるが、溶液状態での結晶化は可逆的であるので、結晶化を防止できる温度（おおむね40℃保管）や溶液

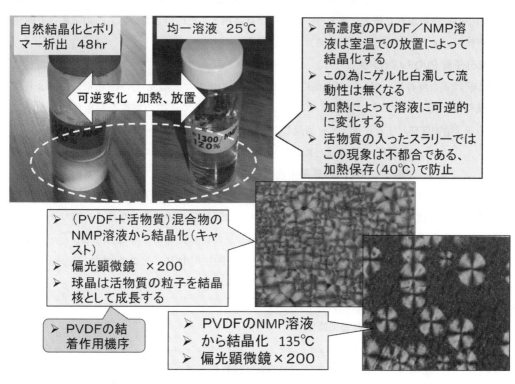

図表3.4.13　（PVDF／NMP）溶液の結晶化（溶液状態とキャストフィルム）

---

* 菅原秀一「リチウムイオン二次電池におけるポリマーバインダー」機能材料誌　1997年12月号　Vol. 17 No.12
　菅原秀一「ポリマーリチウム電池用バインダー」機能材料誌　1999年2月号　Vol. 47 No.2

濃度などで保管し，スラリーのポットライフを維持すべきである。

(8) **異常ゲル化の問題**

基本は以上であるが，活物質や導電剤などの無機物質の微粉は"結晶促進剤（結晶核の形成）"として作用し，配合によってはポットライフが短いケースもあるので，ケースバイケースでの対応が必要となる。なお，水分（NMP，活物質その他由来）はポリマーのゲル化や析出を起こし，上記の結晶化と同じに見えるがこの変化は不可逆である。水分管理で解決する問題である。また，アルカリ成分の混入によって，PVDFの一部が脱HFしてC＝C二重結合が生成するとポリマーの溶解度が低下して，同ようにゲル化や流動性の低下が起きる。この解決策はアルカリ成分を入れないことであるが，正極活物質自体がLi塩であり，フリーのLiが存在した場合は問題を起す。これは活物質の組成で解決すべきことではあるが，中和剤として有機酸を添加する方法などが有効であり，セル特性に悪影響も見られない（程度問題ではあるが）。

図表3.4.13の下部は結晶化後のPVDFの偏光顕微鏡で見た球晶（spherulites）である。左上の写真は溶液状態で故意に少量の黒鉛微粉を混合して加熱（溶媒揮発）結晶化した状態である。球晶の中心に微粉が取り込まれており，これらが結晶核として作用している。この現象はPVDFの結着作用のメカニズムとも関係する可能性がある。

(9) **高分子量PVDFバインダー**

PVDFは重合度の高いグレードを使用すると，同一のポリマー濃度（NMP溶液）でもより高い溶液粘度が得られることは図表3.4.12に示した通りであり，この特性を利用するとバインダーの量（活物質に対する添加量）を削減した上で，接着性やスラリーの粘度を維持向上できる。図表3.4.14の上はPVDFの添加量（相対値）に対する正極スラリーの粘度を，下は同じく接着強度を示した内容である。Solef®は懸濁重合のホモポリマーSolef1013を標準グレードとしているが，高分子量の5320や5130を使用することにより，20～40％の削減が可能であることを示している。以上の高分子量PVDF特性は，バインダーの添加量が増えがちな鉄リン酸リチウム正極材や，回生充電特性を重視する微粒子（～5μm）黒鉛負極に有効である。PVDFバインダーを製造する各社はいずれも高分子量グレードを提供しており，アルケマ社（Kynar®）はKynar761，同HSV900が，㈱クレハは#10＊＊の数字の大きい番手が該当する。

4.8 水系バインダーの選択と塗工媒体

(1) **バインダーと媒体の組合せ**

バインダー（ポリマー）は塗工スラリーの段階で活物質と混合されているので，何らかの液体媒体が不可欠であり，その選択と特性によって塗工と乾燥プロセスは大きく異なって来る。図表3.4.15に水系と非水系（有機溶媒系）の媒体（表の列）とポリマーのよう態（表の行）の組合せで要点を述べた。ポリマーと媒体の組合せではあるが，ラテックスと均一溶液ではその物理化学的な特性は全く異なる，またその中間的な状態もあり得る。それぞれの特徴と効果は図表に書き込んであるので参照願いたい。しかし，いずれの場合も媒体は最終的な電極板には残らないの

第3章　原材料の基本特性と性能向上

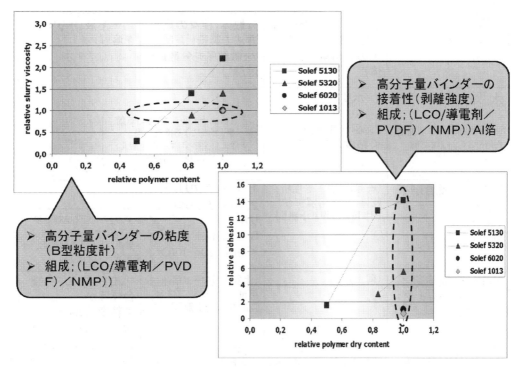

図表3.4.14　高分子量タイプPVDFバインダー（SOLEF®）

で，活物質スラリーの調整と塗工プロセスの維持だけが媒体の役割である。

(2) **媒体の選択**

媒体は最終的な電極板には残らないので，活物質スラリーの調整と塗工プロセスの維持だけが媒体の役割である。しかしながら図表3.4.16に要点をまとめたように，電極板の製造と電極板の特性についての媒体の影響は大きい。現在は小型民生用電池の負極が水系塗工，その他の正極と大型電池の負極がNMPによる有機媒体である。上記の区分は塗工の問題ではなく，水浸漬状態におけるLiや成分元素の溶出によって，容量特性が低下する問題があり水系塗工に耐えうる正極材が開発されていないことと，内部インピーダンスの低い大型セルにおいては，電解液注入前のセルユニットの完全乾燥が困難なことが理由である。

(3) **製造コスト**

NMPは汎用溶剤ではあるが，電池グレードは純度管理などが厳しいので，kgあたり数百円のコストとなり，使用後の回収リサイクルや危険物（消防法の可燃物）管理も必至である。これと比較すると水はコストがほとんどかからず，消防法的な管理も無用である。従って，正負の両極が水系塗工になり，NMPからフリーになることが望ましいが，前述のセルの特性上から現状では難しい状態である。塗工と乾燥のエネルギーコストを単純に比較すると，水の蒸発エネルギーは551～539kcal/kg，NMPは127kcal/kgと大きな差があり，エネルギーコスト的には水は不利

媒体medium／バインダー polymer	ラテックス(乳化重合したポリマー超微粒子の非溶解・分散体)	分散体(種々の重合方法で製造したポリマー微粒子を分散(非溶解))	均一溶液(ポリマーを溶解)
水 Aquous (100～1000ppmの界面活性剤を含む)+ 増粘剤	1. ポリブタジエン系 SBR*1 2. ふっ素樹脂*2系 ＜粘度：10～100＞	1. nmナノ粒子による結着効果、ゴムによる接着効果 2. ふっ素ポリマーの耐酸化・還元性、耐熱、耐電解液	
非水 有機溶剤-1 Organic Solvent-1 (ex. Keton、Alcohol, Ester)	(一旦ポリマーを塩析・乾燥して再溶解することは可能、メリット無し)	1. (メタ)アクリル系 2. (メタ)アクリロニトリル系 3. ポリイミド系 ＜粘度：10～100＞	▶ナノ粒子による結着効果 ▶高Tgによる耐熱性、強度 ▶架橋構造による耐酸化、耐電解液
非水 有機溶剤-2 Organic Solvent-2 (ex. NMP)	(同上)	(上記ポリマーの溶解も可能であるが、プロセス的なメリット無し)	PVDF、PVDF共重合体ほか ＜粘度；1000～10000 広範囲＞

*1 スチレン-ブタジエン共重合体など　*2 PVDF，ふっ素ゴム，パーフルオロ系

図表3.4.15　ポリマーと媒体（1）（正負電極バインダー）

である。

(4) 生産現場

　工場としては正負両極の水系化が最も望ましい。一方が水系，他方がNMP系では管理が煩雑である。正極の都合でNMP系塗工系列を水系と併設しているのであれば，スラリー製造機器などの共用も含めて，両系ともNMPの方が運用はスムーズである。水系はノニオン系界面活性剤やCMC-Na（増粘剤）を含むバインダーとなるので，金属への腐食が激しく接液部分はSUS材の必要があり，機器コストは大幅にアップする（ニッケルメッキ鋼材では不可）。

4.9 正極・負極材への水系バインダーの適用

(1) 正極材と水系処理

　小型民生用リチウムイオン電池（セル）の負極は現在約70%が水系バインダーで製造されている。炭素系負極は水に浸漬しても特性の変化はないので，水系塗工に適している。一方で正極剤はLi塩であり，水溶性ではないが浸水状態でのLiや成分元素の溶出の可能性は高い[*]。この

---

[*] 菅原秀一「リチウムイオン二次電池の電極製造とバインダー，連載講座 (1)～(4)」工業材料誌　2010年12月号（Vol.58 No.12～）

第3章　原材料の基本特性と性能向上

媒体medium／バインダーpolymer	媒体（溶剤）のコスト　同、回収コスト	電極の塗工・乾燥エネルギーコスト　安全・規制	セル特性との関係
水　Aquous （100〜1000ppmの界面活性剤を含む）＋増粘剤（CMCなどNa塩）	イオン交換水 10円／Kg 回収不要	塗工ヘッドの錆 蒸発エネルギー 551〜539 Kcal／kg （生産現場は、正負両極の水系化が希望、一方が水系では管理が煩雑）	小型負極は生産実績 正極材のイオン溶出問題 Al 集電箔の腐食 電極への残留水分 界面活性剤、増粘剤の残留、セルの寿命と安全性のクリア
非水 有機溶剤-1 Organic Solvent-1 （ex. Keton、Alcohol, Ester）	200〜400円／Kg 上記の25%程度 アルコール系は特殊脱水が必要（共沸） （混合溶剤は原則不可）	消防法；1000、2000L指定数量の規制	開発中 （メリットのあるシステム開発へ、下記NMP系の改良としての位置付けか）
非水 有機溶剤-2 Organic Solvent-2 （ex. NMP）	300〜500円／Kg 上記の25%程度	蒸発エネルギー 127　Kcal／kg ヒト流産事例の情報は永久に残る（否定不能[*1]） 消防法；4000L指定	正極、負極とも20年の生産実績 大電流大型セル実績

[*1]　人体実験はできない

図表3.4.16　バインダーポリマーと媒体（2）（コスト）

問題は正極材が水系で扱われることを想定しないで製造されていることによるが，性能最優先で開発された最近の正極材は，結果的にLiリッチの組成になって，アルカリ性も高い。これを単純に水系塗工に適用することは不可能である。

(2) 鉄リン酸リチウム正極

オリビン鉄はそれ自体に電気伝導性がないことで，カーボンコーティングが必須な正極材であることは，本章1節で詳しく述べた。このカーボンコーティングが，結果的にはLiの溶出を抑えて，正極の水系塗工を可能にしている。すでにいくつかの製品リチウムイオン電池（セル）で実用化されているが，その詳細は公表されてはいない。実験室レベルの開発セルは，次の内容が公表されている。

「3Ahラミネートセル試作」（古河電池㈱FBテクニカルニュース　電池討論会　2B20（2009））SBRラテックス＋CMC増粘剤をビーズミルで分散する方法。

「新分散プロセスで良好な電極を作製」（プライミックス㈱と三船㈱電池討論会2D06（2009）），オリビン鉄／（SBRラテックス＋CMC増粘）フィルミックス法®で分散する方法を採用。詳細はそれぞれの原報を参照願いたい。

(3) 水系塗工スラリーのpH

図表3.4.17にモデル的にスラリーのpHを示した。バインダーはSBR濃度40%のラテック

(pH と混合状態を見るためのモデル混練物, 温度60℃)

活物質 （下記の配合%は固形分）	鉄リン酸リチウム（非CC）	鉄リン酸リチウム（CC3%）	S-LMO $Li_{1.04}$ 顆粒型	LCO $Li_{1.00}$ 固相法破砕型	Mn/Ni/Co 3元系 1/1/1 顆粒型	Mn/Ni 2元系 1/1 顆粒型	LNO 顆粒型
活物質%	35	45	45	45	45	45	45
バインダー%	5	5	5	5	5	5	5
CMC%	3	3	3	3	3	3	3
pH 1 hr	8.5	7.5	8.0	7.0	9.5	10.5	>11
pH 12 hr	8.5	7.5	8.5	7.5	9.5	10.5	>11
粘度 1hr	中 粘調	中 粘調	中	中	非流動	非流動	非流動
チクソ性 1hr	大	中	中	小	全体がゲル状		
沈降性 12hr	中	低	大	大			
塗工性	(可)	可	(可)	可	不可		

図表 3.4.17　正極, 水系塗工スラリーの pH

ス, CMC はセロゲン（第一工業製薬製）の電池用標準品である。なお, ここではいわゆる"固練り"などは行っていない"モデル混合物"である。LNO および Ni を含む二, 三元系の正極は Li リッチであるために, pH が強アルカリとなり, ゲル状の非流動物質である。鉄リン酸リチウムはカーボンコーティングされたものが比較的安定ではあったが, 粒子が細かく比表面積が高いので固形分濃度をアップすると, 粘度が高く（かなり粘調）なる傾向がある。LCO や LMO は pH も低く, 比較的安定ではあるが物質自体の比重が高いので, CMC の粘度程度ではスラリーの沈降が激しく, 一たん固化すると再分散は不可能である。

(4) **SBR 共重合ポリマーの構造と変化**

図表 3.4.18 に最も多く使用されるスチレン・ブタジエンゴム（SBR）の化学構造（共重合組成）を示した。C4 のブタジエンのユニットに二重結合 C = C が 1, 4 結合あるいは 1, 2 結合の状態で存在する。この二重結合は反応性が高く, 分子間架橋（ポリマーの不融化）や酸化架橋あるいは酸化分解などを受け易い。SBR は第 3 成分モノマーとしてアクリルやグリシジル基成分によって, T_g（ガラス転移温度＝耐熱性）や接着性が調節可能であり, 多様な特性のバインダーを製造できる。電極板の塗工・乾燥の過程では, DSC の測定結果（図表 3.4.10）から SBR は酸化架橋によって, 三次元架橋の不融ポリマーになっていると推定される。この状態に達すると耐熱性は高く, 電解液による溶解や膨潤にも十分に耐久性があると考えられるが, 実在状態での測定などは不可能に近い。

(5) **水系バインダーの粘度**

先の PVDF/NMP 系と同ように, バインダー系（活物質混合前）の樹脂濃度（固形分%）と粘度の関係を図表 3.4.19 に示した。ラテックスはいずれも樹脂濃度は高いが粘度は低く, これ

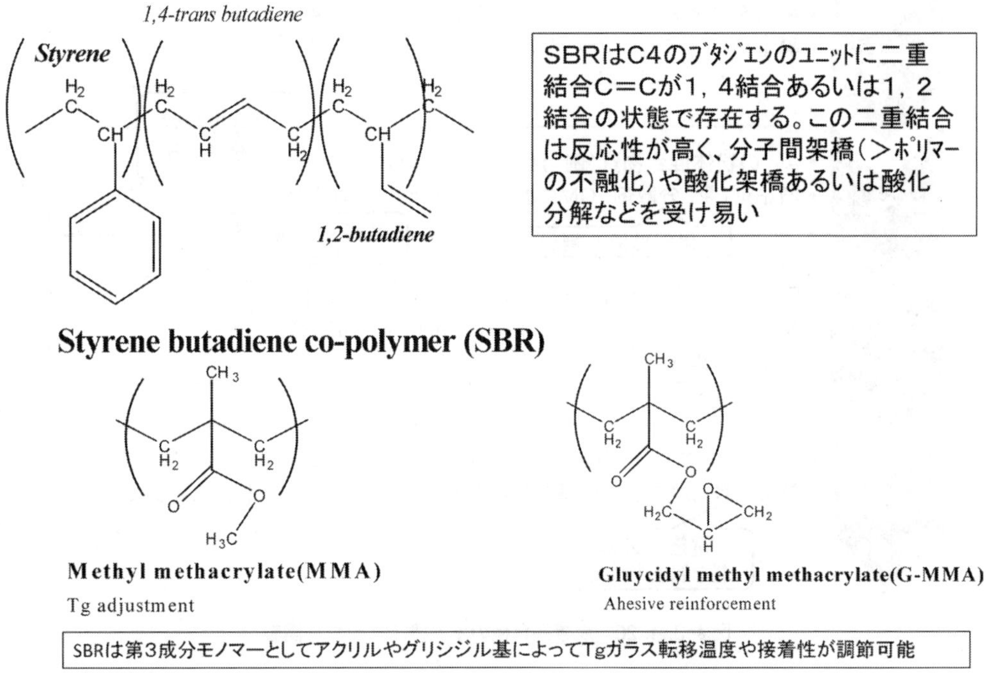

第3章　原材料の基本特性と性能向上

Styrene 　　 1,4-trans butadiene

1,2-butadiene

SBRはC4のブタジエンのユニットに二重結合C＝Cが1,4結合あるいは1,2結合の状態で存在する。この二重結合は反応性が高く、分子間架橋（＞ポリマーの不融化）や酸化架橋あるいは酸化分解などを受け易い

Styrene butadiene co-polymer (SBR)

Methyl methacrylate(MMA)
Tg adjustment

Gluycidyl methyl methacrylate(G-MMA)
Ahesive reinforcement

SBRは第3成分モノマーとしてアクリルやグリシジル基によってTgガラス転移温度や接着性が調節可能

図表3.4.18　SBR共重合の構造および添加成分

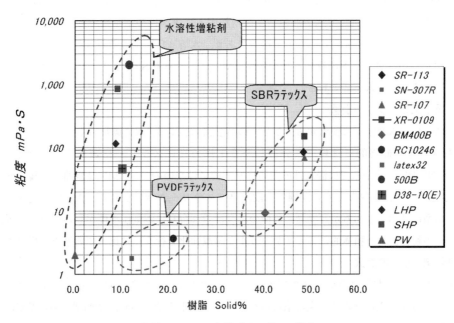

図表3.4.19　水系バインダーの粘度

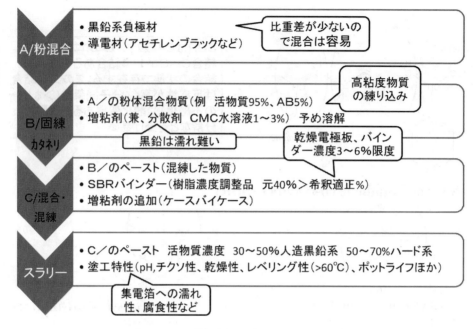

図表 3.4.20 炭素系負極の水系塗工スラリー調製

はポリマーが分散しているのみで，溶解状態にないことを示している。水溶性の増粘剤はカルボキシルメチルセルロース（CMC）の Na 塩やポリアクリル酸（PAA-H ないし -Na 塩）であり，その物質の分子量に比例して水溶液の粘度は増加する。水溶性の増粘剤で粘度の高いグレードは，わずかに架橋（三次元化）した分子構造であり，水溶液化が困難であったり，塗工スラリーがゲル化し易い。グレードの選定は後に示す CMC メーカーや SBR ラテックスメーカーの基本レシピによる方がスムースである。

(6) 水系塗工のスラリー調整

炭素系負極の水系塗工に使用するスラリーの調製においては，水に濡れにくい（親油性の強い）黒鉛系材料を，最終的には均一に分散した塗工性の良いスラリーに調製する必要がある。(PVDF/NMP) の溶剤系では濡れ性の問題は基本的にはないので（NMP は親油性と親水性の両性），水系ではB／固練りとC／混練の二段段階でスラリーが調整される。A／の粉混合はい水系，溶剤系に共通ではあるが，炭素系負極の場合はそれ自身に電気伝導性が高いので，導電性の低い正極の粉体混合（積極的にメカノケミカルな導電強化を行う）に比べて簡単な工程である。

(7) 増粘剤 CMC の選択

水系バインダーは SBR ラテックスなどの維持のために界面活性剤が数百 ppm のオーダーで含まれてはいるが，親水性の低い炭素系負極を濡らすには不十分であり，増粘剤である CMC 溶液を分散剤としても兼用するような使い方となる。実際問題として，1〜3% の CMC 溶液に粉を入れても上に浮くばかりであり混合はできない，従って粉に CMC 溶液を少量ずつ添加しながら

第3章　原材料の基本特性と性能向上

"練って行く"やり方となる。この段階は固形分濃度の高い"固練り"であり，実際に塗工ができる状態ではない。CMCは分子量やエーテル化度によって多くの品種が選択可能である。実際に活物質の塗工を行う場合に，その評価項目を，塗工スジ／気泡やゲル／剥離強度／削り試験などの項目で評価して行くと，総合的な問題解決には，上記のCMCのグレード選定が重要となる。しかしながら，試行錯誤的に行うと，エンドレスに検討が続く結果になりがちである。CMCメーカーの技術資料*や先のSBRバインダーメーカーの技術指針（レシピ）を参考にした方が解決はスムースであろう。

(8) 濡れ性と流動性

図表3.4.21は表面特性や粒径の異なる負極材をいわゆる"固練り"段階の均一濡濃度％と実際に"塗工（流動）可能"な範囲の濃度％を示したものである。実験条件等はケースバイケースであり，概念図として見ていただきたい。また，CMCやSBRバインダーは全く同じレシピで行っており，それぞれの炭素系負極への最適化は行っていない比較である。油性の強い天然黒鉛や人造黒鉛は水に濡れないので，分散剤としてのCMC溶液を多く入れないと均一な濡れに至らない。結果として均一濡れ濃度（固形分％）が低くなる。表面酸化処理をした黒鉛やハード系負極は，その逆で相対的に高い濃度となる。次ぎに，バインダーであるSBRラテックスを添加し，

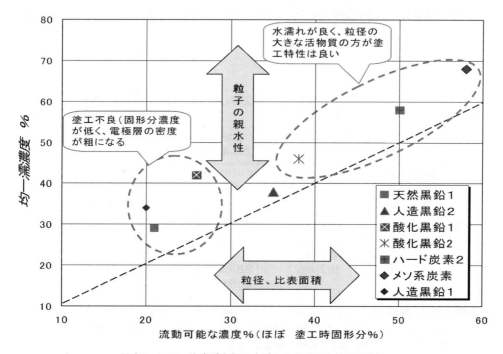

図表3.4.21　炭素系負極の水系における濡れ性と流動性

＊　第一工業製薬㈱「セロゲン®」技術資料（2010ほか）

大容量 Li イオン電池の材料技術と市場展望

最終的に塗工可能な粘度に希釈する。この過程では，粒子が微細で比表面積の高い負極はより多くの水を吸収するので，結果的に固形分濃度は低下する。

4.10 中大型リチウムイオン電池のバインダー

今後の中大型リチウムイオン電池（セル）の量産ステップにおいて，どのようなバインダーが望ましいかは，これまでにも，いくつかのポイントで説明した。正極材などのように，製造コスト的な負担は少ないものの，もっぱら目的とするリチウムイオン電池（セル）の特性の実現に，バインダーが有用であるか否かであろう。図表3.4.22に示した要素の中で最も重要なのは Ah 容量やサイクル特性である，その意味ではバインダーは手段であって目的ではない。課題としては，PVDF／NMP 系は NMP の回収とコスト，NMP の生物安全性の確証などが。SBR ラテックス水系は，大型セルでの低インピーダンス化（電極板の完全乾燥），総合的なセルの安全性試験と寿命レベルのクリア，CMC など増粘剤の諸問題のクリアであろう。

4.11 新たなニーズとバインダシステムの対応

これまで本節でのべた事項を，まとめとして図表3.4.23に要約した。新たなリチウムイオン電池（セル）製造へのニーズと，それに対するバインダシステムの対応は，バインダーを物質として考えず，極板製造とセル特性の中で，システム化すると考えて改良することが必要である。

セルのサイズ	Ah容量 主要な特性	正極バインダー	負極バインダー
小型 角型 円筒 10億ヶ（日本2009）	<3 電圧と容量	PVDF／NMP 非水系	SBRラテックス水系
中型 円筒 函体 ラミネート	3〜10 電圧≒電流	PVDF／NMP 非水系	PVDF／NMP 非水系 SBRラテックス水系
大型 函体 ラミネート	10〜100 大電流≫電圧 容量(EV) 出力(HV)	PVDF／NMP 非水系 SBR等水系 (LIPオリビン系？)	PVDF／NMP 非水系 SBR等水系

課題）PVDF／NMP 系は，NMP の回収とコスト。生物安全性への確証
　　　SBR ラテックス水系は，大型セルでの低インピーダンス化，セルの安全性試験，寿命のクリア，CMC など増粘剤の諸問題クリア

図表3.4.22　バインダーの選択（小型と中大型セル）

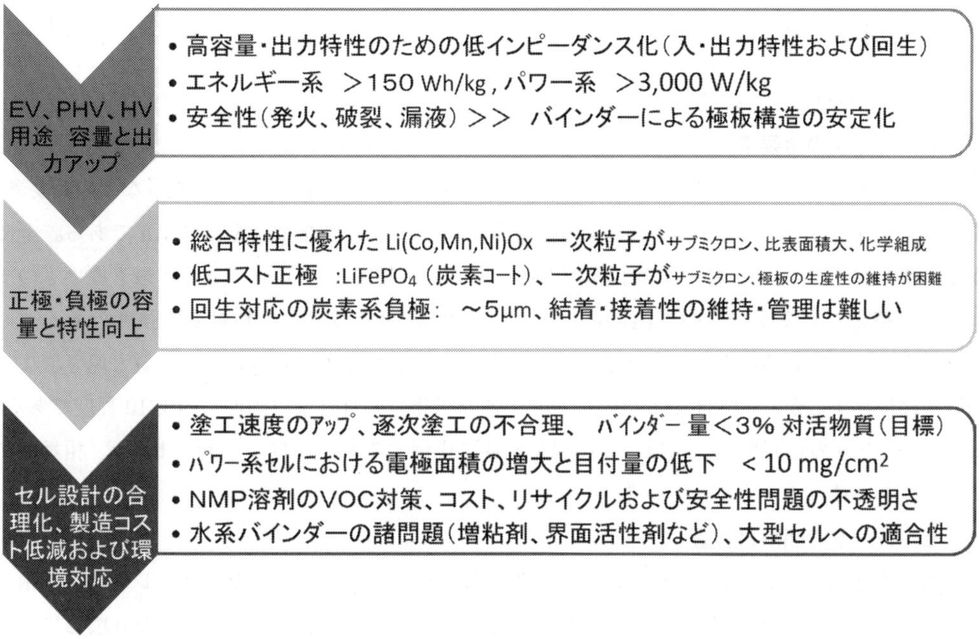

第3章　原材料の基本特性と性能向上

EV、PHV、HV用途 容量と出力アップ
- 高容量・出力特性のための低インピーダンス化（入・出力特性および回生）
- エネルギー系 ＞150 Wh/kg , パワー系 ＞3,000 W/kg
- 安全性（発火、破裂、漏液） ＞＞ バインダーによる極板構造の安定化

正極・負極の容量と特性向上
- 総合特性に優れた Li(Co,Mn,Ni)Ox 一次粒子がサブミクロン、比表面積大、化学組成
- 低コスト正極 ：LiFePO$_4$（炭素コート）、一次粒子がサブミクロン、極板の生産性の維持が困難
- 回生対応の炭素系負極： ～5μm、結着・接着性の維持・管理は難しい

セル設計の合理化、製造コスト低減および環境対応
- 塗工速度のアップ、逐次塗工の不合理、 バインダー量＜3％ 対活物質（目標）
- パワー系セルにおける電極面積の増大と目付量の低下 ＜10 mg/cm^2
- NMP溶剤のVOC対策、コスト、リサイクルおよび安全性問題の不透明さ
- 水系バインダーの諸問題（増粘剤、界面活性剤など）、大型セルへの適合性

図表3.4.23　新たなニーズとバインダシステムの対応
（バインダーを物質として考えず，極板製造とセル特性の中でシステム化する）

5 セパレータ

5.1 セパレータとセル製造

(1) セパレータの諸要素

図3.5.1に各種サイズのリチウムイオン電池のセパレータの諸元（寸法・重量などの諸要素）を示した。小型角型は850mAhレベルの携帯電話用，最も大きな積層型は20Ahである。全てがポリオレフィン（PO）材の微多孔膜であり，厚さは平均的に20μmである。最も厚いもので30μmを超えているが，この電池は電動工具用の26ϕ円筒型で，振動対策で強度のあるセパレータを採用している。セパレータ自身の目付量（cm^2当たりのmg重量）は材質と厚さおよび空隙率に依存するが，平均的には2.0mg/cm^2であり活物質の目付量（両面）の1/10程度である。セル1ヶ当たりの総面積は，ほぼセルのAh容量に比例するが，パワー設計のセルは，相対的にセパレータ面積は大きくなっている。

(2) セパレータの面積と容量

先の図表2.5.10にセルのAh容量に対する正負各電極の面積を示した。セパレータの面積は（正極＋負極）の110%程度になるが，両極の接触防止やズレ防止のために，かなり広めに設定されている。セルの設計がエネルギー系になると電極面積も増え，セパレータの面積も増える。

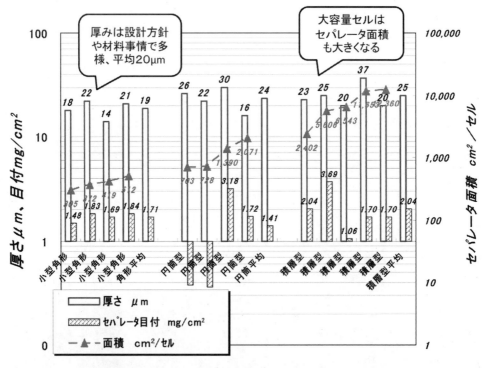

図表3.5.1 リチウムイオン電池（セル）のセパレータ諸元

第3章　原材料の基本特性と性能向上

大型のEV用セルなどでは，例えば185Whの場合はほぼ100,000cm^{2}のセパレータ面積となる。

(3) セパレータの機能と安全性

　セパレータの機能は電解液中における正負両極の電気的な遮断とイオン伝導の維持である。仮りにイオン伝導が閉鎖されれば，セルの機能は失われ，電流電圧は出なくなる。この作用は高温時におけるセルの安全機能として利用可能であり，小型リチウムイオン電池（セル）における安全確保のために利用さてれてきた。図3.5.2のセパレータの遮断温度特性は代表的なセパレータである「セルガード®」の特性であるが，ポリエチレン（PE）とポロプロピレン（PP）を複合することによって，かなり任意に遮断温度を設定できる。現在の安全性試験規格（UL，JIS）の130℃を試験温度としているが，この設定はセパレータの遮断特性のチェックとも言える。安全性試験の結果はレベル3（EUCARのハザード評価）程度になるが，既にセルは機能を失っている。

(4) 大型リチウムイオン電池（セル）

　大型セルは自動車用などその使用状況は過酷である。そのような場合も上記のセパレータの安全機能を利用可能かどうかは論議が分かれる所である。小型民生用に比較して，システム中のセル数が非常に多いので，個々のセルの温度差は大きい。また一部のセルだけがセパレータの閉塞でハイインピーダンス化すると，全体の制御が失われる結果となる。セパレータの機能によらず多数個セルのバッテリーマネージメント（BMS）などの方法で安全性を確保する方法が優先されよう。

(5) セパレータの製造方式

　セパレータの製法に関しては本書の範囲を超えるので簡単に紹介する。図表3.5.3に，乾式法と湿式法による微多孔膜の製造方法を示している。コスト的には乾式の一軸遠心が有利であるが，後に述べるセパレータの特性の多様化などから，湿式法の微多孔モルフォロジーが必要な場

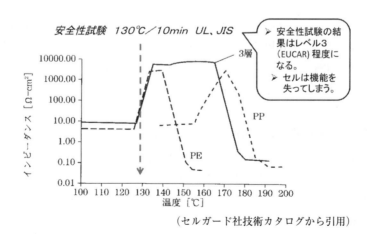

（セルガード社技術カタログから引用）

図表3.5.2　セパレータ（ポリオレフィン系）のシャットダウン特性
（「セルガード」微多孔膜のインピーダンス―湿度特性）

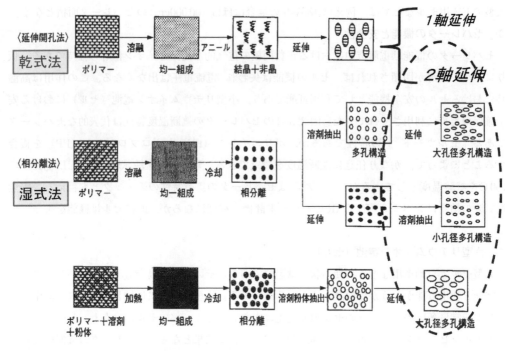

図表3.5.3 セパレータの製法(乾式と湿式)

合もあり,乾式でも二軸延伸などで複雑な孔パターンを製造できるようになってきている。樹脂製のセパレータ,特に乾式製法は大量に製造されている汎用樹脂フィルムと製造設備が同じである。一方で量産しないとコストが下がらない問題も抱えているので,国内外の大手合成樹脂フィルムメーカーがこの分野に新たに参入している。

(6) 微多孔膜

セパレータは膜(メンブレン)として,多くの開口部を持つ"微多孔膜"である。リチウムイオンセルのセパレータとして使用される場合の特性は,

 ①開口率(空隙率%)
 ②孔のサイズと形状(二次元と三次元)
 ③膜厚(μm)

などがセルの電気化学的な動作との関係で重要である。

 ④引っ張り強度(タテ MD*,ヨコ TD の kg/cm^2)
 ⑤加熱収縮(シャットダウン)温度と寸法収縮率(TD, MD %)
 ⑥膜厚ムラ
 ⑦突き刺し強度(g)
 ⑧電解液への濡性(液の保持性)
 ⑨通気度(Gurelly 値 $Sec-in^2$)

第3章 原材料の基本特性と性能向上

などがセルの組立工程と,セルの安定な動作のために重要な特性である。
＊製造時の延伸方向（＝巻き取り方向）。

5.2 セパレータの選定

(1) セパレータの特徴

図表3.5.4に延伸ポリオレフィン系の2種と,不織布系3種のセパレータの引張強さ,空隙率（開口率),目付（単位面積と厚さ当たりの重量）を示した。前2者は結晶性ポリマーのフィルムの延伸でスリット状の孔を発現した乾式製膜であり,孔サイズの大きなPP／PE／PP高開口率は50％である。この系は一軸延伸製法のために,引張強さの異方性が強く,タテ方向に比較してヨコ方向の引張強さはかなり低くなる。膜の突き刺し強度は引張強さの最低値と比例し,また加熱収縮の異方性も強いのでシワの発生などを想定したセルの構造設計が必要となる。最近はポリオレフィンの二軸延伸製法のセパレータが開発されているが,延伸後の熱固定（アニール）が適切に行われていれば,上記の欠点は解決される。なおここでは湿式製膜のセパレータは紹介しなかった。孔の形状や三次元構造など特徴のあるセパレータが製造可能であるが,湿式法の製造コストがネックである。

同じく図表3.5.4の右側に不織布系の例を示した。PET不織布の例はアルミナコーティングをした複合膜であり,断面のSEM図も示した。不織布系セパレータのメリットは高い開口率と

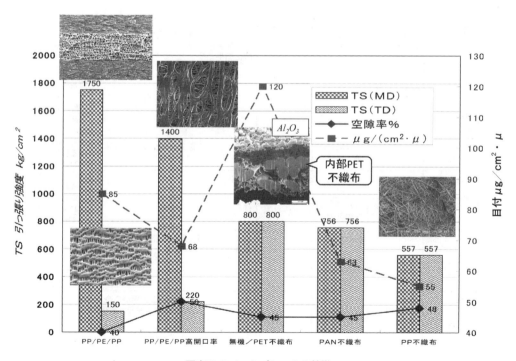

図表3.5.4 セパレータの特徴

軽量,さらには引張強さの等方性である。ポリマー材料も耐熱性の高いPETやPANが選択可能であり,アラミドなどの高耐熱不織布の開発例も見られ,今後の普及が期待される。PET不織布基材にアルミナをコーティングした膜は,「SEPARION®」の商品名で実用化されている。特徴は高い耐熱性と強度であるが,アルミナコーティングのためにかなり重くなっており。目付量はポリオレフィン系の2倍以上となっているので,電極面積の大きなパワー系セルに採用する場合はデメリットとなろう。アルミナに限らず,無機材コーティング系のセパレータは,数千ppmの吸着水を有しており,セパレータの予備乾燥と組み込んだセルの絶乾方法が必要となる。これが不完全であると,初充電不能のセルとなり製品とならない。

(2) **電解液との濡れ性と浸透性**

汎用の電解液系であるカーボネート系(環状と鎖状 第3章6)は極性の高い有機溶媒であり,ポリオレフィン系のセパレータに対しても十分な親和性(濡れと浸透)を有しており,製造工程,特に電解液注入工程においても特段の注意は不要である。しかしながら一軸延伸系のセパレータは電解液の浸透性に方向性があり,MD方向とTDでは浸透性が異なる。セルの組立と電解液の注入ルートはこれを考慮すべきである(詳細は図表3.5.7参照)。

(3) **セルの劣化とセパレータ**

セパレータはリチウムイオン電池(セル)の部材の中では,性能的にも品質的にも最も安定した原材料である。図表3.5.5は自己放電などの劣化原因を列挙した内容であるが,その中でセパ

原因の部材	部材自体に静的に存在	極板製造時に発生	電池積層時に発生	パッキング電解液充填時に発生	静的保管に発生	使用(充放電)初期に発生	使用中、長期に発生
正極活物質	大粒子、酸化鉄、ケイ素、珪藻	スリッター粉落ち、折れ目、シワ、機器からの金属コンタミ					容量劣化、サイクル特性劣化と区別し難い。ありとあらゆる原因が想定される。>正極結晶安定化、SEI形成で対応
負極活物質							
イオン性コンタミ		?NMPほか			還元、酸化で成長し異物となる?		
異物コンタミ	－	異物混入(なんでもあり、髪の毛、ハエ、蚊…)					
セパレーター	ピンホール	折れ目、シワ 極板とのズレ		濡れ不良、泡			
銅箔	－	箔の切断バリ		銅イオン溶出、還元で固体の沈積 > 異物化、セパレーター閉塞			
アルミ箔	－						
電解液	水分>HF発生				HFによる正極から金属イオン発生>還元、酸化		
電解質							

図表3.5.5 自己放電などのセルの劣化原因

第3章 原材料の基本特性と性能向上

レータを見ると，2,3注意を要する点がある。ピンホールは本来あってはならない，機能不全の原因であるが，連続的に生産されるセパレータから完全にピンホールを排除できない。電池メーカーにしても，自社でピンホール検査をできないので，セルに組み込んで初充電のステップで自己放電過剰で不良品として排除できれば被害の少ない方である。電池メーカーの責任範囲では，セル組立ステップにおけるズレ，シワや折れ込みである。これらは組み立てたセルの導通試験（電解液注入前）でチェックできるが，損害の大きな不良品である。電解液とセパレータの濡れ性や電解液の浸透性に関しては後に扱う。

(4) セパレータの選定

これまで述べたことを総合して，セパレータの選定ステップ（中大型のセルの場合）として図表3.5.6に示した。割り切って考えると，仮にセパレータの性能を向上しても，セルの充放電特性が向上することはない。標準的な特性のセパレータを使用すれば，活物質と電解液の性能に応じた特性のセルは完成できる。図にも示したセルの組立工程における諸問題は，そのセルの設計に応じて完全に"できてあたりまえ"の内容であろう。

(5) 安全性試験のクリア

ULなど種々の安全性試験において，試験環境（過酷な破壊試験）におけるセパレータの挙動は試験結果に大きく影響する。特にセルに何らかの外力がかかる試験，圧壊，追撃，落下や釘刺試験（中国国家規格）においては，セパレータの破壊は直ちに正負電極の内部短絡となり，最も

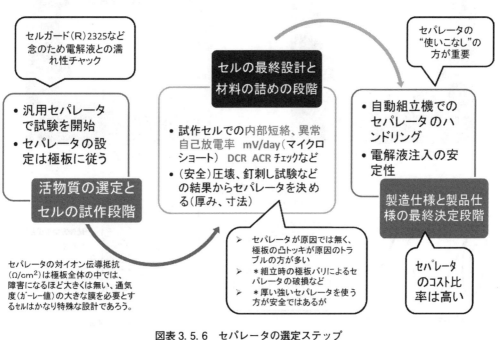

図表3.5.6 セパレータの選定ステップ
（中大型のセルの場合）

危険な状態を発生する。安全性試験をクリアする目的だけには，分厚く破れ難いセパレータを使用することが最も有効であるが，セルの特性低下と重量増加が伴い実用的ではない。矛盾する諸問題を解決するために，新たなセパレータの考え方が必要となろう。ゲル状電解液のハイブリッド化などは電解液の項（3章6）で扱う。

(6) 電解液の入れ方

正負極とセパレータともに，40％前後の空隙率を有する（乾燥状態）組立てセルに，電解液（1M程度の電解質を含む）を完全に入れることは意外と困難である。イメージ的には，真空注入で容易に入ると思われるが，セパレータ特にPO系は縦横（MD，TD）の浸透性の差や，残留応力によるシワの発生などが意外とてこずる問題である。一例を図3.5.7に示したが，セパレータの"癖"をある程度知っておく必要はあろう。セパレータの膜厚方向の異差（裏表）は特殊なグレード以外にはないが，タテ・ヨコの特性差はあるので，セルへの組付け（方向）を考えた設計と工程管理が必要である。

5.3 新しい機能性セパレータ

国内外の樹脂メーカー，特にフィルム技術に蓄積を有する会社は一斉にセパレータの分野で新たな技術開発を進めている。新たな機能の一つは耐熱性である。EVONIK（旧デグサAG）社の

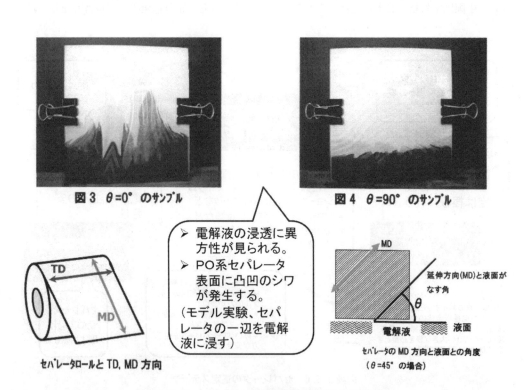

図表3.5.7 セパレータへの電解液の浸透とシワの発生

第3章 原材料の基本特性と性能向上

「SEPARION®」は，PET不織布にアルミナコーティングした構成で，耐熱性と機械的強度が大きい。

SOLVAY社は，PVDF（「SOLEF®」）を素材としてT_m＝172℃耐酸化性，耐還元性（PVDFバインダーで証明）電解液との濡れ特性のゲル状の低インピーダンスセパレータを開発している。

日立マクセル㈱は，PO膜に無機フィラーを充填して耐熱180℃を達成している。デユポン帝人㈱は，アラミド系不織布セパレータ（「コーネックス®」）で150℃の耐熱性で，セルの加熱試験，過充電試験などで良好な結果を得ている。その他，国内では，住友化学工業㈱，三菱樹脂㈱なども開発製品を発表している。

6 電解液

最近の動向は，下記の総説*を参照願いたい。

6.1 電解液
(1) 電解液の種類と分子構造

図表3.6.1に現在のリチウムイオン電池（セル）に使用される代表的な電解液の化学構造を示した。主成分はエチレンカーボネート（EC）など環状カーボネート（炭酸エステル類）であり，高い誘電率を特徴としている。ECは室温で固体の物質であり，これをジエチルカーボネート（DEC）など中誘電率の鎖状カーボネートで溶解した状態で使用する。PCは室温で液体の優れた電解液であるが，黒鉛系負極の表面で分解され易いので単独で使用されることは少なく，EC／DEC系の特性調整成分として添加される。種々の鎖状エステルは中誘電率で低粘度の特性を活かして，低温特性の調整に使用される。アセトニトリルANは基礎実験では汎用の有機電

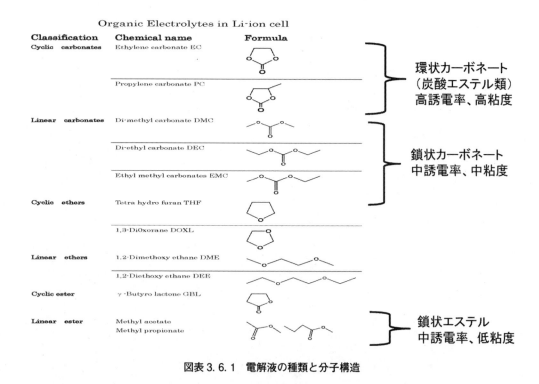

図表3.6.1 電解液の種類と分子構造

* 月刊「ファインケミカル」JUL. 2011 Vol. 40 No. 7
総論，含フッ素系有機電解液，佐々木幸夫／過充電防止剤，高電圧電解液，鳶島真一／リン酸エステル系難燃性ゲル電解液，森田昌行／ホウ素化合物の分子設計による新規電解液の開発，藤波達雄／イオン液体電解質，松本一

第3章　原材料の基本特性と性能向上

解液であるが，毒性が高いので実用セルには使用されない。ブチロラクトン（GBL）は特性的には優れているが，分解ガスの発生が多いので，LTO負極など電位の高い負極に適用される。

(2) セルの電解液量

図3.6.2にセルの電解液の実測データを示した。電解液はセル内部の空隙，

　①正負極板の粒子間（電極密度に依存 30～40Vol％），

　②セパレータの多孔内部空間（30～45 Vol％），

　③包装材（ラミネートまたは缶）の空間

などに充填される。原則として，乾燥空間を残さない充填量と充填方法が必要である。電解液（Li塩1M含み，約12Wt％）は裸セルの重量の9～15％，平均的には12Wt％程度である。電解液を含浸した状態の電極板は一見すると乾いたようにも見え，仮にセルの外装材（容器）を破っても，電解液が流れ出る状態ではない。電解液は多く入れた方がセルの性能は安定するが，特に充填量の理論値がある訳ではないので，サイクル試験の結果などを見て製品の充填量を定めること

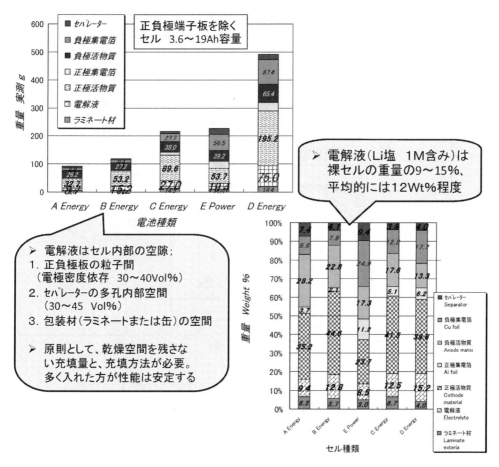

図表3.6.2　セルの電解液量

になり,製造工程では規定量が正しく充填されたことを確認する。

(3) 電解液組成の選定

特に低温における放電性能を求める場合は,ECをベースにプロピオン酸エステルの添加などが有効である。GBLの例のように,LTO負極の場合は酢酸メチル(MA),酢酸エチル(EA)など凝固点が－40℃レベルの電解液が使用可能である[*1]。しかし,いずれの場合も低粘度の電解液は低沸点であり加熱状態ではセルの内圧も上昇する,セルの安全性試験,特に加熱試験などでは苦しい結果となるのは致し方ない。

(4) 電解液の電気分解

電解液の耐電圧性はリチウムイオン電池の技術中で最も重要で,しかも解決が原理的に困難な事項である。図表3.6.3は汎用の電解液(支持電解質含有)のサイクリックボルタンメトリー,CVである[*2]。縦軸 mA/cm^2 がゼロ以外では電流が流れて電解液が何らかの電気分解を起こしていることを示す。この中でEC,DME,EMC,DEC,PCなどが汎用の電解液である。一般的な

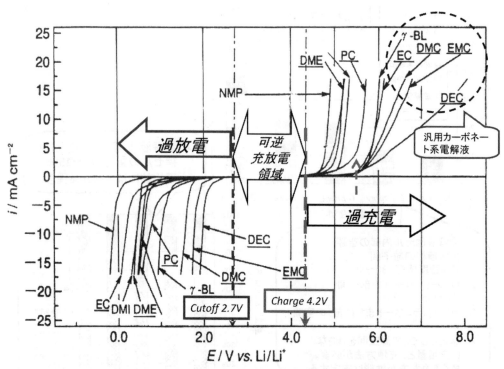

出典:Y.Sasaki, N.Yamazaki, and M.Honda, Mat.Res. Soc. Symp. Proc.,496, 477 (1998)

図表3.6.3 汎用有機電解液の電気分解領域

[*1] データ例:GS Yuasa Technical Report 2009年12月 第6巻第2号
[*2] Y. Sasaki, N. Yamazaki, and M. Honda, Mat. Res. Soc. Symp. Proc., 496, 477 (1998)

第3章 原材料の基本特性と性能向上

可逆充放電の範囲，2.7（カットオフ）～4.3V（CV充電終止電圧）からは，一見するとかなり余裕を持った状態で電解液の分解電圧範囲（いわゆるRedox Window）からは離れているように見えるが，電解液によっては4.5V付近から分解がわずかではあるが始まっている。したがって，過充電や過放電においては正常電圧範囲を超えて電解液が分解する。低電圧側は2.5V付近からCV電流が流れ始めるが，この電圧ではすでに放電停止（カットオフ）がなされているので電解液の分解は防止される。何らかの原因で過放電となった場合は，電解液の分解が継続することになる。

(5) サイクル特性と安全性試験

この図表3.6.3は数サイクルのCVのデータであるが，リチウムイオン電池（セル）のサイクル試験は数百から千回の繰り返しである。わずかのCV電流であっても1,000回なら1,000倍のストレスが電解液に与えられることになる。またセルの安全性試験の中で，過充電試験は通常の充電終止電圧（マンガン系正極で4.3V付近）を超えて強制的に充電する試験であるが，セルの異常が観測されるのはおおむね5.5V以上からであり，図表3.6.3で汎用電解液のCV電流が立ち上がる電圧（図中矢印）と合致している。試験は"過充電"ではあるが，その内容は"電解液の強制電気分解"とも言えよう。図表3.6.3の横軸はE/V vs. Li/Li$^+$であるが，炭素系負極セルの場合は充電時の負極電位は，ほぼ0Vであるので，セルの端子電圧（正極電位－負極電位）と数値が一致する。

(6) 電解質中の電位分布

図表3.6.4の電位分布$\phi(x)$は電極（活物質）表面からデバイ長の数倍までの領域の電解質は，電気的中和が崩れ，大きな濃度勾配と電位勾配が局在する。電池の電気化学反応はこの電気

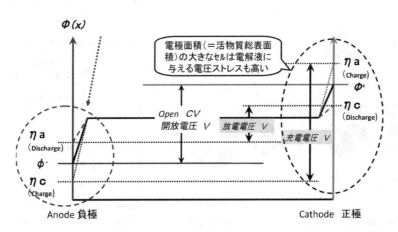

（廣田ほか「電気自動車の制御システム」P-129図に加筆・解析）

注）電極（活物質）表面からデバイ長の数倍までの領域の電解質は，電気的中和が崩れ，大きな濃度勾配と電位勾配が局在する。電池の電気化学反応はこの電気二重層の中で起こっており，一方で電解質（液）の大部分は平坦な電位分布である。

図表3.6.4 電解質中の電位分布$\phi(x)$

二重層の中で起こっており，一方で電解質（液）の大部分は平坦な電位分布である。

外部から与える充電電圧は，図に示した最も電位差が大きく，電解液と活物質に与えるストレスも大きい。放電電圧は正極と負極の電位の差であり，セルが自ら発生可能な電圧（ポテンシャル）である。

(7) 電解質と電解液の基礎

教科書的な事項ではあるが，文献*のデータを紹介して電解液と電解質の基礎的な事項を説明する。図表3.6.5に示した優れた電解質である$LiPF_6$は高い電気陰性度の$-F_6$基によってLi^+の解離を促進している。その結果，アニオンはバルキーな分子となった電解液の粘度の影響を受けやすい。図表3.6.5の右は電解質を溶解した状態の伝導率 κ (mS/cm) を粘度と比誘電率の関係で示した図である。圧倒的に粘度の影響が大きいことが判る。一方でLi塩を溶解する溶媒の比誘電率も高い方が望ましいが，粘度とのバランスで決める（妥協する）ことになろう。

(8) ECベース電解液

実用リチウムイオン電池（セル）は例外なくエチレンカーボネート（EC）をベースとし，第二，第三成分として鎖状カーボネートを配合している。図からの判るように（EC／鎖状カーボネート）系ではカーボネートが50～60容量％の付近に最大点があり，実用電池においてもこのあた

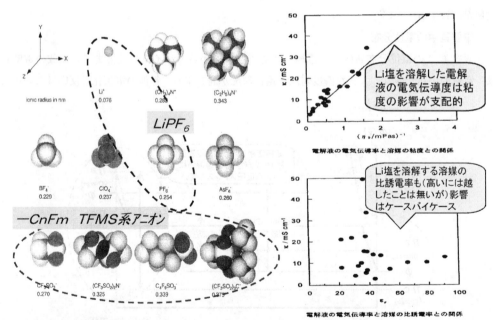

注）高い電気陰性度の$-F_n$基によってLi+の解離を促進する。結果的に，アニオンはバルキーな分子となった，電解液の粘度の影響を受けやすい

図表3.6.5　Li電解液の特性

* 宇恵誠（三菱化学）12th 高分子エレクトロニクス研究会　（1997/11/25）東京

第3章　原材料の基本特性と性能向上

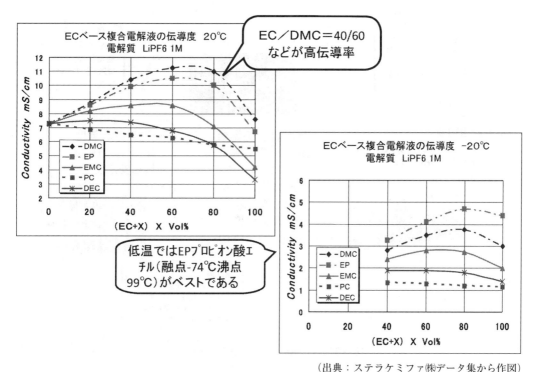

図表3.6.6　ECベース電解液のイオン伝導度（20℃，-20℃）

りの組成が使用される。特に低温特性を必要とする場合は，図下の例のように，低粘度のプロピオン酸エチル（EP）などを使用しないとイオン伝導度は維持できない。粘度の低い電解液は低分子量の化合物であり，後に示すように沸点と引火点が低く，セルの安全上は好ましくない。幅広い温度範囲でオールマイティーな電解液系は現時点では存在しない。

6.2　電解液・質の選定ステップ
(1)　**開発設計**

図表3.6.7に電解液／質の選定ステップとして主な事項をリスト化した。開発設計段階では活物質組成や目的とする充放電特性に合わせて電解液の組成を決めて行く。一般的にはEC／鎖状カーボネート系の汎用組成で，十分な性能のセルは製造可能であり，経験のある電解液メーカーの標準グレードが候補である。SEI形成剤であるビニレンカーボネート（VC）などを添加する場合も，電解液メーカーの標準レシピが最も無難であり，特に酸化防止剤の問題など，技術ノウハウが不明な部分は，電池メーカーの手には負えない部分である。

(2)　**製造工程**

製品セルの製造において，電解液（質）の注入は最も重要な工程である。工場には組成と電解質濃度および添加剤などの定まった製品が，電解液メーカーから特殊なSUS容器で供給される。

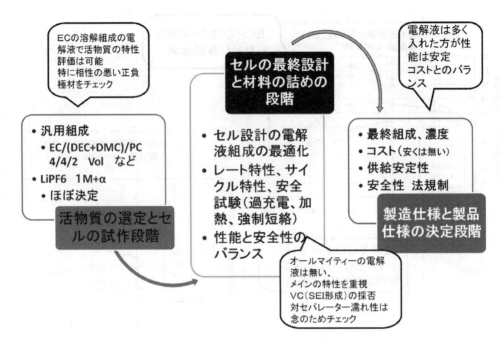

図表 3.6.7　電解液・質の選定ステップ

これをクリーンルーム（電解液注入工程）の外部配管に接続して使用する。電解液の品質などはあらかじめ納入仕様で定められているが，納入段階に受入側で品質チェックをすることは不可能であり，メーカーの品質保証を信用するしかない。電解液（質）は原材料コストにおいても比率が高いが，品質保証とデリバリシステム込みのコストと考えて，セルへの充填不良などでロスを出さないほうがトータルのコストダウンになる。電解液系の品質トラブル（水分レベルや組成異常）は，セルを初充電した時点で発見されるが，多数のセルに注入が終わった段階では全てのセルが不良品となり回復はできない。電解液注入はクリーンルームなどの密閉空間で，可燃物を扱う作業であり，火災などが起こっても消火は事実上できない。

6.3　電解液と安全性

(1) 沸点と引火点

図表 3.6.8 に汎用の電解液の沸点と引火点を示した。EC 以外の電解液はいずれも消防法の危険物第四類（引火性液体）に該当し，さらに引火点の低い物質ほど指定数量が厳しくなる。DMC，DEC や MEC などは引火点が室温程度であり，危険物第四類の第2と第3石油類に相当する*。指定数量はそれぞれ 2,000L，1,000L である。このことをもってリチウムイオン電池（セ

---

* 消防法の危険物は物質で指定（定める）する方法ではなく，それぞれの物質を一定の方法で試験した引火点などの結果をもって，危険物保安協会に登録することで分類（指定）が定まる。

第3章　原材料の基本特性と性能向上

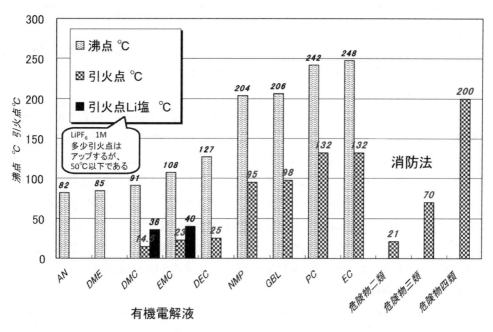

図表 3.6.8　有機電解液の沸点，引火点と危険物（消防法）の分類

燃焼した物質	主成分	特性	事故原因（推定）	安全対策と効果		記
電解液	環状カーボネート類 DEC、DMC、DMEC (主剤のECは室温では固体、高引火点132℃)	低引火点 (消防法第Ⅱ～Ⅲ類 引火点21～70℃)	漏液（圧壊、横転など）	難燃性電解液 難燃化剤の添加	有効	通常のセル設計では、電解液の重量はセル重量の12%前後である。液は活物質とセパレーターに染み込んでおり（乾いた様に見える）、液が流れ出す状態は希である。
				ゲル化剤 ゲル電解液	有効（漏液防止）	
分解ガス（可燃性）	水素 (20,000ppm超)、メタン、エタン、プロパン	引火性、爆発性	セルの内部、外部短絡で酸化、還元反応	(ガスの排出（爆発限界濃度以下))	？ 時間との勝負	正常セルの体積の400%超のガス膨張がある

> リチウムイオン電池（セル）の発火防止には、電解液に対する難燃化剤（フォスファゼン）が有効とされている。また、電解液のゲル化による漏れ防止なども検討されているし、小型セルでは実績がある。
> EV車の電池の発火事故例は、電池の破壊（推定で、過放電、圧壊＋短絡（外部、内部）、過熱…）で発生した水素などの可燃性ガスが、時間を経て蓄積して発火と爆発に至ったものではないか。電解液の難燃化は、液の引火点を下げて着火防止には有効であるが、上記の分解ガスの発生は電池の中で起こる電解液の電気化学的な分解ガス化であり、燃焼防止（電解液の空気中の酸素による燃焼）とは異なる。難燃化剤はこの場合は効果を期待し難い。

図表 3.6.9　リチウムイオン電池（セル）の発火

ル）が消防法の規制に該当するか否かは，現段階では明確な行政の指針が示されてはいない。規制緩和によって電池産業を振興する立場と，それぞれの法令が規制を拡げたい動きとの狭間にあろう。電池の製造工場でバルクの電解液を扱う場合は，完全に消防法の規制を受ける。指定数量の1/5からは"少量危険物"の取り扱いとして県条例の届け出の対象になる。

(2) 電解液と分解ガス

最も危険なリチウムイオン電池（セル）の発火や爆発と関連する事項を，図表3.6.9にまとめた。実際にセルの発火や爆発を経験することや，それを化学的に解析すること自体がまれであり，この表もかなり推定を含んでいる。発火（着火）物質は電解液自体あるいは電解液が何らかの反応でガス化した可燃性（爆発性）物質である。電解液の漏れと引火対策には，難燃性電解液や難燃化剤の添加，あるいはゲル化剤やゲル電解液の利用が効果的であろう。この問題は次の項で詳細に扱う。分解ガスは充放電に伴って徐々に蓄積する場合と，過充電などで短時間に発生する場合がある。いずれのケースもその現象が起こらないような材料選定，セル設計と使い方が発火を防止する唯一の方法であり，ガス発生を対症療法的に防止する有効な方法はない。

(3) 分解ガスの分析事例

図表3.6.10に過充電（5Vと12V，分析データは5Vのガス）と過放電を故意に行ったセルか

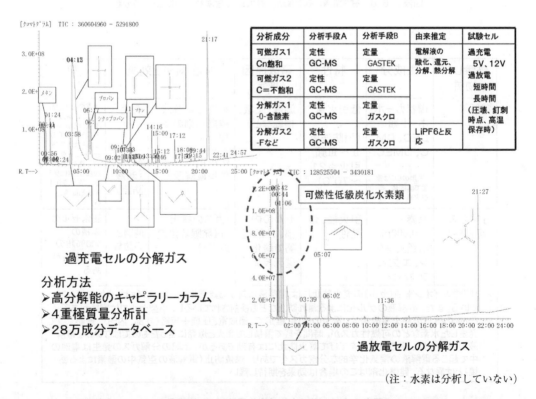

図表3.6.10 過充電と過放電による電解液の分解ガス成分（GC-MAS分析）

第3章　原材料の基本特性と性能向上

ら採取した分解ガスの成分分析例を示した。分析は高分解能のキャピラリーカラムで分離して，4重極質量分析計に導入し，28万成分データベースでピークのアサインを行っている。極めて多くの成分が検出され，電解液の分解フラグメントも多く見られるが，ここでは多くの可燃性炭化水素が検出されたことを指摘するに留める。この分析方法では水素の検出は行っていないが，ガス検知管で別途の測定したデータでは，分解ガス中に20～40体積%の水素が存在する。なお，この分析データをもって，過充電や過放電の化学的な内容を考察するには片手落ちであろう。多くの分解成分は残った電解液中に溶解していると推定され，液体クロマト分析の併用などが必要である。

(4) 正負極と電解液との反応抑制

図表3.6.11に過充電や過放電などを含めて模式的に示した。正極・負極が最も反応性の高い状態で，電解液がそれと反応してガス化することや熱暴走のきっかけを与えない対策が必要となる。具体的に次項のSEI（表面保護層）を構築して，電解液の分解や発熱を防止して安全性を高めることになる。電解液にストレスを与えない方法としては，LFP，LTOなど充放電電位の安定な活物質系を選ぶ方法もある。

(5) 分解ガスの経時的な蓄積の可能性

図表3.6.12に滞留・蓄積したガスの引火・爆発の可能性として，いくつかの想定できる（あ

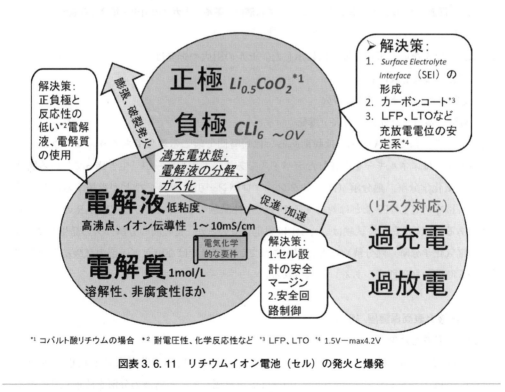

*1 コバルト酸リチウムの場合　*2 耐電圧性、化学反応性など　*3 LFP、LTO　*4 1.5V－max4.2V

図表3.6.11　リチウムイオン電池（セル）の発火と爆発

---

*　参考文献　日本電子㈱ JEOL MS Data Sheet No. 6, 2008

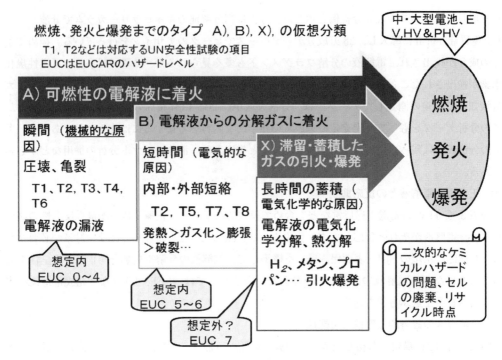

図表 3.6.12　セルおよびモジュール内に滞留・蓄積したガスの引火・爆発の可能性

るいは想定できない）事項を模式的に示した。セルの引火や爆発は，
　A）可燃性の電解液に着火
　B）電解液からの分解ガスに着火
　X）滞留・蓄積したガスの引火・爆発

が考えられる。前2者A），B）は瞬間あるいは短時間で起こる現象であろう。リチウムイオン電池（セル）はエネルギーを内在したデバイスであり，エネルギーが"生き残って"いる間は電解液の電気化学分解，熱分解（H_2，メタン，プロパン…引火爆発）などが継続することは避けがたい。図中の T1, T2 などは対応する UN 安全性試験の項目，EUC は EUCAR のハザードレベルである。UN の安全性試験は A），B）は想定しているが，長時間の分解ガスの発生と蓄積（電解液の電気化学分解，熱分解）などは想定されていないのではないか（一部の試験結果の判定は試験後6時間の経過観察がある）とみられる。

6.4　電解液と表面保護層（SEI）

(1) SEI の形成と効果

既に本章1，2節（正極材，負極材）で述べたように，負極（炭素系）と正極の表面に，Surface Solid とも言われる Electrolyte Interface を形成して，電解液の分解を防止して，セルの安定な動作を行うことは，既に汎用技術になっている。人造黒鉛系負極はビニレンカーボネート

第3章　原材料の基本特性と性能向上

(VC) の添加で SEI を形成しないと，事実上は製品にならない。また電解液の主成分であるエチレンカーボネート（EC）が SEI 形成剤であることが，VC の使用以前に高容量黒鉛負極を実用化したポイントである。現在の高性能セルは，上記の VC のレベルを超えて，高入出力特性（パワー特性），や高温での動作など，正負極の安定化はさらにレベルアップが求められる。さらに，高容量を目指した高電圧充電（現状 4.3V から 4.6〜5V 超へ）系正極（高 Ni 系など）は，電解液と正極の反応を抑制することが，サイクル特性の取れる電池の必須条件である。以上を背景に，新たな SEI 形成化合物の探索は進められている。LiBOB などが最も期待される物質であるが，作用機構については研究中で諸説がある。前記の難燃剤やイオン性液体などの一部には，SEI 形成に作用している可能性が指摘されている。XPS や TOS-SIMS（質量分析）など，電極表面の分析技術が進んでおり，これらを駆使した研究が多くなっている。

(2) SEI 形成化合物のタイプ

後にも紹介する S. S. Zhang* の分類によれば，SEI に関係する物質は以下のタイプに分けられる。Reduction-type additive 還元タイプの助剤，Reaction-type additive 反応タイプの助剤，SEI morphology modifier SEI の形態変性剤である。さらには同じ物質が後述する難燃剤などとして作用している場合もあり，ここでは多種多様であると理解しておく程度で十分であろう。

(3) SEI 形成

VC などの重合反応はアニオンラジカルを活性種とする重合であり，電解液に 2〜3% 添加された VC が，セルの初充電の過程で負極の表面で重合する。重合体の構造は ECS 誌の論文例によれば図表 3.6.13 の構造が示されているが，他の構造を示した研究もある。重合の開始は図下の反応，ダブルボンドの1電子還元によるアニオンラジカル発生である。重合反応は反応系内の溶媒由来のプロトンなどで失活して停止するか，ポリマーが系内で不溶化してラジカル末端が封じ込められて重合が停止する。このような重合性で生成した SEI は，ポリマーとしては重合度も低く"オリゴマー"状態の pre-Polymer である。

6.5　電解液，電解質と添加剤

(1) 作用部位と添加剤の効果

総論としての問題点を，セルの内部で起きる添加剤などの効果を，図表 3.6.14 の項目で行の *1〜*6 に区分して，セルの内部で作用する部位との相互作用との関係で一覧した。なお効果は相互に重複しており，独立した内容ではないが，文献等のデータはこれらの内容で示されていることが多い。作用する部位はセルの構成材料と部材の全てにわたるが，一部は原理的に関係のない組合せもある。個別に考察すると，図中の列の a)〜k) の項目に分類できる。

研究として多い系は，汎用の電解液である（$LiPF_6$ (1M)）を溶解した EC／(DMC, DEC など環状カーボネート) ＝1／3〜3／1）に種々の効果，*1〜*6 を期待して添加剤を加えて行く系

---

*　S. S. Zhang, Journal of Power Sources 162 (2006) 1379-1394.

大容量Liイオン電池の材料技術と市場展望

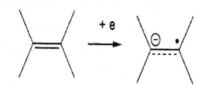

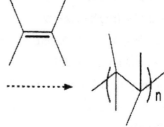

- アニオンラジカルを活性種とする重合は、反応系内の溶媒由来のプロトンなどで失活して停止する。同時に、ポリマーが系内で不溶化すると活性末端が封じ込められて重合が停止する。
- リチウムイオン電池(セル)内で形成される重合性SEIは、ポリマーとしては重合度も低く"オリゴマー"状態のpre-Polymerである。

ダブルボンドの1電子還元(アニオンラジカル)開始の重合

図表3.6.13　SEI形成（VCなどの重合反応）

である。上記の汎用電解液は，高い誘電率のECを低粘度の環状カーボネート類で希釈した系であり，高濃度（1Mで約12Wt%）のLi塩を溶解し，広い温度範囲（−20〜40℃）で高いイオン伝導度を示す。汎用的なリチウムイオン電池（セル）はこの電解液系で十分な性能と安全性を実現している。

(2) 添加剤や助剤の使用目的

電解液に対して種々の添加剤や助剤を加えて行く目的は，

1) 安全性，特にセルの発火や爆発に対する対策
2) 充放電特性の維持・向上
3) サイクル特性の向上
4) 新たな活物質系に対する電解液の設計，容量や入出力特性をブレークスルーする開発研究

などである。これらの背景には，今後の自動車（EV，PHEVとHEV）などの電池は，従来の小型民生用電池とはケタ違いの，高いAh容量，入出力特性およびサイクル特性が要求されていることがある。1)〜4) は電解液と電解質のみならず，正負極材料その他の材料に関しても多くの改良を求めているものではあるが，電解液と電解質はリチウムイオンセルの電気化学的な動作の要である。同時に，可燃性や分解ガスの発生など，安全性に最も強く関係する材料である。あ

第3章　原材料の基本特性と性能向上

作用する部位と電位		添加剤などの効果					
		イオン伝導向上 [*1]	SEI形成 [*2]	電気分解抑制 [*3]	発熱反応抑制 [*4]	酸化・燃焼抑制 [*5]	その他 [*6]
正極表面 現象や効果は右記の電圧で異なる	a) ～4.3V充電系 (LCO、LMO、LNMCなど) 現状の技術	IL NL NE	EI AD	IL SE RS	RS AD	RS XX AD	
	b) ＞4.3V充電 Ni系高容量 開発系						
	c) オリビン鉄Li 4.2V充電3.4V放電系 開発系						
負極表面 同上	d) 易黒鉛化系 LiC6 Li/Li⁺=0V	IL NL NE	EI AD				
	e) 難黒鉛化系		単独で研究されることは少ない				
	f) 合金系		(左記の負極の特性が十分解明されていないので、電解液と電解質の検討はケースバイケース)				
	g) LTO						
	K) Liメタル 実験系		Liメタルは正負いずれの極としても作用するので、フルセルを作製する以前の基礎研究段階での添加剤などの評価に有用				
h) 電解液	環状＆鎖状カーボネートほか	NL	AD ECなどは電解液自体がSEI形成	IL SE RS NL NE 作用機序が交錯しており、試行錯誤的に有効な物質を探索している	難燃剤 PN PE FS 左記の作用も併発する場合が多い		
j) 電解質	LiPF₆,LiBF₄ほか	NE	AD	IL AD	PG IL AD	PG	
k) セパレータ	ポリオレフィン系、無機コーティング系	(記載事項なし)					AD ポリオレフィンへの電解液の濡れ性促進
m) 集電箔	Al、Cu						AD 金属の腐食防止

注）*1～*6は相互に重複しており、独立した内容では無いが、文献等のデータはこれらの内容で示されていることが多い

図表3.6.14　電解液，電解質およびこれらへの添加剤(1)　材料の分類との関係

る意味では，電解液がリチウムイオン電池（セル）の最大の弱点であり，高い耐電圧（例えば7～8V Li／Li⁺超）と分解耐性（ガス化防止）を有する電解液が理想的であるが，これは有機電気化学的な原理から不可能な側面がある。

6.6　実用電解液系と添加剤・助剤

　実用的な観点からは，上記の汎用電解液系に図表3.6.14に示す種々の添加剤や助剤を加えて，上記の1)～4)の目的のいずれかを改良することになる。多くの研究は，実用電池（セル）としての制約（コストほか）の中で開発研究を展開しているが，さらなる技術的なブレークスルーを目指して多くのアイテムが研究されている；

　　5）固体電解質による全固体（非液体）電池（セル）
　　6）イオン性液体などの高沸点電解液（質）による電池（セル）
　　7）その他

である。これらの研究は，実用リチウムイオン電池（セル）としては

　　①常温や低温での動作
　　②実用レベルの容量 Wh/kg や入出力特性 W/kg

211

③量産の可能性とコスト
④予見できない，新たなハザード

など多くのハードルを越えなければならない。現実には，小規模な（ニッチな）用途で実績を積んで，段階的に開発を進めることになろう。開発でキーになるのは次の(1)に示す物質の開発と，(2)に示す材料シーズの応用開発である。以下の PN などの略記は図表 3.6.14 中の記載と共通である。

(1) 材料別の難燃化剤の利用と開発

　　PN：フォスファゼン（フッ素化フォスファゼンを含む）
　　PE：リン酸エステル（N を含む化合物の場合は PN に分類）
　　FS：フッ素化溶媒，電解液（イオン性液体は除く）
　　XX：その他の化合物（シラン Si 系化合物など）

(2) 材料シーズ別の開発

　　IL：イオン性液体および LiTFSI などと IL の組合せ
　　SE：固体電解質（有機ポリマーを除く）
　　PG：高分子固体電解質 PSE およびゲル化電解液
　　EI：SEI（Solid Surface Electrolyte Interface）形成化合物（正極，負極）
　　RS：レドックスシャトル化合物など過充電防止剤
　　NE：新規な電解質（IL，RS を除く Li 塩類）
　　NL：新規な電解液（低粘度，高溶解性など，フッ素化溶媒含む）
　　AD：その他の化合物（電解質の安定剤，アルミ集電箔の保護剤，セパレータ親和剤）

(3) 正極・負極表面との相互作用

　図表 3.6.15 に正極と負極に分けて電解液，電解質およびこれらへの添加剤と正極・負極材との相互作用をまとめた。正極は充電電圧が多様化しており，～4.3V（従来系），＞4.3V（新規な高容量系），および 3.4V（オリビン鉄）の 3 区分した。負極は炭素系では電圧の差が少ないので物質別で分けたが，唯一 LTO は 1.5V である。正極，負極共通の問題として，広い温度範囲と長期のサイクルにおける，充放電特性（容量と出力）を維持した上での，電解液系の安全性を実現するための研究が集中している。イオン性液体，難燃剤，フッ素系電解液，ポリマー電解質などに関しては後述する。

(4) 実用セルの電解液系への添加剤

　図表 3.6.16 に電解液への添加剤と作用機構の概要を示した。VC は代表的な SEI 形成剤である。フッ素化 EC 類はその作用機構が単一ではなく，SEI 形成以外の効果も推定されている。表の下 3 行の芳香族化合物は文献*に詳細データが発表されている。正極表面で SEI 形成（電解重合 4.7～4.9V）であるが，過充電耐性を付与する Redox Shuttle としての効果もあるとされてい

---

* LG 化学（韓国）ECS letter 9 (6) A307-310 (2006)

第3章　原材料の基本特性と性能向上

作用する部位と電位		電解液、電解質と活物質の相互作用（反応）		
		➢ 電解液 環状,鎖状カーボネート類ほか	➢ 電解質 LiPF$_6$、LiBF$_4$ ほか	分解・加水分解その他副反応物質（電解液、電解質その他）
Cathode 正極 表面	〜4.3V充電系 （LCO、LMO、LNMCなど）現技術	LiPF$_6$/(EC+環状カーボネート+α)、1Mで広い温度領域で実用化。 ➢セルの動作レベル（温度、出力、レート、サイクルなど）のアップに応じたレベルアップが必要	左記の電解液系で実用技術。6V以下では特に問題は無い。 更に容量、出力、寿命、耐熱性をアップするには、電解液系のグレードアップが必須	LiPF$_6$は加水分解し易い、LiBF$_4$は相対的に安定。 セルの製造技術の点からは、工程の水分管理レベルに依存し、材料だけでは解決しない
	>4.3V充電系 Ni系高容量品開発系	充放電容量アップに効果が高いが、5V付近からは電解液の電気分解が開始。より分解電圧の高い電解液系が必要		
	オリビン鉄Li 〜3.4V充電系 開発系	充電電圧が低いので、相対的に安定。更に60℃レベルにおける長期使用に		導電カーボンコーティングのオリビンは安定性が大
Anode 負極 表面	黒鉛化系 （人造黒鉛、天然黒鉛） LiC$_6$ Li/Li$^+$=0V	負極表面における電解液の分解（@0V）をSEI形成によって制御しないと実用セルにはならない。VCが汎用SEI剤、改良へ	（正極、負極共通の問題として） ➢電解液系も含めて、広い温度範囲と長期のサイクル、充放電特性（容量と出力）条件下での安全性を実現する為の研究と開発が集中 ➢イオン性液体、難燃剤、ふっ素系電解液、ポリマー電解質など多くの材料技術が集中	
	黒鉛+難黒鉛 （実用設計）	実用設計は安全性とサイクル特性からこの組合せが多い		
	難黒鉛化系 高容量、高サイクル、高不可逆	原理的には電解液を分解し難い		
	合金系 研究開発	活物質の化学組成に依存、ケースバイケース		
	LTO 実用化段階	最低電位〜1.5V、電解液は安定（セルの放電は2.5V 程度）		

図表3.6.15　電解液，電解質およびこれらへの添加剤(2)　正・負極材との相互作用

る。この種の添加剤としては最も詳しく研究されているグループであり，メーカーからサンプルも供給されているので，早期の実用を期待したい。

6.7　電解液と過充電，過放電

(1)　セルの正常動作と過充電・過放電

　工業製品であるリチウムイオン電池（セル）は，設計と製造の段階において，通常の使用状態と寿命の範囲では，過充電と過放電に対して十分な安全性を確保している。さらには充放電システムや複数のセルを管理するバッテリーマネージメントシステム（BMS）が正常に機能して，安全性を維持している。リチウムイオン電池（セル）の安全性において他の試験項目，例えばセルの圧壊／破壊試験などとは異なり，過充電と過放電は正常な動作と連続した領域である。図表3.6.17に過充電と過放電に別けて，何処からが"過"なのかという"基準"も考えて，その現象と異常現象を考察した。いずれも，基準は

1) セルの定格（設計・製造基準）Ah容量
2) 定格充放電Cレート（速度）
3) 活物質の特性に依存する事項

大容量Liイオン電池の材料技術と市場展望

物質名 CAS#	化学式	有効性 (%は電解液への添加量)	作用機序（推定を含む）	注意点	文献・資料
Ethylene Carbonate 96-49-1		EC自体が電解液の主成分	黒鉛系負極SEI形成		
Vinylene Carbonate 872-36-6		サイクル特性、ガス発生低減 2-5%	黒鉛系負極SEI形成	易酸化性(HQなど安定剤の処理)	特許3560119(三菱化学 出願 1997/10/13)
mono-Fluoro Ethylene Carbonate 114435-02-8		サイクル特性 5-10%	黒鉛系負極SEI形成（電解液の分解抑制）	吸湿性、脱HF性など保存方法	www.solvay-fluoro.com 特開平2008-103330 三星SDI
di-Fluoro Ethylene Carbonate	F2EC cis-, trans-		同上、F1ECとの併用効果		特開平2007-173180 セントラル硝子
Biphenyl 92-52-4 Bp255	Biphenyl	過充電耐性 BP、CH併用で有効 1-5%	正極表面でSEI形成（電解重合4.7-4.9V）	(?)化学物質規制の動向	ECS letter 9(6)A307-310(2006)
Cyclohexyl Benzen 827-52-1 bp240	Cyclohexyl Benzene				
Tertiary-Amylbenzene TAB 2049-95-8	tert-Amyl Benzene	過充電耐性 サイクル特性	Redox-shuttle 4.6-5.0V域で		www.solvay-fluoro.com

図表3.6.16　電解液への添加剤（化合物と作用機構）

などである。

過充電に関しては，活物質と電解液など多くの電気化学的な反応を伴う。詳細は総説*を参照されたい。

(2) セルの定格（設計，製造基準）

上記の1）と2）は，充放電システムの正常動作を前提にすれば，劣化セルに対する保護や組セルのバランス維持には相当の注意は要するものの，異常現象や事故は起こり難い。活物質に関するC3とD3は，化学原料である正極材と負極材の品質管理や，セル設計段階における安全マージンの取り方に依存する。過去の発火事故の原因とも言われる，無理な"詰め込み設計"への反省に基づいて，JISの安全基準も強化されているので，問題は少なくなってきている。一方で，大型リチウムイオン電池（セル）の性能（容量Wh/kgや出力W/kg）アップに答えるための材料開発などは，開発当初は安全性までの配慮は行き届かないのが常である。

(3) レドックスシャトルなど過充電防止剤

過充電ストレスを，電解液に替わって受け止め，セパレータを通過して対極でエネルギーを放出して戻る（シャトル）物質の利用が考えられた。モデル的な作用機構を図表3.6.18に示した。

---

* リチウムイオンバッテリーの過充電反応　J Power Sources Vol.146, No.1-2, Page97-100 (2005.08.26)

第3章　原材料の基本特性と性能向上

		基準	説明	現象	異常現象
過充電　誤充電(システム)＋−誤接続（逆充電）不均等充電	C1. セルの定格充電容量 Ah	新品セル	設計容量＋α（安全マージン）、充放電システムの設計基準		充電システムが正常に動作していれば以下の現象は起こらない。
		劣化セル	−40％劣化で寿命 JIS	システムの追従不能による過充電	
	C2. 定格充電レート	単セル	設計レート Ex. 1C〜3C、充放電システムの設計基準		発熱、ガス膨張、漏液、破裂、発火…
		組セル	アンバランス	不均等充電	
	C3. 正極材の充電電圧（上限）Li1.0>0.5CoO$_2$ Li1.0>0.0Mn$_2$O$_4$	1元系	例 LMO 4.2VCC、4.3VCV、充放電システムの設計基準		同上
		多元系、混合系	不均等充電、検出不可能	システムの設定不適による過充電	同上　材料設計とセル設計の問題
過放電　使用時誤放電　外部短絡事故　メンテナンス充電不備（製造不良）過大自己放電　マイクロシュート	D1. セルの定格放電容量 Ah	新品セル	設計容量＋α（安全マージン）、充放電システムの設計基準		充電システムが正常に動作していれば以下の現象は起り難いが…
		劣化セル	（通常はサイクル劣化で充電出来ないので放電も出来なくなる）	システムの追従不能による過充電	
	D2. 定格放電レート	単セル	設計レート Ex. 1C〜3C、充放電システムの設計基準　過放電は起こり易い		発熱、ガス膨張、漏液、破裂、発火…
		組セル	アンバランス	システムの追従不能による過充電	
	D3. 負極材の終端カットオフ電圧	炭素系　下限 0V　LTO　下限1.5V付近	例 黒鉛系 2.7V		銅箔の溶解 0VLi/Li$^+$で電解液の分解ガス化

（室温レベルで，適性な設計セルの動作）

図表 3.6.17　過充電と過放電

分子軌道計算からの HOMO，LUMO などの理論値から，いくつかの物質が実験的に検討された。その多くは安定ラジカルを持つ物質であり，合成化学的にはかり目新しいものである。開発段階には，ビフェニル（BP），シクロヘキシルベンゼン（CHB, Tert-amyr-benzen）などが挙げられている（図表 3.6.16）。詳細は総説*などを参照されたい。

6.8　電解液とフッ素化合物

　フッ素化合物はリチウムイオン電池の多くの原材料として多岐にわたって使用されている。電解液の場合も過充電対策に限らず，後に扱う難燃剤や電解質（TSF 系）としても応用範囲が広い。分類が重複するので，ここで概略を説明をしておきたい。F-，Cl-，Br- などのハロゲンを含む化合物はほとんどが難燃性である。また，電解質 Li 塩は例外なく多数の -F を含む，LiPF$_6$，LiBF$_4$ など。上記のハロゲンを含む物質は燃焼した場合に，ハロゲン化水素（HX）を発生し，消炎効果を発現するが，HX は例外なく毒性と腐食性があり，難燃剤とするには検討が必要なタイプである。類似例でプラスチック材料の難燃剤も，過去に塩素や臭素の化合物が使用されたが，

＊　リチウムイオン電池のためのレドックスシャトル　Electrochim Acta Vol.54, No.24, Page5605-5613（2009.10.01）

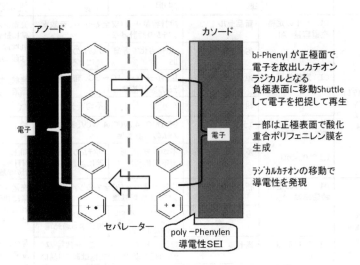

図表 3.6.18 Redox-shuttle 化合物の作用機構

デバイス	機能材・部材	実用化	主要メーカー	現状	研究開発
リチウムイオン二次電池 (小型民生用、中大型自動車用、自然エネルギー貯蔵など)	バインダー (NMP溶液)	PVDF	クレハ、アルケマ、SOLEXIS	正極100% 大型負極	高分子化 ナノ粒子対応
	水系バインダー		海外2社	SBRラテックス	PVDFラテックス 高分子化
	電解質(Li塩)	$LiPF_6$ $LiBF_4$	ステラケミファ 関東電化ほか	$LiPF_6$がほぼ独占	
	ポリマー電解質 (真性EL、ゲル化剤)		アルケマ、エレクセルほか	超小型セルの特性向上	2F/6F組成 コポリマー(ゲル)
	電解液(添加剤)	ふっ素化EC	SOLVAY、ダイキン、関東電化	負極のSEI剤として評価開始	各種のフッ化電解液
	活物質表面保護膜 イオン伝導性アップ		ステラケミファ、エレクセルほか		TFSI系イオン性液体
	セパレータ			(ポリオレフィン系が主流)	PVDF膜 Hybrid膜
燃料電池 (高分子固体電解質型)	イオン交換膜	パーフルオロスルフォン酸ポリマー	Nafion(R) Hyflon(R) ほか		
	ガス拡散層GDLバインダー(PTFE)	PTFE撥水	東レほか		
キャパシタ (EDLCほか)	電解液 電解質	$LiPF_6$ FnCm-SO3Li		Li-ionとほぼ共通	
太陽電池	バリア保護膜	ポリフッ化ビニル(1F)	Dupont		PVDF(2F)の応用

図表 3.6.19 エネルギーデバイスにおけるフッ素化学品の応用

第3章　原材料の基本特性と性能向上

現在は多くの化学物質の法規制（毒性，環境汚染）などで使用できない。これはリチウムイオン電池（セル）の場合も同様である。従って，難燃剤としてのフッ素化合物は，前述のP,Nなどの化合物に-Fを導入した形で使用され，-Fの高い電気陰性度（電子を引きつけてイオン化を促進）する作用と相乗的となろう。一般にフッ素化合物は高価であり，少量で有効でない場合は実用性に欠ける。

図表3.6.19にリチウムイオン電池（セル）に限らず，エネルギーデバイスにおける応用例を示した。燃料電池やキャパシタなど今後期待される全ての分野でフッ素化学品が使用される状況である。

7 電解質とイオン性液体

製品のリチウムイオン電池（セル）における電解質は $LiPF_6$ に集約されており，いくつかの改良への要望はあるものの，これを代替できるような有力な物質は出ないと考えられる。従ってこの項は現状を簡単に紹介するに留める。

$LiPF_6$ の性能や特性上の制約を凌駕する物質の候補として，イオン性液体への期待は高い。しかしながら，Li塩としてセルに組み込んで充放電を行う場合は，いくつかの電気化学的な制約をクリアする必要がある。ここでは上記の点を中心に紹介したい。なおイオン性液体の難燃剤としての使い方は別項目にまとめたのでそちらを参照願いたい。

7.1 電解質の特性と選択

図表3.7.1に現在のリチウムイオン電池（セル）に使用され，あるいは今後の可能性のある電解質の概要をまとめた。実用的にはほとんどが，$LiPF_6$（六フッ化リン酸リチウム）が使用されており，特に大きな欠点がない物質である。これを上回る特性の電解質があるとしても，例えばヒ素化合物などは毒性の問題などで実用化はできない。低コストの物質としては過塩素酸リチウムが存在するが，爆発の危険性があり，セルの製造工場では扱いができない。化合物としての安定性，加水分解や熱分解などは，現行の $LiPF_6$ が十分であるとは言えないが，実用上でそれが障

Li塩	溶解性 *1	イオン伝導性	熱安定性 *3	アルミ箔腐食	毒性 *2
$LiAsF_6$（ヒ素塩） M=196	良好	良好	>400 ℃	無し	毒物
$LiN(SO_2CF_3)_2$ Li-imide M=287	良好	良好	>300 ℃	腐食性	
$LiPF_6$ M=152	良好 > 1M （約12wt%）	良好	～ 80 ℃	（低腐食性）水分レベル次第で変化	加水分解により、HFを発生、HFは毒物
$LiClO_4$ M=106	良好	良好	? 爆発性	無し	低毒性
LiBOB $(C_4O_8B)Li$ M=194	低溶解性 (鎖状カーボネートに対して)	低伝導 ($LiPF_6$との併用で改良可能)	>250～300℃	無し	低毒性 （データ不足）
$LiBF_4$ M=94	中溶解性	中伝導	>200 ℃	無し	低毒性 低加水分解性
$Li(SO_3CF_3)$ Triflate M=156	良好	良好	>400 ℃	腐食性	低毒性 低加水分解性

注）*1 EC/DEC/PC系など汎用電解液に対して　*2 国内 毒物及び劇物取締法　*3 定性的に、電解液との組合せで変化

図表3.7.1　電解質（Li塩）の特性

第3章　原材料の基本特性と性能向上

害になっているケースはない。図表3.7.1に示したいくつかの物質は耐熱性や対アルミの腐食性で優れているが，電解液への溶解性その他の欠点があり，実用性には乏しい。以上はリチウムイオン電池に限った評価であるが，リチウムイオン・キャパシタなどの電解質はトリフルオロメタン・スルフォン酸系（TFS）が採用されている。今後期待されるイオン性液体との組合せにおいても，TFSあるいは同イミド系は有望である。

7.2　コスト問題

電解質は電解液系（セル重量の平均12％）のさらに12％程度であり，総じて1.44％となる。したがってコスト的なインパクトはそれほど高くはないが，特殊なフッ素化合物であるだけに，メーカーも数社に限られ，単価も高い原料である。この問題は次の図表3.7.2にまとめたが，電解質を1M濃度で使用するとして，分子量の高い物質はそれだけ多くの重量が必要となり，コストはkg当たりで示されるので，1M濃度あたりのコストは高くなる。

7.3　毒性の問題

電解質の大部分は多くのフッ素（F）を含む物質である。これは先に図表3.6.5で示したFの高い電気陰性度（電子を引き付ける尺度）によって，Li^+の解離を促進する作用であり，電解質には不可欠の構成である。これらフッ素化合物は程度の差こそあれ，加水分解によってフッ化水素酸（HF）まで分解する。HFは最も強い酸であり，人体への侵襲性においても皮膚や眼球か

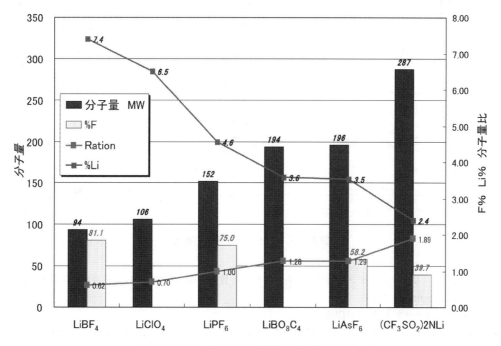

図表3.7.2　主なLi塩電解質の分子量と組成

大容量 Li イオン電池の材料技術と市場展望

らの滲入は重篤な結果をもたらす。化学物質の法規制の上では毒物(「毒物及び劇物取締法」)に該当する[*1]。ポリマー以外のフッ素化合物が電池のような汎用製品に大量に使用され,身近に存在するのは初めてのケースであろう。電解質としての $LiPF_6$(六フッ化リン酸リチウム)は現行法の上では特に規制の対象になっていない[*2]。一旦加水分解を受けると上記の HF を発生し,18650 型円筒電池(単三型相当)の場合で試算すると,電池(裸セル平均で 34g)1ヶには 4.1g の電解液,0.49g の電解質が含まれ,0.39g の HF を発生する。

現行国内法のフッ素化合物規制は,8ppm(淡水域,下水道法および水質汚濁防止法),2ppm(作業環境基準,労安法)となっている。仮に 1 個の 18650 型電池を水中で分解したとして,左記の水質基準以下に希釈するには,約 50L の水で処理する必要がある。左記のような問題は今後の大量廃電池のリサイクルの場合に直面することではあるが,EU の電池指令[*3] や RoHS,WEEE さらには REACH 規制などがリチウムイオン電池の化学物質に関しては相当に厳しくなる見込みであり,今後の動向を注目したい。

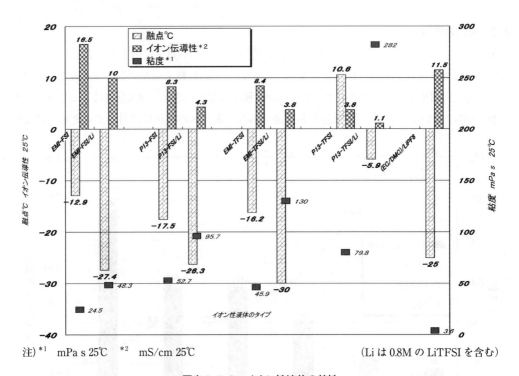

注)[*1] mPa s 25℃　[*2] mS/cm 25℃　　　　　　　　　　(Li は 0.8M の LiTFSI を含む)

図表 3.7.3　イオン性液体の特性

---

* 1　菅原秀一「リチウムイオン電池に用いられる化学物質の法規制と動向」技術情報協会　MATERIAL STAGE, 8(6), 69 (2008)
* 2　MSDS　ステラケミファ㈱ HP 参照
* 3　菅原秀一「新・化学業法コンプライアンス,連載(1)〜(4)」工業材料,2009 年 10 月号〜2010 年 1 月号(Vol. 57 No. 10〜Vol. 58 No. 1)

第3章 原材料の基本特性と性能向上

7.4 イオン性液体とLiの組合せ

　イオン性液体それ自体はバルキーな分子量のアニオンであり，これを単に溶媒にすることはリチウムイオンセルにおいては意味のないことである。また実際には沸点が非常に高く，蒸気圧も低く化学的にも安定ではあるが，粘度が高いことが実用温度域でのセルの動作を不可能にしている。図表3.7.3にはエレクセル㈱のデータを基に，EMSおよびP13イオン性液体とTFSIあるいはFSIのLi塩（0.8M）を組み合わせた場合の，融点，イオン伝導性および粘度のデータを示した。粘度は低く，イオン伝導性は高いことが望ましい。このデータに示したEMI-FSI／Li系などはセルを形成可能な特性レベルにある。比較のために汎用の電解液系（EC／DMC）／LiPF$_6$のデータをグラフの右に示した。左記の化合物の特性は次の図表3.7.4に示した。充放電電圧の範囲でのCVデータも確認されており，セルの動作も確認されている[*]。

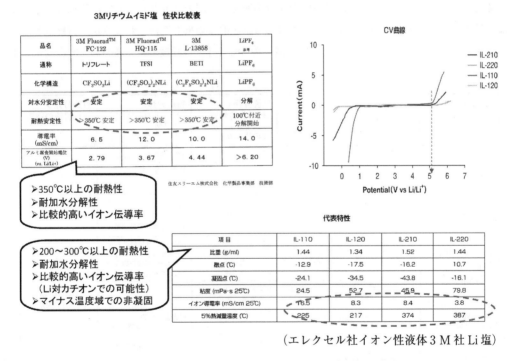

図表3.7.4　イオン性液体（N-SO$_2$-F）$_2$系化合物の特性

---

[*]　Masashi Ishikawa, Toshinori Sugimoto, Manabu Kikuta, Eriko Ishiko, Michiyuki Kono, Journal of Power Sources 7933(5)(2006)

8 難燃剤とゲル化剤

8.1 安全性向上の具体策

図表3.8.1に「電解液系の改良などによる安全性向上(1)」として，A) 難燃化，不燃化　B) 漏液防止　C) 破裂・発火防止，分解ガス抑制　D) ケミカルハザードの回避　E) その他に分けて，具体的な化合物（特許分類1の列）も示した。なお上記の具体的な方法は次の図表3.8.2と共通である。セルの安全性を電解液系の改良を介して行うという開発は表にも見られるように，極めて多方面にわたってなされている。表中の具体的な方法5.と6.のSEIの形成は，既にほとんどの実用セルで実施されている技術である。

(1) 難燃剤の添加と効果

既存の電解液系にフォスファゼン系，リン酸エステル系，フッ素化物系あるいはイオン性液体などを難燃剤として添加する方法は，最も実用性の高い方法であり，セルの生産ラインをほとんど変更なしに導入が可能である。具体的な化合物例を次の図表3.8.3に示した。添加効果として添加量とのバランスが問題になるが，添加による副次的な効果も期待されようが，電解液としての機能はないので，添加量は多くても電解液系の5%（外付）程度で，できれば2%程度が望ま

目的と期待される効果	具体的な方法 方法分類 1.~ X.は全方法分類で"その他"に相当	特許分類1 化学物質特許 X.は全方法分類で"その他"に相当	特許分類2 セル(モノ)の特許 H01M *1 H01M 10/052 *2	特許分類3 セル製法の特許
A) 難燃化、不燃化	1. 難燃剤(非イオン性)の添加 2. 不燃性電解液(イオン性液体を含む) 3. その他	1.フォスファゼン系 2.リン酸エステル系 3.ふっ素化物系 4.イオン性液体	10/0567 添加剤に特徴があるもの	
B) 漏液防止	1. 電解液のゲル化 2. ポリマー電解質(真性SPE)	1.ゲル化材 2.ポリマー電解質	10/0565 ポリマー、例ゲルタイプまたは固体 10/10 電解液非流動化	
C) 破裂・発火防止、分解ガス抑制など (同時に、セルの安定な充放電やサイクル特性の向上効果があり、研究や特許はむしろこれを主目的になされている)	1. 電解液系の耐電圧アップ, >> 6V 2. 電解液系の沸点アップ、蒸気圧ダウン 3. Redoxシャトル剤による過充電回避 (SEI形成は下記の5,6に分類) 4. ふっ素化物よる効果(複合的な効果) 5. 負極表面SEI形成剤の添加 6. 正極表面SEI形成剤の添加	1.フォスファゼン系 2.リン酸エステル系 3.ふっ素化物系 4.イオン性液体 1.安定ラジカル剤 2.芳香属化合物 1.ふっ素化物 1.VC(ビニレンカーボネート)類 2.電解重合性化合物 (LiBOB類Li塩を含)	10/0564 有機物のみからなる電解質 10/0561 無機物のみからなる電解質 10/0567 添加剤に特徴があるもの 10/0568 溶質に特徴があるもの 10/0569 溶媒に特徴があるもの	H01M 10/00 二次電池の製造
D) ケミカルハザードの回避	1. 非(低)加水分解性電解質の使用 2. LiPF6系電解質系の改良	1.Li塩類	10/0561 無機物のみからなる電解質	
E) その他	1. イオン伝導性固体(ポリマーを除く)		10/0562 固体	

*1 H01M 化学的エネルギーを電気的エネルギーに直接変換するための方法または手段. 例. 電池(電気化学的方法または装置一般
*2 H01M 10/052 リチウム二次電池

図表3.8.1　電解液系の改良などによる安全性向上(1)　(特許分類)

第3章　原材料の基本特性と性能向上

しい。コストの増加の許容幅は効果しだいであろうが，電解質の価格レベルが一つの目安であろう。

難燃剤が電解液の難燃化に有効であることは，多くの文献で，着火試験によって効果が示されている。具体的にはガラス繊維の濾紙に液を浸透させ，ガスバーナなどで着火した経過を観察する方法である。試験結果は良好であるが，問題は実際のリチウムイオン電池（セル）の電解液が事故などの状況下で，試験と同じような着火の環境にあるか否かである。先に図表3.6.2述べたように，セルの容器が破損されても，電解液は流れ出てくるような状態ではなく（セル重量の12％程度），セルの内部で引火性の分解ガスがある程度蓄積しないと発火には至らないと考えられる。電解"液"の難燃化が上記のような状況で有効であるか否かは，改めて検証されるべきであろう。なお，外部の火災などで大量の電池が加熱されたような状態では，難燃剤が電解液の燃焼防止に有効であろう。

(2) イオン性液体とフッ素系電解液

イオン性液体はその本来の特性を期待して，電解液ないし電解質の主成分として考えるか，あるいは添加剤的な効果を期待して入れるかの区別がある。後者に該当する開発事例が多いが，難燃剤として高価なイオン性液体を使用するメリットは見いだし難い。フッ素系電解液は先の図表3.6.16に示すフルオロ-ECなどが開発途上にあるが，これも難燃剤ではなく，脱フッ素（HF発生）によってビニレンカーボネート（VC）を発生してSEIを形成し，HFは負極へのLiメタル生成を阻害するとの作用メカニズムといわれている。上記の作用であればVCの添加で目的は達せられるし，Liメタルの問題は先に本章2節で示した負極の選定で解決する方が実際的であろう。

(3) 漏液防止とゲル化

電解液のゲル化とポリマー電解質（真性SPE）は電解液の漏液防止には直接的な効果がある。最近の携帯電話（スマートフォン）や携帯デジタルオーディオはパウチ型のポリマーセルを採用している。これは人体に密着して使用する際の安全性を最大限配慮した結果であろう。この場合のポリマーは真性ポリマー電解液（質）ではなく，電解液の非流動化と，電極体の剥離やドライアップの防止などを総合効果を狙ったものである。

なお図表3.8.1にはこの分野の特許情報を調査する場合の特許分類1.～3.も併記してある。特許の国際分類（IPC）を活用することによって，単にキーワードで検索するよりも，理論的に的確な検索が可能となる。

(4) 安全性とセルの耐久性

図表3.8.2に先の図表3.8.1と一部同じ項目で，ここでは電解液系の改良による安全性とセルの耐久性アップに関して，技術の枠組みを考察する。多くの技術開発と特許出願は，電解液系の改良により，リチウムイオン電池（セル）の安全性A)～E)を向上させる目的と同時に，セルの耐久性アップを目的としている。ここで考える耐久性は，安全性との関係の深い，P. 高温保存性（容量，出力），Q. 高温サイクル特性　R. 過充電耐性　S. 過放電耐性などを項目として

安全性／耐久性	具体的な方法 方法分類　1.～ X.は全方法分類で"その他"に相当	P. 高温保存性(容量、出力)	Q. 高温サイクル特性(〃)	R. 過充電耐性	S. 過放電耐性
A) 難燃化、不燃化	1. 難燃剤(非イオン性)の添加 2. 不燃性電解液(イオン性液体を含む)	難燃化、不燃化に限定すれば、これらは"対症療法的"である。P．Q．R．S．とは直接には関係しない。A1．A2．の添加剤などが、結果的にセルの耐久性アップに有効なケースは少なくない。			
B) 漏液防止	1. 電解液のゲル化 2. ポリマー電解質(真性SPE)	ポリマー電解質やゲル化は、漏液防止は目的ではなく、結果として電解液が漏れないケースである。その効果はむしろP．～S．の特性アップに有効であろう。			
C) 破裂・発火防止、分解ガス抑制など	1. 電解液系の耐電圧アップ、>>6V 2. 電解液系の沸点アップ、蒸気圧ダウン 3. Redoxシャトル剤による過充電回避(SEI形成は下記の5.6に分類) 4. ふっ素化物よる効果(複合的な効果) 5. 負極表面SEI形成剤の添加 6. 正極表面SEI形成剤の添加	C1．～C6．の対策はむしろ、P．～S．の諸特性の向上、特に高温領域におけるセルの特性の維持が、結果的にはC．の安全性対策としても有効となる。			電解液系の関係もあるが、ここは活物質系の改良がポイントであり、安全性との関係は間接的であろう。
D) ケミカルハザードの回避	1. 非(低)加水分解性電解質の使用 2. LiPF$_6$系電解質系の改良	セルからの化学物質の排出を阻止、低減するとの域から、D1．D2．と共にP．～S．はケミカルハザードの回避に有効。			
E) その他	1. イオン伝導性固体(ポリマーを除く)	全固体リチウムイオン電池(セル)は高温域での動作となるので、高温耐性は必須。過充放電特性は未定。			

図表3.8.2　電解液系の改良などによる安全性向上(2)

取り上げ，図表3.8.2において具体的な対策との関係を列挙した。リチウムイオン電池（セル）としてはこのほかに，低温特性などもあるが安全性との関係は比較的少ない。安全性の項目はその状況が以下の二通りに別けられるであろう。

　①通常の使用条件下における安全性の保持
　②事故や異常時における危険性の回避と低減

①と②は実際上は連続性のある状況であるが，例えば内部短絡などで自己発熱が継続（蓄積）して，最終局面で熱暴走に至り破裂・発火などの危害を及ぼす，などであろう。表のA）～C）の安全性対策は主として上記の②を想定した対策であり，①を想定した安全対策はサイクル特性と容量維持の継続と，技術内容がほとんど同じである。

過充電と過放電の電圧領域と電解液の分解の問題は先に扱ったが，この問題は電解液側からは原理的に不可避であり，添加剤などで簡単に回避はできない。レドックスシャトルによる回避は本章6.7でとり上げたが，根本的に耐電圧特性の高い電解液を探索する研究はほとんど見られない。

(5)　フォスファゼン系難燃剤

図表3.8.3のN，P，Xハロゲンなどの元素から構成される化合物は難燃性を有し，電解液に添加することで，不燃性や自己消火によるリチウムイオン電池（セル）の安全性を向上できる。

第3章 原材料の基本特性と性能向上

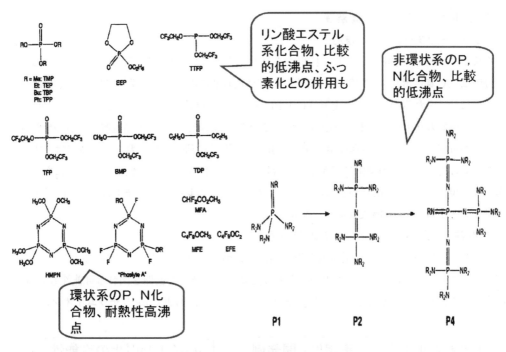

図表3.8.3 フォスファゼン系など難燃剤の化学構造 (=P=N−)X, (=P=O)X

一方で左記の物質は電解液として必要な，誘電率，電解質（Li塩類）の溶解性，粘度などの特性が，汎用の電解液（ECや環状カーボネート類）よりは劣る。従って難燃化剤を可能な限り少なく添加して有効であることが必要であり，現在発表されている研究の多くは，これに関した測定と，セルの充放電特性における実証である。一部の難燃化剤は充電放電（＝酸化還元）の環境下で，正極や負極の表面で重合反応等を介して"SEI"を形成するとの研究発表がされており，この効果はセルのサイクル特性や分解ガス発生の防止に効果的である。

(6) その他の難燃剤

有機珪素Si化合物や一部の有機金属化合物は難燃効果が期待される。しかしながら，先に述べた電解液としての必要特性には欠ける物質が多く，その使用は少量で有効な場合に限られる。シラン系物質，オルガノシラン等は，界面活性剤的に作用して，活物質表面の特性を発揮するので，後に述べるSEIの形成に補助的に作用するケースもある。

この分野の研究は，化学物質とその評価系が多種多様な組合せでなされており，全体の動向を把握し難い。2006年レベルの総説*ではあるが，S. S. Zhangによる分類は参考になる。

＊ S. S. Zhang, Journal of Power Sources 162 (2006) 1379-1394

8.2 ゲル化とハイブリッド電解液

(1) ポリマーリチウムイオン電池

　有機ポリマーを"電解質"として使用するセル[1,2,3]は，相当以前から研究されている。この分野は，A. 真性ポリマー電解質 PSE と，B. 液体電解液にポリマーを入れてゲル化（非流動化）した系に分けられるが，後者は電解質は $LiPF_6$ など汎用の物質である。上記の B. タイプは，小型の携帯機器のリチウムイオン電池（セル）として生産段階にあり，液系電解液・質の延長線上で生産が可能である。A. の真性ポリマー電解質は，多くの研究がなされている割には，実用化への進展は遅い。最大の理由は室温から低温域における Li イオン伝導性が低いことにある。さらには，現代の EV や HEV が求める高容量や入出力特性のレベルに到達することが，Li イオンの移動度などから相当に困難であることであろう。

(2) 電解質とセパレータなどのハイブリッド化

　セパレータやバインダーは電解液とセル内部で接触しているポリマーである。ポリマー電解液・質をこれらの機能と"ハイブリッド"化することで，新たな展開を図れる可能性もあろう。図表 3.8.4 に組合せの可能性を示した。先行する技術として"Bell Core リチウムイオン電池（セ

部材と機能	実用例と開発例		ハイブリッド化の可能性
バインダー （活物質の相互結着、集電箔への接着） 今後；生産性アップ	PVDF／NMP溶液、変性pvdf	正極、負極	➤ 高分子固体電解質PSE ➤ ゲル状電解液 ➤ イオン性液体 現在の製造プロセスは、電極板の湿式塗工＞乾燥＞切断＞組立＞電解液注入… …コストダウンは出来ない
	SBRラテックス（PVDFラテックス）	負極	
	ポリイミド系アクリル複合系	合金系負極など	
電解液・質 （Li塩の溶解、Liイオン伝導の維持促進） 今後；耐電圧、不燃化、漏液防止	EC/環状カーボネート系、$LiPF_6$ 1M, VC	最も高性能	➤ ゲル状電解液（高Liイオン伝導性、低インピーダンス） ➤ イオン性液体のゲル化、ポリマーアロイ 1990年代のBell-CORE技術
	同上＋難燃剤添加、＋ゲル化剤	ほぼ実用化、コスト、性能など総合検証	
	イオン性液体	研究は多数	
セパレーター （正極と負極の電気的な遮断） 今後；低インピーダンス化、耐熱性アップ	ポリオレフィン微多孔膜	汎用、温度フューズ機能で安全性	
	無機粒子複合不織布など	耐熱性アップ	
外装材（内層）	外 PET（ナイロン）/アルミ/PP 電解液側		

図表 3.8.4　リチウムイオン電池（セル）のポリマー材料とハイブリッド化

---

[1] 菅原秀一　菅原秀一, ポリマーバッテリー（第6章）, p.185-205, シーエムシー出版 (1998)
[2] 菅原秀一, 新型電池の材料化学（季刊化学総説）, p.137-140, 学会出版センター (2001)
[3] 菅原秀一, 工業材料, 47(2), 65 (1999)

第3章 原材料の基本特性と性能向上

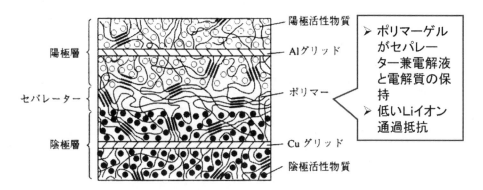

注) ポリマーゲルは Co-Poly (VDF, HFP) 低結晶性の PVDF でアセトン等に強く膨潤 PVDF 以外のゲルポリマー (IPN など) でも可能性がある。

図表 3.8.5 Bell_Core リチウムイオン電池の構造

ル)" はリチウムイオン創生期に提案されていた技術である。図表3.8.5の構成でポリマーゲルがセパレータ兼電解液と電解質の保持,低い Li イオン通過抵抗を示す。

(3) **バインダーと電解液・質**

この組合せにおいては,高分子固体電解質 PSE,ゲル状電解液,イオン性液体の利用などが可能であろう。何らかのハイブリッド化によって,現在の製造プロセスは,電極板の湿式塗工→乾燥→切断→組立→電解液注入..を短縮できればコストダウンにも有用であろう。

(4) **全固体リチウムイオン電池**

液体の電解液,電解質を使用しない"(全)固体電解液・質リチウムイオン電池(セル)"は液体電解液に伴う安全性の懸念を払拭する大きな期待が持たれている。無機の Li イオン電解質を使用するセルは,電解質自体が開発の段階にあり,汎用の電池に至るまでは,なお開発要素が多いと思われる。しばらくは用途を限定して,例えば石油探査装置の高温環境や,原子炉など高レベル放射線環境下のロボット装置などの電源にはニーズがあろう。液体電解質も併用し,イオン性液体の全面利用などが可能であろう。

第4章 周辺部材（集電箔とラミネート外装材）

1 集電箔

1.1 集電箔と電気化学特性

(1) セルと集電箔

リチウムイオン電池（セル）における正極・負極の構造と集電箔の関係については既に第1章，第2章でとり上げた。集電箔は正常に機能している範囲では，セルの充放電特性には直接の影響はなく，他の原料や部材に比較すると地味な存在である。

セル製造の観点からは，電極板の製造（塗工，乾燥と二次加工）は全て集電箔がキャリア（担体）として使われており，製造工程においては集電箔の特性，特に強度や表面特性は，でき上がった電極板の善し悪しを決める上で重要である。本書においては，製造工程の記述は必要最小限に留めているので，以下の内容は集電箔の電気化学的な特性や，活物質の変化に伴って電極板に求められる電導性アップの諸問題を，集電箔の表面処理技術との関係で紹介したい。

(2) 製品セルにおける集電箔の厚みと目付量

図表4.1.1に箔の厚さ（μm），目付量（kg/m^2，$mg/(cm^2 \cdot \mu m)$）を示した。箔の面積（cm^2/セル）は直接セルの電極面積に関係するので，第2章5で述べたセル設計の要素で決まるが，厚

材料 Material	目付量 mg/(cm²・μm)	厚さ例1 μm	Kg/m²	厚さ例2 μm	Kg/m²	厚さ例3 μm	Kg/m²
負極銅箔 Anode Cu foil	0.80 (Density =2.7)	8	0.064	10	0.080	20	0.160
正極アルミ箔 Cathode Al foil	0.25 (Density =8.96)	10	0.025	20	0.050	30	0.075
セパレーター Separator (Poly olefins)	0.085	10	0.009	20	0.017	25	0.021

注（負極銅箔）：強度との関係で8～9μmが限度、銅は比重が高いのでセル全体の重量アップになる。コストはアルミの数倍。

注（正極アルミ箔）：強度との関係であまり薄くは出来ない、アルミは比重が低いのでセル全体の重量アップにはならない。

図表4.1.1 集電箔およびセパレータ，実セルでの厚さと目付量

菅原秀一　Shuichi Sugawara　泉化研㈱　代表

さと目付は電極板の製造工程における取り扱い性や，実際に入手可能な箔の製品仕様の範囲で選択することになる。銅箔は強度との関係で8～9μmが限度である。銅は比重が高いのでセル全体の重量に占める割合（図表1.1.12）は高い。銅箔コストはアルミ箔に比べて数倍のレベルであるので，先の図表2.5.16に示したコスト比率は高くなる。アルミ箔は強度との関係であまり薄くはできないが，アルミは比重が低いのでセル全体の重量にはそれほど影響しない。

(3) 小型セルの集電箔の実際

イメージを提示する意味で，いったんセルに組み込んで使用した後の電極板と集電箔の一例を図表4.1.2に示した。このセルは比較的新しいが，左は分解前の放電（解体時の安全のために実施）によって，過放電になって負極の活物質が剥離してしまった状態である。このように分解して見ると，負極の折り曲げ部分は活物質が剥離し，一方で正極の活物質の接着は安定で剥離がないなどの状況が見えるが，セルの内部に固定されている状態では，上記のような欠陥は抑えられた状態であり，特に問題ではない。

(4) 正負極の集電箔の機能

図表4.1.3に「正負極の集電箔の機能と求められる特性」として，リチウムイオン電池（セル）の正負極の集電箔に求められる特性を列記し，それに対する集電箔側の現状などを記述した。図

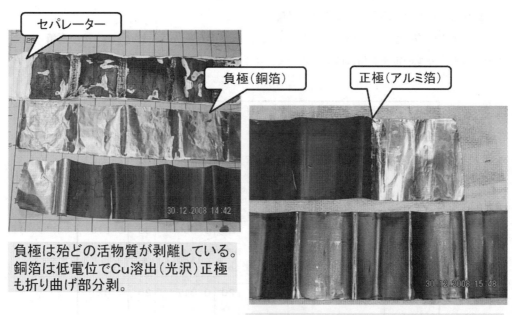

注）このセルは比較的新しいが，左は分解前の放電（解体時の安全のため）で過放電気味になっている

図表4.1.2 集電箔の状態と活物質の剥離
（小型（扁平廻捲）角セルの分解）

第4章　周辺部材（集電箔とラミネート外装材）

要求特性	正極側（アルミ箔）　8重量%*1	負極側（銅箔）　17重量%*1
強度、比強度破断伸度（薄くて強くてMD／TD均一…）	➢ 強度が低いので薄くできない、20μmが汎用。 ➢ 軽量で低コスト。 ➢ 極板のプレス加工時に箔切れし易い*2	➢ 強度が高いので8μm程度まで薄くできる。 ➢ 比重が高いのでセルが重くなる。 ➢ アルミ箔に比較して数倍のコスト。
接着、密着性、導電性(1)　汎用電極	PVDF／NMP系バインダーで良好に接着。(SBR水系バインダーは正極の溶出が解決しないと導入できない) 導電性改良には表面粗化やカーボンコーティングを導入*3	人造黒鉛系の負極材は一般に接着性が悪い、塗工スラリーに有機酸を添加して接着強化（箔のエッチング作用）。 粗さRa；電解箔＞圧延箔であり接着性は電解箔の方が良好（ケースバイケース）
接着、密着性(2)　高容量系	5V級正極やカーボンコーティング系正極（オリビン鉄）は導電剤（CB）の配合技術とのバランス	膨張収縮の大きな合金系負極は専用バインダーの採用と箔側のマッチング要。
耐腐食、耐電解溶解、溶出	(0.75V以下で溶解、SO_3CF_3系電解質による腐食) 水系塗工時、アルカリ側で箔溶解	(3.6V以上で溶解、過放電状態で箔溶解)
極板収束と端子付け作業性	(薄い箔の多数枚収束は熔着装置のヘッド（凸山）の工夫が必要。箔そのものの問題は特にない)	

図表4.1.3　正負極の集電箔の機能と求められる特性

中で＊1は，標準的なエネルギー設計のセルにおける集電箔の重量%である（外装材と電極端子を除く）。項＊2の問題は塗工不良の電極板をプレスだけで密度アップはできないので，無理なプレス圧力とその結果の箔切れは避けなければならない（箔の強度の問題ではない）。項＊3の問題はオリビン鉄（カーボンコーティング正極）など自己電気伝導性の少ない活物質の場合に必要である。

　この図表4.1.3に示した内容は，基本的にはアルミと銅の金属材料としての物理化学的な特性によるところが多い。従って，箔の何らかの技術改良によってだけでは解決不可能な問題が多い。活物質との接着性強化は，極性の強いポリマーバインダーや箔の表面処理を有機カップリング剤（シラン処理など）の利用で高められるが，上記の材料は電気絶縁材料である。オーミック抵抗の低い電極板が必要であるため，接着だけを強化することが，電気伝導性とのバランスで難しいことが多い。

(5)　**負極－銅集電箔の機能**

　図表4.1.4に「負極（銅）集電箔の機能と求められる特性」として，リチウムイオン電池（セル）の負極集電箔（銅箔）に求められる特性を列記し，それに対する銅箔側の改良技術などを対にして記述した。金属材料としての原理的に不可能な問題は，解決できないので種々の問題に対する対策技術はかなり制約が多い。銅以外の金属では，過去にニッケルが検討されたが，電気化学的な問題はクリアできるとしても，硬い金属は接着性が乏しく，またコストも高いので実用に

要求特性	状況		トラブル事例	対策技術(銅箔)	
強度、比強度 破断伸度 (薄くて強くて MD／TD均一…)	電極板製造の過程	スラリー塗工時テンション、プレス加工、スリット、セル組立（廻捲、積層）	垂れ、箔切れ、蛇行、極板の破損ほか	高強度と高伸率（トレードオフ関係）	中強度中伸度
	a.セルの正常動作	充放電、熱膨張	内部短絡、自己放電	厚み、電解or圧延の選択	(銅箔自体の重さが障害、極薄化の限界)
	b.セルの異常環境下(安全性試験など)	圧壊、振動ほか	内部短絡、破裂、発火		高強度
接着、密着性 (1) 汎用負極	水系塗工 (SBR+CMC系)	箔濡れ難さ(延伸加工油残留ほか)	接着不良剥離	油膜除去	メッシュ箔、無機粒子コーティング、表面粗化など技術アイデアは多い。(注：複雑な技術ほど品質管理と最適化は困難)
	有機系塗工 (PVDF/NMP系)	強い溶解性、高粘度レベリング	脱気不全＞剥離、厚み不均一	アゾール系コーティング(電導不良の原因？)	
接着、密着性 (2) 高容量系	合金系負極適合 (Si、Sn)	大きな膨張収縮による剥離など	電極剥離、内部抵抗増、充放電不能	接着強化処理(導電性との両立)	
耐腐食、耐電解溶解、溶出	負極電位、3.5V以上、pH、HF酸	a.正常充放電範囲、b.過充電過放電		クロム原理的に対策不能	セルの電気化学設計で回避
極板収束と端子付け作業性	レーザー、超音波熔着	多数の集電箔の均一で迅速な処理が望ましい。	組立不良セル	純銅表面がベター、	(組立、熔着技術の方の改良が先)

図表4.1.4 負極（銅）集電箔の機能と求められる特性

はならなかった。リチウムイオンセルの負極電位が高ければ，銅ではなくアルミが使用可能であり，LTO負極セルにおいては実用化されている。

1.2 集電箔に求められる特性

負極の集電箔に要求される特性は，
　①強度，比強度，破断伸度などの物性
　②正負極活物質との接着性や密着性
　③電気化学的な環境下における非溶解（イオン溶解）
　④セルの加工時の極板収束と端子付け作業性と電気特性（接触抵抗）

などである。最も基本的な電気伝導性は第1章図表1.1.2に示した負極層内の銅箔と負極材の接触界面の電気抵抗がネックであり，銅箔自体の電気伝導性が問題視されることは少ない。集電体に関する基本的な事項は，ほとんど情報がない。下記文献*は原理的な理解に貴重である。

＊　集電箔の電気化学挙動と不動態化　八代仁，J. Mater. Chem., Vol.21, No.27, Page9891-9911（2011）

第4章　周辺部材（集電箔とラミネート外装材）

銅箔	製法	組成、純度	引張強さ N／mm² 破断伸び%	表面粗さ Ra μm	代表的メーカー
電解銅箔	連続ロール電解 6〜10、20μm 幅 650〜1,300mm	硫酸銅液組成に依存*	TS 300〜320 伸度8〜16% （高伸度、中強度）	0.2 厚み精度5%以内	古河電工 福田金属
圧延銅箔 TPC Cu99.9%	インゴットの逐次圧延とアニール、最終洗浄、防錆処理 幅 650〜670mm （広幅不可）	銅インゴットの組成に依存	(Cr、Sn、Zn 計0.6〜0.8) TS＞580 伸度1〜2%	0.1 厚み精度3%以内	日立電線 日本製箔
圧延銅箔 OFC無酸素 ＜不純物0.04%			TS 160〜420 伸度1〜2%		

注）*長期の純度維持が課題

図表4.1.5　集電銅箔の種類と代表特性

(1) 集電銅箔の種類と特性

　図表4.1.5に現在リチウムイオン電池（セル）に使用されている集電銅箔の種類と代表特性をまとめた。電解銅箔と圧延銅箔に大別される。強度，厚み，幅，純度や表面特性はそれぞれの製造方法に依存するが，製法による特性の差は縮まってきている。リチウムイオン電池（セル）の種類に依って，銅箔の使い分けは電池メーカーの設計方針しだいであるが，論理的に定まった方式があるわけではない。箔は薄くて軽い方がセルとしては好ましいが，工程における取り扱い性からの限度があり，8μm程度が薄さの限界であろう。セルの内部において，活物質の膨張・収縮に対応して，箔も柔軟に伸びた方が良いとの考え方と，むしろ箔は基礎として固定され，バインダーなどが柔軟性の受け皿となった方が良いとの考え方もある。いずれとも決めがたい要素であるが，正負極集電箔／活物質／バインダー／セパレータのコンビネーションで決まる問題であり，箔だけを決めても問題は解決されないであろう。さらに図表4.1.6に電気特性も併せて示した。

　リチウムイオン電池（セル）用の銅箔は，①引張強度　②伸び率　③電気伝導率　のいずれもが高いことが理想的である。引張強度は電極板の塗工時の安定性と速度アップに，伸び率は電極板の最終プレスにおける箔切れ防止と，組上げたセルの応力緩和（長尺電極板の廻込）に必要である。電気伝導率は，セルの電気化学的な電流が律速となるので銅箔であれば十分なレベルである。なお上記の要求特性のレベルはセルの電極板構成（捲回（円筒函体，角型函体），積層型など）

大容量 Li イオン電池の材料技術と市場展望

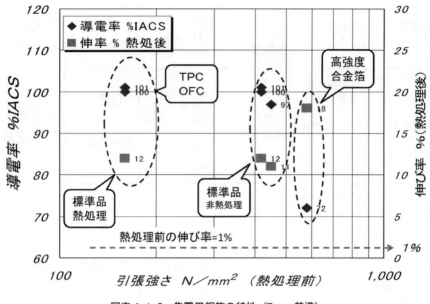

図表 4.1.6　集電用銅箔の特性（7μm 基準）

で異なる。しかし，金属の特性上，強度と伸びは相反する特性であり，圧延銅箔は熱処理（アニール）によって伸び率は上がるが，強度は低下する。この点をカバーするための合金組成の箔は強度と伸び率が両立するが，電導率が低下する。

　銅箔のその他の特性として，④厚みムラ　⑤表面の Ra　⑥濡れ性　⑦表面層の酸化膜や析出粒子　⑧融着（超音波ほか）性　などがある。厚みムラは現状の技術で 3％程度は十分クリアできているので問題はない。その他の特性は，銅箔の上に塗工される負極材や塗工バインダー系の特性などとの関係が深いので，画一的に銅箔の特性を規定し難い。実際的には，銅箔に特性上の問題があることは少なく，塗工プロセス（スラリー調整，塗工，乾燥）の技術レベルが電極板の特性，ひいてはセルの特性を決めることが多い。

(2)　アルミ箔（正極）の電気化学的特性

　図表 4.1.7 にアルミニウム（正極）集電箔の電気化学的な特性を示した。アルミ箔はリチウムイオンセルの電解液の中で，1.0V 以下および約 4.5V 以上では溶解する。ただし，表面の不導体膜の程度によって溶解反応の速度は大きく異なる（左図）。この範囲外では集電箔として使用可能である。さらに詳細をクロノアンペログラム（右図）で観察すると，4.5V 以上で 4.6V からは反応が促進する。

(3)　銅箔（負極）の電気化学的特性

　図表 4.1.8 に銅（負極）集電箔の電気化学的な特性を示した。銅箔はリチウムイオン・セルの電解液の中で，約 3.6V 以上では溶解する（左図）。この範囲外では集電箔として使用可能である。0〜3.6V。さらに詳細をクロノアンペログラム（右図）で観察すると，3.8V では反応が促進して

第4章　周辺部材（集電箔とラミネート外装材）

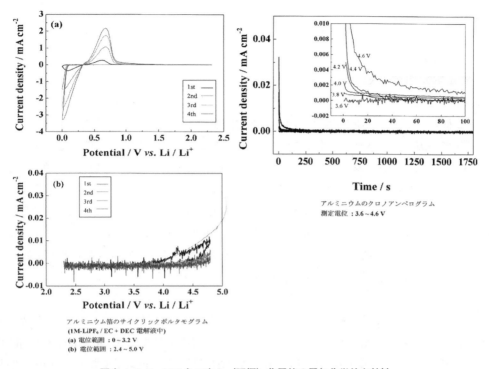

アルミニウム箔のサイクリックボルタモグラム
(1M-LiPF$_6$ / EC + DEC 電解液中)
(a) 電位範囲：0～3.2 V
(b) 電位範囲：2.4～5.0 V

アルミニウムのクロノアンペログラム
測定電位：3.6～4.6 V

図表4.1.7　アルミニウム（正極）集電箔の電気化学的な特性

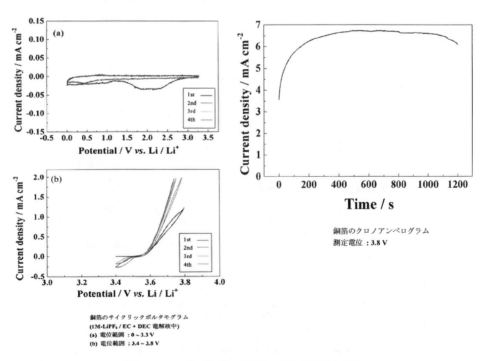

銅箔のサイクリックボルタモグラム
(1M-LiPF$_6$ / EC + DEC 電解液中)
(a) 電位範囲：0～3.3 V
(b) 電位範囲：3.4～3.8 V

銅箔のクロノアンペログラム
測定電位：3.8 V

図表4.1.8　銅（負極）集電箔の電気化学的な特性

1.3 集電箔の性能向上

(1) 集電箔の導電特性改良へのニーズ

集電箔の電気電導性は，従来型の自己導電性の高い正極材や負極材を使用して，一桁Cレート（おおむね7C以下）のセルを構成する場合は特に問題にはならなかった。図表4.1.9に最近の活物質の電気伝導性レベルと，それに対する電極板製造の工程に対応する問題点をリスト化した。図表4.1.12に各社の高機能アルミ箔の開発動向をまとめた。実際の活物質の分類は製造方法などによって多種多様であるが，本来は自己電導性のないLFPやLTOの場合は，集電箔（アルミ）側で何らかの導電強化を行う必要がある。上記の活物質はいずれも高速充放電を特徴とするだけに（第3章1正極材，2負極材参照），集電箔と活物質間の接触電気抵抗がネックになることは好ましくない。活物質の微粒子化や表面のカーボンコーティング，電極板の水系塗工など，集電箔と活物質の界面の問題を再検討する必要がある。

(2) 塗工前の箔表面

正負の集電箔ともに，目視では光沢のある表面であるが，SEMで倍率を上げて見ると図表4.1.10のような加工スジや凸凹が見える。これはこれで特に不都合はないが，サブμmの欠陥は多い。アセチレンブラックは入り込むが，一般の活物質は粒径が$5\mu m$以上であり，この凹には入り込まない。また塗工スラリーの粘度が高いと，この孔には入らずに"空孔"になるので好ましくない。

活物質	活物質の電気伝導性レベル			工程対応の問題点
	～=0	低	高	
正極	LFP オリビン鉄 （ノンコーティングは実用性なし）	S-LMO LNMCO	LCO、LNO LNMCO	汎用技術
		LFP-C カーボンコーティング		ナノ系粒子であり塗工が困難
集電箔		高機能アルミ箔	汎用アルミ箔	水系塗工対応
負極	LTO チタン酸リチウム （ノンコーティングはセル設計が特殊になる）		炭素系（人造黒鉛、ハード炭素）	汎用技術
		LTO-C カーボンコーティング	Si、Sn系合金 （集電箔よりもバインダーが問題）	噴霧造粒系二次粒子扱い
集電箔		汎用アルミ箔 高機能アルミ箔	汎用銅箔	水系塗工対応

図表4.1.9 集電箔の導電特性改良へのニーズ

第4章　周辺部材（集電箔とラミネート外装材）

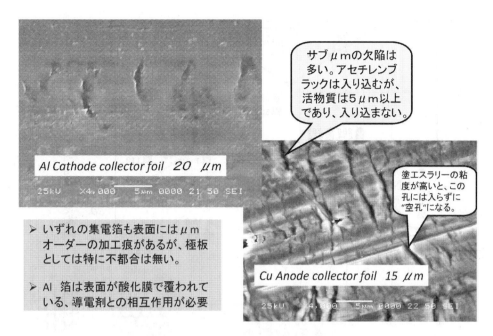

図表4.1.10　極板および集電箔の電顕観察
（塗工前の箔表面，目視では高光沢）

(3)　メッシュの効果

　箔に多数の孔を加工してメッシュ箔とすることは，単なる平面の箔に比較して活物質の保持性や"アンカー（投錨）効果"による接着性の向上が期待される。活物質を集電箔の両面に塗布するタイプ（双極セルでは不可）のリチウムイオンセルの電極の場合は，貫通孔があっても充放電機能には影響しない。

　メッシュの効果としては表面の"粗化"と類似ではあるが，開口（孔）率に比例して全体が軽くなるメリットがある。デメリットとしては，①引張強度N／mm^2の低下　②加工コストがかかる　などである。前者については孔が破断における"ノッチ効果"となるので，開口による除去率以上に強度は低下する。後者は効果がコストを上回れば問題がない。用途しだいで効果は決定されるが，後述のリチウムイオンキャパシタのメッシュ電極などが適した用途である。

　開孔の結果として，表面積（箔の両面）は開口率に比例して減少するが，一方で孔の内面壁の面積がプラスされる。この状況を試算した結果を図表4.1.11に示した。8μmの箔に最小で0.3mmφ孔で，17～63％までの種々の開口（孔）率で加工した試算である。結果は開口（孔）によって失われた面積（裏表）を，孔の壁面（開孔によって生成した円筒）の表面積がカバーできずに，トータルの表面積は減少する。50％開孔率のポイントで53％となる。なお，箔の厚さを増大すれば，計算上は孔内面の面積が増大するが，細く深い孔になるので活物質をコーティングする用途には不適当である。

237

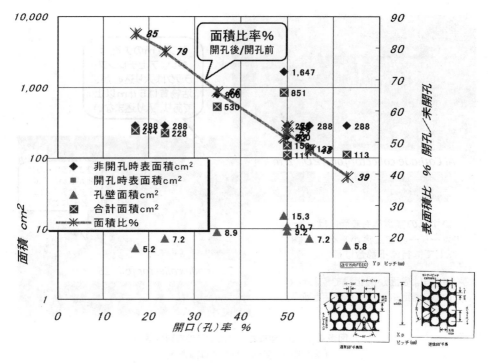

図表 4.1.11 開孔（メッシュ）箔の表面積（8μm箔）

(4) リチウムイオンキャパシタ（LIC）用箔

上述の計算から，開孔メッシュ箔は電極面積が大きなリチウムイオン電池，特にパワー特性の高いタイプには不向きである。この開孔銅箔が多く使用される用途は，新たなリチウムイオンキャパシタ*（LIC）である。この構造は，ほとんどリチウムイオンセルと同じで，正負電極がセパレータを介して捲き込まれているが，正極に活性炭などの非常に表面積の大きな活物質を，負極に黒鉛系負極を用い，銅箔上に塗布されている。活性炭は嵩密の低い多孔質物質であり，集電箔に塗布して接着，結着させることが比較的困難である。このため，開孔銅箔のアンカー効果を利用して活性炭を電極に固定する方法が取られる。現在のリチウムイオンキャパシタは18φから26φの円筒型が主流であり，総電極面積も限られているので，メッシュ開孔箔が適応可能である。

(5) 表面処理と高機能アルミ箔

一例としてメック株式会社の表面粗化アルミ箔を紹介する。図表4.1.13の断面SEM図からも分かるように，三次元立体界面を形成し，接触を増加して低いオーミック抵抗を示す下地ができている。セルを組んだ場合の特性を評価した結果は，LFP正極／炭素系負極の電池系において，集電箔と活物質層の間のオーミック抵抗の低減効果によって，5〜10Cの高いレートにおけ

---

* JSR Technical Review No.116（2009）

第4章　周辺部材（集電箔とラミネート外装材）

開発会社	機能化技術	特徴	評価段階	製品化時期 発表データ
メック（株）	アルミ箔 AR-1210化学処理	サブμm粗面化3次元界面セルインピーダンス低減	オリビン鉄正極セル、充放電特性、15Cまでのハイレート効果	2011-2012 AABC/2011/USA
日本製箔（株）	アルミ箔 カーボンコーティング（パターン塗布）	接着性アップ 内部抵抗低減 ハイレート、出力特性（カタログ）	NA 供試評価進行	2011-
昭和電工（株）	アルミ箔 SDXコーティング（パターン塗布）	NA	オリビン鉄正極セル、充放電特性、10Cまでのハイレート効果	2011- AABC/2011 欧州/独MAINZ
電極製造とセル組立との整合性、安全性の確認など電池製品としての完成度アップ	水系塗工対応（アルミはpH4〜8.5の範囲では水系で腐食される）。セルの過充電、過放電など過酷試験のクリア（念の為）。電極の塗工パターンへの対応、カーボンコーティングの場合は活物質の塗工パターン*と両面で合わせが必要。集電箔の収束（束ね）＞端子接続の方法（超音波溶接など）との適合性。　*ストライプ塗工、区分塗工および左記の組合			

図表4.1.12　各社の「高機能アルミ箔」開発動向（2011-2012）

Fig.1 SEM photo of non-etched foil

Fig.2 SEM photo of etched foil

左：汎用アルミ箔　右：表面処理アルミ箔　上面および正極板断面

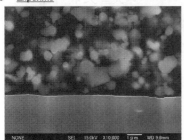
Fig.3 Cross section of non-treated positive electrode

Fig.4 Cross section of treated positive electrode

三次元立体界面を形成し、低いオーミック抵抗

（メック株式会社の許可を得て掲載）

図表4.1.13　高機能アルミ箔（表面処理アルミ箔）

る放電容量が維持された。

(6) アルミ箔へのカーボンコーティング

日本製箔㈱発表の資料から紹介する。図表4.1.14はストライプ塗工（活物質の塗工パターンに対応した下地のカーボン塗工）を行ったカーボンコーティングである。同社はLiイオン電池，

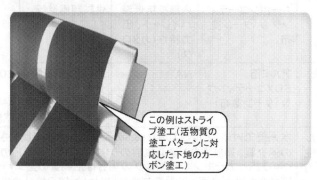

図表4.1.14 カーボンコーティングアルミ箔

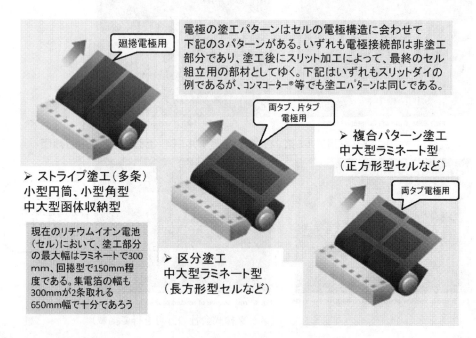

図表4.1.15 リチウムイオン電池（セル）電極の塗工パターン

第4章 周辺部材（集電箔とラミネート外装材）

電気二重層キャパシタ用電極集電体向けに，電極合材との濡れ性向上，内部抵抗の低減，接着信頼性の向上を図ったカーボンコート箔を開発している。なお，リチウムイオン電池（セル）の電極板は集電箔の収束と結束（第2章2）のために，集電箔の一部は非塗工部分とする必要がある。その塗工パターンを次の図表4.1.15に示した。下地のカーボンコーティングはこの塗工パターンと両面で合致している必要がある。

2 ラミネート外装材

2.1 中・大型リチウムイオン電池の外装材の機能

基本機能としては，
　①セル（正極／セパレータ／負極対）を収納する容器
　②電解液を非反応性で保持し，セルの気密構造を維持する
　③電極端子類（タブなども含む）を保持して，セルの内部と外部を接続する
　④セル内部からのガス発生（膨張）などに耐えてセルの構造を保持する
　⑤ガス排出弁を保持する（缶容器収納型）
動作機能としては，
　⑥セルの放熱を促進する（放熱性はセルの内部構造依存性が大きい）
　⑦セルの強度を維持し安全性試験をクリアする（圧壊，振動，釘刺など Abuse Test）
　⑧セルの相互接続に適した構造と配置で，モジュール化からユニット化を合理的にセット
製造工程としては，
　⑨セル（正極／セパレータ／負極対）を入れ易い構造，絶乾作業と封止のやり易い構成
　⑩電解液の注入と液の浸透がスムースに行く構造（セル本体の影響が大きいが）
　⑪電極対やセパレータの"ズレ"が発生し難く，"据わり"の良い構造
コストからみると，
　⑫材料費と加工費，特にラミネート材などの二次加工（凹，凹）は工数がかかる
　⑬外装寸法の規格化，統一化（小型セルは 18650 など外形寸法規格が制定されている）
などとなる。技術資料は少ないが，主要なメーカーである大日本印刷（DNP）㈱の発表[*]を参照されたい。

2.2 セルの外装材と電極構造

図表 4.2.1 に「セルの外装材と電極構造」をまとめた。これらの組合せは今後の変遷も予想され，多くの組合せの中から主流の技術として残り，あるいは規格して共通化するものがあろう。いわゆる函体収納（＋ガス排出弁）か，軽量なラミネート型が良いのかはセルの用途によって決まることである，それぞれの形式のデメリットは，用途に合わせて改良を加える必要がある。

2.3 ラミネート用外装材の構成と融着

図表 4.2.2 にアルミコアのラミネート外装材の構成を示した。それぞれの層は機能性を有しており，それに適した材料が選定されている。実際の材料構成は層間の接着などの問題から，さらに複数の材料から構成されている。

---

　[*] リチウム二次電池のラミネート外装材　奥下正隆，成形加工，Vol.22, No.6, Page279-286（2010）

第4章 周辺部材（集電箔とラミネート外装材）

外装材	ハード金属函（缶）体			金属・樹脂複合（ラミネートシート）包材		非金属包材（樹脂函体）	
	円筒（楕円円）	角型（四角、長方形）	その他（中空円筒など）	ソフト（アルミ材など）	セミハード（SUS材など）	函体形状	チューブ形状
製品例（小型）＜3Ah	18〜26φなど民生用	423643など民生用		iPod用など（ポリマー）			
製品例（中・大型）＞4Ah	26,47,54φEV用	EV用50Ahほか		産業用汎用7〜25Ah、EV用	開発中	2,3特許公開あり	
ガス排出弁（安全）	有（函体上部）			無,内部ガス膨張に弱点（電極の層間剥離）			
放熱性	限界あり 〜1.0cm²/g			良好 〜1.5cm²/g			
安全性	過充電など電気的な安全性試験においては差は無い 圧壊など機械的な安全性試験においてはケースバイケース						
機械強度	良好			限界あり	（改良期待）		
生産性	良好 取り扱い性			限界あり			

図表4.2.1 セルの外装材と電極構造

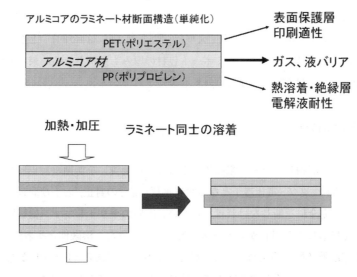

図表4.2.2 外装材の構成と融着

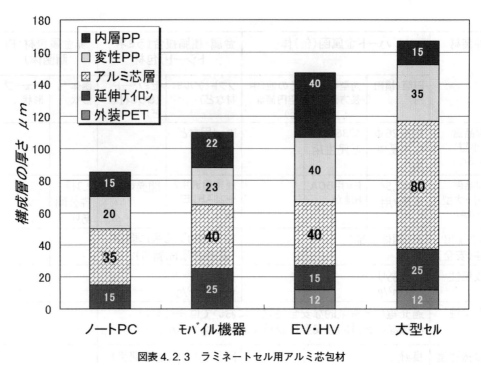

図表 4.2.3 ラミネートセル用アルミ芯包材

2.4 ラミネートセル用アルミ芯包材の用途と厚さ

ラミネート（積層）型セルの外装材は，アルミニウムを芯材にして，電解液に接するセル内側をPPやPEなどのポリオレフィン，外側をナイロン（ポリアミド）やポリエステル（PETなど）で構成される。セルの形状や大きさに応じて，図表4.2.3に示す厚みの材料が販売されている。小型のセルは"パウチ型（小袋）"が，中・大型は"エンボス型（押型凹）"となり，内部に収納するセル本体の体積や重量に応じて，ラミネート包材の厚みも選択される。最も薄いもので総厚み90μm，大型セル用では200μmに近い材料も製造されている。

2.5 構成層の機能と材料

(1) 機能と材料

ラミネート包材は，収納したセル（電極体＋電解液＋電解質）を密閉（封止）して機械的な強度を保持するとともに，タブ（電極端子となる金属平板）部分の封止，および周辺部の封止によって，電解液の漏れを完全に遮断しなければならない。内層のポリオレフィン樹脂層はセルの組立工程において，熱融着による封止がスムーズに行われるような，溶融性と接着性が重要である。内層の樹脂は耐電解液特性との兼ね合いで，結晶性ポリマーであるPPやPEとなるので，加熱溶融時の流れ性や，溶融から固化する時点での結晶化収縮を，適正な範囲にコントロールしておく必要ある。この目的のためには，放射線架橋や化学架橋剤の添加行われている。外層の樹脂は

第4章　周辺部材（集電箔とラミネート外装材）

上記の制約がないので，全体の強度維持のためにナイロンやポリエステルが使用され，さらに強度のある延伸（オリエンテッド）ポリマーフィルムが使用される。同時に外層の印刷適性も必要である。アルミの両面は接着性向上のために，リン酸クロメート処理などの化成処理がなされ，内層PPとアルミの間には接着強度の高い酸変性PPが置かれる。層の構成が複雑なために，ラミネート包材の製造は，共押出（Tダイ法）やドライラミネート法などが併用される。

(2) 成型加工

上記の包材は原反で供給されたものを，電池メーカーにおいてセルの形式や寸法に合わせて，仮切断→プレス（凹）加工を経て，セルの収納と封止に進む。プレス加工はそれぞれの寸法の金型で行われるが，型の設計（オスメス型のクリアランスや"逃がし"）は材料メーカーの技術仕様に合わせて行えば問題はないが，この工程は意外に手間とコストがかかる部分である。図表4.2.6に示すように，エンボス型では深絞りになりがちで，特に4隅は加工歪みが集中して，アルミと樹脂層の剥離や，内層PPのストレスクラック（有機電解液によるPP部分の経時的なクラック発生）が懸念される。

2.6　セルの大型化とラミネート包材

リチウムイオン電池（セル）特に大型の場合に，ラミネート型か缶収納型かは結論を出し難い課題である。ガス排出弁（安全弁）の有無や，安全性試験との整合性など課題が多い。現在発表されている大型のラミネート型セルは，SKイノベーション社の20Ah，AES社の33.1Ah（799g，445cm^3），ENAX㈱の20Ah（銅板端子リベット接続）などがある。缶収納型ではGSユアサの50Ah（内部は25Ah×2，三菱自動車のEV），三菱重工の96Ah（定置用）などである。アルミ心材のラミネート包材の場合は，アルミ層を厚くしてもそれほど強度は上がらずに，加工性が悪くなるケースが多い。現在の総厚み200μmの包材は，最大で30Ah程度のセルが限度と考えられる。ただし，30Ahで特性の優れたラミネート型セルが完成できれば，そのモジュール化やユニット化で十分な性能のHVやEVは可能であり，アルミラミネート包材の有用性は十分にあろう。

2.7　アルミ包装材以外の材料

ステンレス／SUS材は強度や耐食性に優れている。薄板化や樹脂ラミネート技術や型絞り加工に特殊な技術が必要であるが，既に専業素材メーカーが開発を進めており，日新製鋼㈱，新日鐵㈱などが技術成果を発表している。自動車用のセルが，Abuse Test（過酷試験）特に圧壊や振動などの機械強度を要求される場合は，アルミ包材の限界を超える場合があり，SUS包材に期待される。

2.8　シーラント材によるタブの封止

ラミネート型セルの電極端子の出し方は，先に第2章2で示したいくつかのパターンがある

が，大部分はタブ材（金属板）をラミネート材の間から外部に出し，ラミネート材はタブ材を挟んで封止する構造である。図表4.2.4にはシーラント材（接着フィルム）とタブ端子の構成と完成後のセルを示した。実際の加工は加熱の温度，圧力，時間，冷却方法部材の位置合わせ（ズレ防止）など，かなり慎重に行う工程であり，封止不良はセル内部から電解液の漏出によるトラブルの原因となる。

熱融着性層（内側）は電解液との関係でPP材にほぼ限定されるが，熱融着時に溶融樹脂が流れ過ぎない（接着部分が薄くなる）ように，シリコン系架橋剤などを配合している場合もある。タブ材は銅板にニッケルメッキの構成が多いが，硬い金属は接着剤が効きにくいのが常である。ここに挟むシーラント材（フィルム）は封止の要である。

図表4.2.5に封止部の引張り強度の一例を示す。左右（両タブタイプのラミネートセルタブの面積が広く取れ，電流と放熱が安定する構成である。測定の結果を見ると，包材同士の融着封止は，コアのアルミ箔の伸びも含まれるので強度が低い包材とタブ材（ニッケルメッキの銅板）の間の強度は高い。いずれの場合も破断に至る伸び率は高いが，この状況では内層剥離が起こって電解液が浸透することになる。

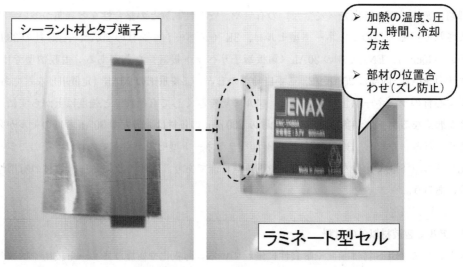

注）端子タブを挟み込んだ形で溶融・封止される　＞　均一性と密着
注）タブは端子電流と放熱の部位である　＞　加熱と熱膨張，変形

図表4.2.4　シーラント材によるタブの封止

第4章 周辺部材（集電箔とラミネート外装材）

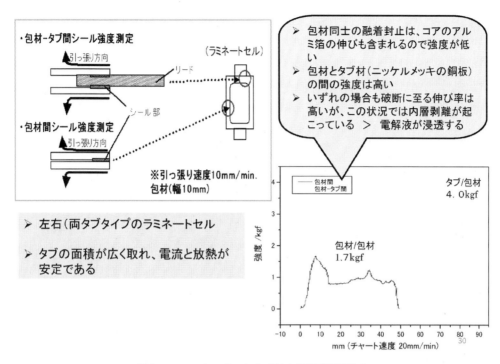

図表4.2.5 シーラントタブ封止部の引張り強度

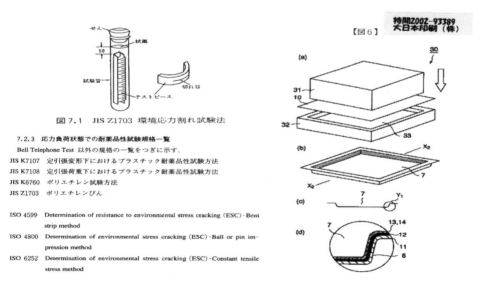

図表4.2.6 ラミネート包材の"ストレスクラック"

第5章　大容量Liイオン二次電池と材料の市場展望

1　xEV*（電動自動車）用Liイオン二次電池の市場展望[*]

本稿では将来のxEV市場を展望し，その結果を用いてxEV用電池市場を予測する。xEV市場を展望する際の前提条件から議論していく。

1.1　xEV市場展望の前提条件

(1)　乗用車市場の拡大

はじめに，乗用車市場の予測である。2010年の世界乗用車市場は，前年に比べ9.1％増加し，金融危機前の水準を回復した。欧州以外の地域は前年比で増加しており，中でも中国を含む新興国が市場回復の牽引役を果たした。2020年に向けても市場を牽引するのは，中国・インドを含む新興国であり，先進国市場はほぼ横ばいとなる。2020年の世界の乗用車販売台数は8200万台と見込まれる（図表5.1.1）。

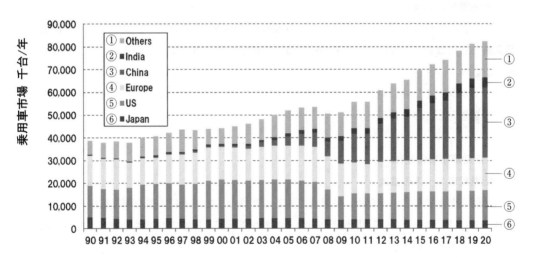

注）EuropeはEU27カ国を対象としている。

図表5.1.1　乗用車市場の地域別将来展望

＊　HEV（ハイブリッド車），EV（電気自動車），FCV（燃料電池自動車）の総称。

[*]　風間智英　Tomohide Kazama　㈱野村総合研究所　自動車・ハイテク産業コンサルティング部　グループマネージャー

図表 5.1.2 石油価格の推移(WTI)

(2) 石油価格の上昇

次いで石油価格の上昇トレンドである。石油価格の動向をみると、リーマンショック前後の価格急騰・急落はあったものの、長期的にみると石油価格は上昇してきていることが分かる(図表 5.1.2)。

このトレンドを単純に見れば、石油価格の前提として2020年には少なくとも120ドル/バレル程度を想定しておく必要がある。

1.2 自動車市場の変化

(1) 低燃費車ニーズの拡大

石油価格が上昇していくため、低燃費であることは今まで以上に重要な購買要因となる。消費者ニーズだけではなく、CO_2排出量の抑制・エネルギー安全保障の点で効果があるため、政府も低燃費車の導入を促進していく。

例えば、欧州のCO_2排出量規制が有名だ。具体的なCO_2排出量としては、2015年に130g/km(規制)、2020年に95g/km(目標)が提示されている(図表5.1.3)。年率2%の燃費改善*を前提に試算してみたが、2015年時点で規制を守れないカーメーカが複数出てしまう(図表5.1.4)。注目すべきは、未達の場合に支払う制裁金が巨額になることであり、カーメーカはこの規制を無

---

* モデルチェンジ期間を7年間とし、その際の旧モデルに対する燃費改善率が10~15%とすると、年率では約2%の燃費改善となる。

第5章　大容量Liイオン二次電池と材料の市場展望

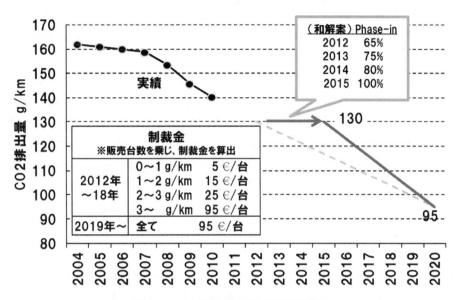

図表5.1.3　欧州CO_2排出量規制の概要

	2015年ターゲット(g/km)	2009年燃費（実績）(g/km)	2015年（仮定）			削減目標(％)	未達分 g/km
			燃費（推計）(g/km)	重量(kg)	販売台数(台/年)		
Toyota	127	132	117	1,265	728,805	−8.6%	0.00
PSA	129	136	120	1,309	1,816,766	−7.1%	0.00
Fiat	121	131	116	1,136	1,212,365	−4.3%	0.00
BMW	139	151	134	1,526	681,056	−3.9%	0.00
Hyundai	129	141	125	1,305	563,418	−3.3%	0.00
Renault	128	140	124	1,286	1,306,604	−3.2%	0.00
Ford	129	144	128	1,312	1,437,768	−1.1%	0.00
Honda	131	147	130	1,354	231,789	−0.6%	0.00
GM	129	148	131	1,310	1,253,692	1.6%	2.10
VW Group	133	153	136	1,410	2,973,183	1.9%	2.53
Suzuki	121	142	126	1,138	242,995	3.8%	4.79
Nissan	131	154	136	1,348	359,037	4.0%	5.42
Mazda	126	149	132	1,251	199,299	4.5%	5.99
Daimler	137	167	148	1,495	666,503	7.4%	10.94

注）2015年の燃費は，2009年から年率2％で改善が進むものとして推計した。
注）2015年の重量および販売台数は2009年の実績値を用いた。

図表5.1.4　2015年欧州CO_2排出量規制の各社達成状況試算

大容量 Li イオン電池の材料技術と市場展望

視できない。

米国では，CAFE 規制の長期目標が発表された。2017 年に発売する新車から，最大で年平均 6％の燃費改善を行い，2025 年までに 62mpg*に引き上げるよう求めている。プリウスの燃費が約 50mpg であることから，この規制により，米国 HEV 市場は大きく成長するものと予想される。

中国でも，燃費規制の長期目標が発表された。政府はこれまで 2015 年目標として 7L/100km（14.3km/L）を掲げてきたが，2020 年目標として 5L/100km（20.0km/L）を新たに発表した。現在の中国における燃費実績を鑑みると，かなり挑戦的な目標である。また政府は「新能源汽車産業発展計画」の素案を発表し，2020 年までに，Strong および Mild HEV の年間販売台数を 300 万台以上にする目標を掲げた。これらが正式な目標として確定した場合，HEV 市場を大きく成長させる要因となる。

以上のようにカーメーカにとっては，どの地域でも自動車を販売していくために，燃費改善は避けて通れない課題となっている。

(2) カーメーカの対応

市場ニーズと各国の政策により，カーメーカにとって低燃費化は重要な事業課題の一つとなっている。現在の主な低燃費化施策は，ガソリン車におけるエンジンのダウンサイジングとアイドリングストップ機構の採用である。日本や米国などガソリン車中心の市場では，ディーゼル車投入が効果の高い低燃費化策として考えられるが，市場の志向性があり，実際は進んでいない。欧州ではすでにディーゼル比率が高い状況であるため，さらなるディーゼル化は進まない。前節で試算したように，通常の燃費改善努力では規制達成に不十分となる可能性があるため，カーメーカは大きな燃費改善効果を狙って xEV（電動車両）の市場投入を進めようとしている。

1.3 xEV 市場の動向

(1) HEV 市場の動向

乗用車市場が回復する中，2010 年の世界のストロングおよびマイルド・ハイブリッド車（HEV）の市場は 81 万台 / 年と前年比 9.2％の増加となった。HEV 市場は 2008 年から日本が牽引している（図表 5.1.5）。日本ではハイブリッド車の価格競争が起こり，加えてエコカー補助金が政府から支給されたため，ハイブリッド車にお得感が醸成された。

2011 年の HEV 市場は停滞し，2010 年と同等の市場規模になったとみられる。日本市場では，補助金が 2010 年 9 月で終了したことに加え，東日本大震災が起こり，生産台数が急減した。8 月以降，HEV 市場は持ち直してきたため，年間では昨年並みの市場となった。一方，米国でも東日本大震災の影響で上半期は出荷が滞った。しかし下期には回復，通年では昨年並みとなり，ここ数年の市場の減少傾向に歯止めがかかった（図表 5.1.6）。

＊　mpg：mile per gallon

第5章 大容量Liイオン二次電池と材料の市場展望

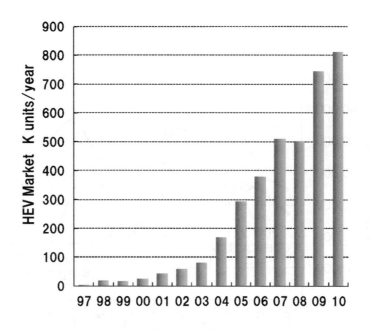

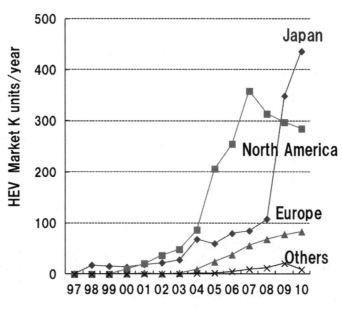

図表5.1.5　HEV市場の推移

　2011年の市場停滞の原因は，東日本大震災によるプリウスをはじめとしたHEV出荷減少であった。これは一時的なものであり，低燃費車に対するニーズの増加と，厳しい規制への対応により，HEV市場は拡大していくものと考えられる。

大容量Liイオン電池の材料技術と市場展望

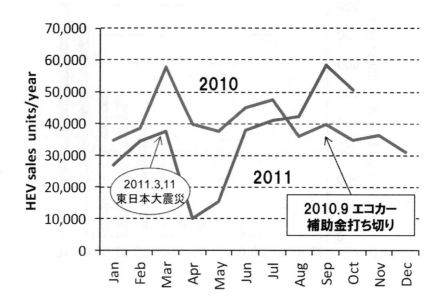

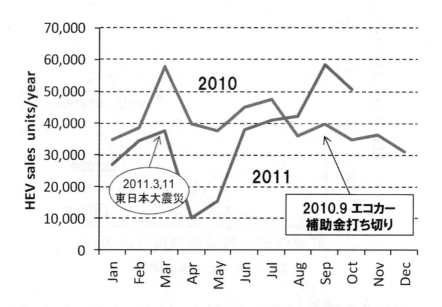

図表5.1.6 日本(上)と米国(下)のHEV市場推移

第5章 大容量Liイオン二次電池と材料の市場展望

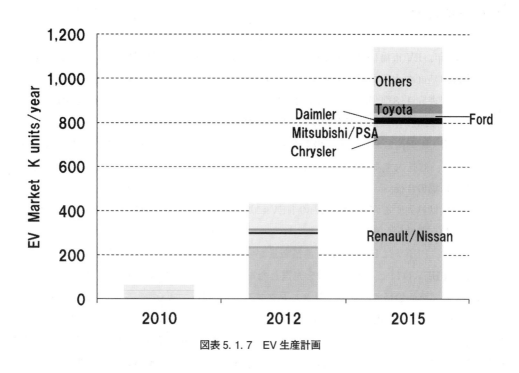

図表5.1.7 EV生産計画

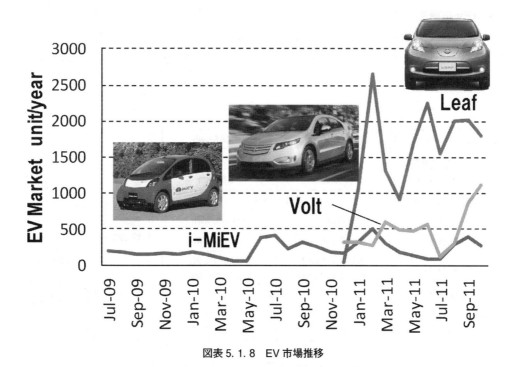

図表5.1.8 EV市場推移

(2) EV市場の動向

EVについては，日産自動車をはじめとして，積極的な生産計画を発表している（図表5.1.7）。しかし2011年，EV市場には逆風が吹いた。欧州の債務危機による景況悪化，東日本大震災後の原発事故，Voltの火災事故などである。これらによって，市場拡大が見込まれたEV市場は停滞した（図表5.1.8）。例えば日産は2012年には20万台程度のEVを生産する計画であると推定されるが，2011年には2万台程度のEVしか販売できていない。

今後，欧州・新興国におけるEVの販売動向には注意が必要であるが，現在の日本・米国の状況を見る限り，急拡大するEVの生産計画どおりに市場が拡大するとは考えにくい。

(3) PHEV市場の今後

PHEV市場は拡大するのか。PHEVのHEVに対する経済合理性を検討し，その有望度合いを確認してみた（図表5.1.9）。

具体的には，PHEVはHEVより電池搭載量が多いため，車両価格が高くなる。一方で燃料代についてはPHEVはほとんどの時間を充電した電気で走行するため，ガソリンに比べて約1/3で済む。よって車両価格の増加分をランニングコストで回収していくモデルが考えられる。

その結果，5年回収を実現するためには，ベアセルコストを50.3円/Wh以下に抑えればよいことが分かった。EV用電池ならば，2020年に20～30円/Whの実現可能性があるため，2010年代の後半にはPHEVに経済合理性が見込めるようになり，普及し始めるものと思われる。

1.4 xEV市場及びxEV用電池市場の展望

xEV市場の市場予測を行う際には，政府，消費者，メーカの3つの視点で検討することが肝要である。様々な検討を行っているが，前節までの議論はその主要部分である。予測を行った結

	PRIUS	PRIUS Plug-in
電池のエネルギー容量	1300Wh	4455Wh
イニシャルコストの増分	-	3155Wh× y yen/Wh
EVモード航続距離	0km	26.4km
1日の走行距離	20km/day	
燃費	20km/L	9.9 km/kWh
燃料価格	140 yen/L	25 yen/kWh
1日の燃料コスト	20/20×140 =140 yen/day	25/9.9×20 ≒50 yen/day
回収期間	x 年	
年間ランニングコストのメリット	-	(140-50)×365 days/yr. =32,850 yen/yr.

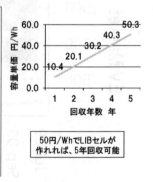

50円/WhでLIBセルが作れれば、5年回収可能

図表5.1.9 HEVに対するPHEVの経済合理性

第 5 章　大容量 Li イオン二次電池と材料の市場展望

果，xEV 市場は 2020 年に 1300 万台程度，内訳は HEV が約 950 万台，PHEV が約 300 万台，EV が約 100 万台となった（図表 5.1.10）。

　電池市場を予測するために，それぞれの車種での電池搭載容量原単位を設定し（図表 5.1.11），電池市場を試算した。その結果，2020 年には xEV 用電池市場は約 1.3 兆円に拡大する（図表 5.1.12）。HEV は xEV の台数市場では約 70% を占めているが，電池の金額市場では 25% 程度のプレゼンスしかない。逆に，台数市場で 10% 弱しかない EV が，電池市場では約 40% を占めており，電池事業に与える影響が大きいことがわかる。

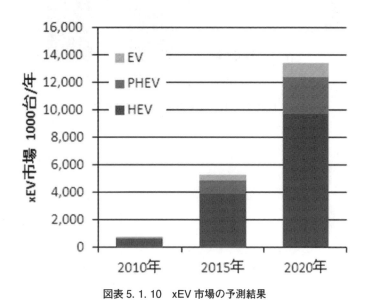

図表 5.1.10　xEV 市場の予測結果

	HEV(Mild)	HEV(Strong)	PHEV	EV
	Civic	Prius α	Prius	i-MiEV
電圧	144 V	201.6 V	207.2 V	330 V
容量	4.7 Ah	5 Ah	21.5 Ah	48 Ah
エネルギー	676.8 Wh	1008 Wh	4455 Wh	16000 Wh

図表 5.1.11　xEV の各車種の電池搭載容量原単位

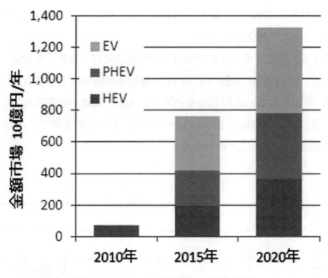

図表 5.1.12　xEV用電池市場予測結果

第5章　大容量Liイオン二次電池と材料の市場展望

2　電動二輪車用Liイオン二次電池の市場展望[*]

本節では将来の電動2輪市場を展望し，その結果を用いて電動2輪用LIB市場を予測する。

2.1　電動2輪市場の将来予測
(1)　過去の市場形成

電動2輪市場の現在の市場規模は，現在グローバルで3,000万台強と推計される。台数市場を地域別にひも解くと，中国における販売がこの大半を占め，日米欧を中心としたその他市場で500万台弱の市場が形成されている。また，詳しくは後述するが，先進国ではペダルの推進力にモーター駆動により補助を行うアシスト自転車が主流である一方，中国ではモーター駆動による自走が可能な自走式電動2輪車が主流となっている。

国内では自転車市場全体の減少傾向に反し，電動アシスト自転車の販売台数は堅調に拡大を続けている。2010年には国内出荷台数が前年比4.6％増の38万1,721台となり，国内メーカのバイク全体の同出荷台数（38万242台）を上回ったことが注目された[*]。また，先進国市場の一角を形成する欧州では，特にドイツ，オランダ，スイス南部などで自転車は文化として生活の一部に

	バイク	電動二輪車
安全	・スピードが出しやすい	・スピードが出しにくい
環境	・ガソリンのため、排気ガスが環境を汚染	・電気を使用しているため、環境を汚染する恐れがない
エネルギー供給ルート	・ガソリンスタンド	・簡易なコンセント ・急速充電器が普及中
価格	・高い5,000元以上	・安い3,000元以下
政策・方針	・都市部での通行が禁止	・都心部での通行は可能（一部車種・都市を除く）

図表5.2.1　中国における電動2輪普及の背景（バイクとの比較）

---

*　財団法人・自動車産業振興協会「自転車協会会員統計」

---

*）　坂本遼平　Ryohei Sakamoto　㈱野村総合研究所　自動車・ハイテク産業コンサルティング部　コンサルタント

大容量Liイオン電池の材料技術と市場展望

定着している。電動2輪車についても，現地メーカや中国メーカの製品を中心に電動アシスト自転車が販売されている。

　一方，大部分を占める中国における電動2輪市場は，「通勤距離圏の拡大」，「バイクの流入規制」，「環境性」を理由に市場成長を続けてきた。都市化が進行することで通勤距離圏が拡大する一方で都市部の渋滞が深刻化し，一部都市ではバイクの都市部への流入規制が実施されている。電動2輪は，走行スピードはバイクより遅い一方で価格は安価である。「自動車は高すぎて購入できないが自転車だと通勤が大変」という理由で「庶民の足」として受け入れられ，市場が大きく拡大している。2010年には，河南省，山東省，江蘇省等10省で，家電下郷政策（能祖運への家電普及促進政策）の対象品目に選定されたことで，これまでの拡大スピードが一段と加速し，同年の中国における販売台数は3,000万台に迫る勢いである*。

(2) 将来の市場見通し

　これら電動2輪市場の成長は，中国，国内・欧米等先進国のいずれの地域においても将来的にも成長が続くと考えられる。試算では，2020年には全世界で約5,500万台強の市場規模に成長すると予測される。

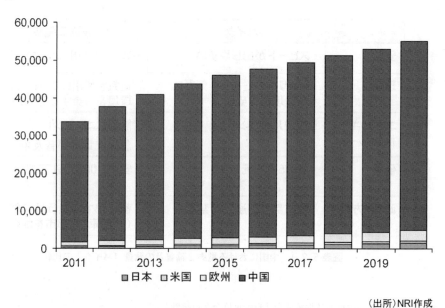

図表5.2.2　電動2輪総台数推移予測（NRI予測結果ベース）

---

*　中国自転車協会

第5章　大容量Liイオン二次電池と材料の市場展望

単位：千台

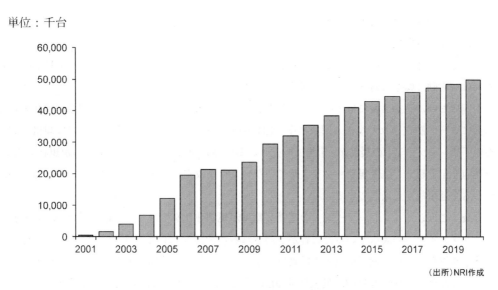

（出所）NRI作成

figure 5.2.3　中国における電動2輪の市場形成と市場予測

　国内では2008年の道路交通法施行規則改正を受け，育児を行う若年層の足として普及を続けている。規制改正とは，①2008年に電動アシスト自転車の人力に対するアシスト比率の上限が，時速10kmまでは従来の1：1から1：2に拡大されたことと，②2009年に6歳未満の子供二人を含む自転車の3人乗車が解禁となったことを指す。①によって登坂走行時等のアシスト性に優れた製品が各社から投入されることとなったことを受け，2009年の同出荷台数は前年比115％に拡大している。また，②により小さな子供を持つ親に大いに受け入れられることとなった。そして直近では，震災の影響に後押しされ，その市場拡大スピードは維持されると考えていいだろう。また，欧米でもこれまで同様，高成長が期待できる。

　また中心市場である，中国でも成長が継続すると考えられる。以下では，特に中国市場の動向を簡易に検討したい。

　2010年時点で中国の電動2輪車の保有台数は1億2千万台であった*。現在の普及の中心は天津や上海，杭州等の沿岸部である。これらの地域では，現在も省エネの移動手段として電動2輪車の普及が促進されている。また，中東部では現在家電下郷政策の影響も受け，普及が加速している段階である。加えて，四川省や重慶といった内陸部ではこれから本格的な電動2輪普及が進む段階であろう。一方で寒冷地では，バッテリーを利用する電動2輪の特性上，普及が限定的であるといわれている。仮にこれらの地域を除いたとしても，人口のボリュームゾーンである内陸部・中部地域で，2020年時点に沿岸部と同等程度まで普及が進んだ場合，保有台数が倍増する可能性がある。このペースで普及が進む場合，2020年には年間5,000万台を超える電動2輪車が

＊　京華時報

中国国内で販売される可能性がある。

(3) **注視すべき動向**

一方で，中国における今後の市場形成を見極めるうえで，注意しなければいけない動向がある。それは，電動2輪車に対する規格厳格化と，その供給サイドへの影響である。

中国における電動2輪にはオートバイ型と自転車型に大きく大別され，中国国家標準化管理委員会によって制定された規格（国家標準；GB規格）がある。しかし，実態としては規格を守らない「グレーゾーン」の製品が，市場で販売される製品のかなりの割合を占めるのが現状である。時速40kmを超え，重量規制もクリアしていないような改造車が多く，中国では電動2輪車がかかわる交通事故が急増している。

今後，こうした「グレーゾーン」の電動2輪車が規制強化を受けると，市場拡大の一時的減速や，サプライヤーの淘汰といった影響が予測される。2011年には多発する事故を受け，公安省，工業情報省などが基準速度を超える電動自転車の販売を禁じる共同文書を出した。この文書によると，最高時速20km/h以内，最大重量40kg以内，最大出力240W以内とする基準を満たさない電動自転車の登記を認めず，違反車の回収をメーカに義務付けるとのことである[*]。

これまでは，業界規制が柔軟に運用されていたため，小規模なメーカが業界に多く参入し，「グレーゾーン」製品の生産を担っていた。こうした小規模メーカが全体に占める割合は非常に高いため，これらの製品が市場から一掃された場合，供給が一時的に不安定化する可能性がある。そのため，長期的には，中国における電動2輪メーカは，規格への整合性や安全性の高い製品を製造する能力の高いメーカに集約される可能性があるだろう。

2.2 電動2輪向けのLIB市場の将来予測

電動2輪向けのLIB市場（容量ベース）は下記の通り計算される。

LIB市場（容量ベース）＝電動2輪市場（台数）×1台当りLIB搭載容量×LIB化率

ここでは，搭載容量の見通しとLIB化率の見通しを先進国市場（日米欧）と中国市場のそれぞれでレビューしたうえで，容量市場の予測を行いたい。

(1) **LIB搭載容量**

先述したとおり，先進国と中国における電動2輪は搭載容量が異なっている。

先進国では国内で販売されるアシスト自転車で約0.2kWh，欧米では0.3kWh程度のLIBが搭載されることが多い。一方で，中国では自走可能なものが主流であるため，蓄電池も相応の容量が搭載される。さらに，中国における電動2輪には自転車型とバイク型に大別され，それぞれサイズや重量が異なるため，LIBの搭載容量も異なると考えられる。

ここでは，中国における電動2輪のLIB搭載容量として，バイク型：0.9kWh，自転車型：

---

[*] 京華時報

第 5 章 大容量 Li イオン二次電池と材料の市場展望

	日本	米国	欧州	中国
車両分類	自転車	自転車	自転車	自転車(非機動車)
ナンバープレート登録・運転免許	不要	不要	不要	不要
電動のみの自走	不可	不可	不可	可能
アシスト最高速度	24km/h	32km/h	25km/h	20km/h
最大出力	—	750W	250W	250W
規制制定根拠	・道路交通法 ・公安委員会の規則改正	・Consumer Product Safety Commission (CPSC)	・National Standards Boards (NSB) ・European Product Safety Standard	・中国国家標準化管理委員会(GB)

(出所)各国の規制情報等よりNRI作成

図表 5.2.4　主要市場における電動 2 輪車の定義

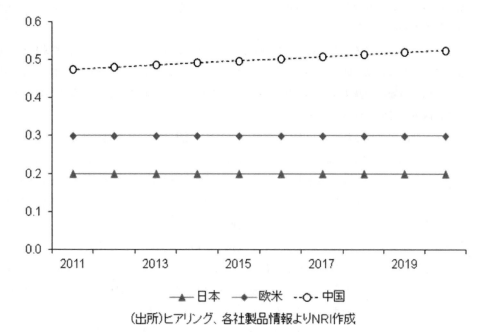

(出所)ヒアリング、各社製品情報よりNRI作成

図表 5.2.5　各地の電動 2 輪 1 台あたりの電池搭載量（LIB）

0.4kWh と想定した。中国では航続距離と搭載容量および重量に対して規制がひかれているうえ，今後規制が強化されるとみられている。そのため，今後も現状の搭載容量の水準が維持されるものと考えられる。あえて，中国市場における搭載容量の変化についてコメントすると，電動 2 輪市場に占めるバイク型の割合が増えることが予測されるため，加重平均ベースでは長期的に搭載容量が増加する可能性がある。

263

(2) LIB化率の見通し

現在先進国のアシスト自転車のLIB化率は60％程度だが，中国におけるLIB化率は2～3％程度にとどまっている．今後いずれの地域においてもLIB化率は上昇すると考えられる．

中心市場の中国におけるLIB化を進める要因として，①鉛電池の供給不安定化，②対LIBコスト優位の相対的低下，③安全性の観点，④規格の観点，の4点が挙げられる．

① 2009～2011年にかけて鉛中毒事件が多発したことを受け，国家発展改革委員会や国家環境保護総局など9省庁が「鉛，亜鉛工業汚染物排出標準」を，工業情報株が「電池産業重金属汚染総合防止法案」を発表した．また，環境保護総局は2011年7月までに国内の鉛蓄電池関連企業1,900社のうち1,598社に工場の閉鎖や操業停止を命じている．生産能力ベースでも6割程度が生産ストップになったと考えられ，電動2輪メーカの6割以上が鉛電池の供給不安に直面したと報じられた．

一時的に生産停止となっているLIBメーカは多いため，今後生産再開に伴い，鉛蓄電池の供給は回復していくものとみられるが，長期的にも劣後メーカの淘汰等により不安定な状況がひき続く可能性が高いだろう．

②上述の鉛蓄電池メーカに対する規制の強化や，回収規制の厳格化により，将来的に鉛電池の製造コストがこれ以上低減しない，あるいは上昇する可能性もある．一方で，車載用途の拡大により，LIBの価格が減少すれば，相対的なLIB導入コストが将来的には，鉛：LIB＝1：2程度までに減少していく見込みがある．

コスト低減が実現されれば，LIBの採用が今以上に拡大していく可能性がある．なぜなら現状，鉛電池は現状1～2年程度で交換される一方，LIBであれば4～5年ほどまで寿命の延長が可能となるからだ．もしコスト低減が鉛：LIB＝1：2程度まで進むとなった場合，LIBの使用期間が倍であることを踏まえると，ライフサイクルの観点からのバッテリーコストは同等かそれ以下になる．この経済性の改善は，LIBの採用を後押しするだろう．

一方で，中国では，イニシャルコストを重視する傾向が強いことも考慮すべきである．これまで，電動2輪車は廉価であることがこれまでの市場形成を牽引してきた．活発に成長を続ける中国では，新しいトレンドを追い求めて，短いサイクルで新製品への買い替えを続ける消費スタイルが一般的であると指摘する有識者もいる．つまり，仮に保有期間中のトータルコストの観点で同一のバッテリーコストとなったとしても，全てのユーザーがLIBを選択するとは限らないのである．

しかし，③安全性の観点と④重量規制の観点で，LIBの採用割合が増加することは間違いない．安全性に関しては，多発する交通事故を受けて，安全性向上に向けた規制強化を続けるとみられていることに加え，近年，大型バイクメーカによる比較的高価な電動2輪車の販売も始まっていることが注目されるべきである．消費者の安全性に対するニーズの高まりが予測される．さらに，重量規制によって，電動2輪車は，完成品レベルで40kg以下であることが義務付けられる．しかし，実際に流通する製品の中には，鉛電池を搭載し総重量が50kgを超える製品も多い．この

第 5 章　大容量 Li イオン二次電池と材料の市場展望

ため，特に簡易型（自転車型）では重量規制の観点で，大型（オートバイ型）や高級品では，加えて安全性の観点で LIB 化が進むと考えられる。

　こうした消費者の購買特性を踏まえて，2020 年時点に，コストが重視される自転車型が 1 割程度，安全性が重視されるオートバイ型で過半が LIB 化されると考えた。中国国内の報道でも，電動 2 輪の 2〜3 割が将来 LIB 化されると報道されており*，この見通しは業界の見方とほぼ同一であるといえる。

(3) LIB 市場（容量ベース）

　上記の前提条件より求められた LIB 市場（容量市場）は下図の通り求められる。2020 年時点で，グローバルで 7MWh 超という一大アプリケーションに成長する可能性があるとみている。使用される電池の形状は，特に鉛に対するコスト優位性を引き出すために，円筒形に集約が進むと考えられる。現在は角形タイプの利用も一部で見られるが，集約した標準タイプの電池の利用が進むと考えられる。

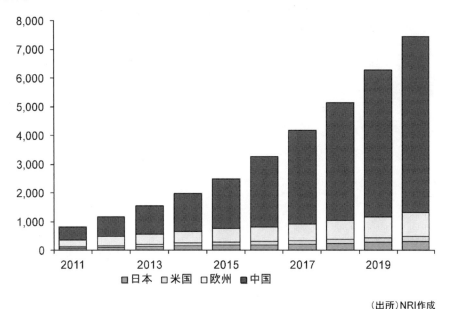

（出所）NRI作成

図表 5.2.6　電動 2 輪向け LIB の容量市場

＊　第一財経日報

単位：10億円

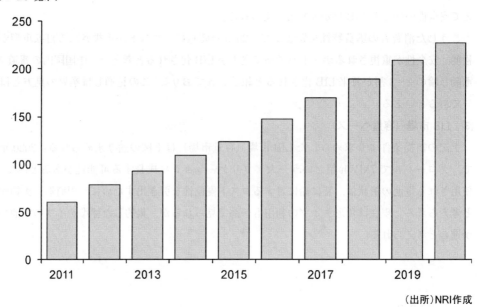

(出所)NRI作成

図表 5.2.7　電動 2 輪向け LIB の金額市場（世界）

第5章　大容量 Li イオン二次電池と材料の市場展望

3　定置用 Li イオン二次電池の市場展望[*]

　これまで第1節・第2節で見てきたように，民生用 LIB 市場に加え，自動車用や電動二輪用といった駆動用 LIB 市場の拡大が見込まれている。特に電気自動車用では電池価格は250万円程度とも言われており，電池の価格が自動車価格全体の半分程度を占める。普及に向けては，電池価格を現在の1/5程度に下げなくてはならないと考えられている。そのために，素材や構造など，既存の LIB（ノート PC や携帯電話など）とは大きく異なる系での電池開発が進められている。自動車用 LIB は，これまでの携帯機器向けに開発されてきた LIB とは異なり，大型かつ長寿命の電池である。そのため，開発企業の多くは，大型かつ長寿命が要求される電池の展開先として定置用を視野に入れている。しかし，後述するように，定置用の種類は多岐にわたり，それぞれに求められる製品の仕様（例：パワー用途かエネルギー用途か）や顧客の顔ぶれ（例：電力会社，重電メーカ，通信キャリア，ハウスメーカ，マンションデベロッパー等）や主戦場となる地域（日本，米国，欧州）が異なる。従って，定置用の全アプリケーションへ事業を同時に展開することは困難であるため，各アプリケーションの将来展望を見通し，自社の取り組み易さや市場魅力度を踏まえて優先順位付けを行うことが重要となる。

　本節では，民生用・自動車用に次ぐ第三の市場となるであろう定置用 LIB 市場について，今後新たに立ち上がる用途に焦点を絞って将来展望を検討する。

3.1　定置用 LIB 市場の種類と特徴

　定置用の LIB 市場は「A：既存市場」と「B：新規市場」の2つに大別される（図表5.3.1）。

(1) 既存市場

　これまで鉛電池，NaS（ナトリウム・硫黄）電池，NiCd（ニッケル・カドミウム）電池など既に存在している定置用蓄電池市場のうち，LIB が代替可能な市場を既存市場として考える。例えば，通信基地局バックアップ電源，UPS（無停電電源装置），非常用バックアップ電源などが挙げられる（図表5.3.1）。現在の定置用蓄電池の市場規模は，約4,000億円（2010年時点）と言われており，比率が大きい用途として，基地局バックアップ市場で約2,000億円，UPS で約1,500億円と，2つのアプリケーションだけで約8割を占めている[*]。そのため，LIB で代替を行う際も，まずはこの2つのアプリケーションにおいて LIB 代替の可能性を検討していくことが効率的と思われる。

---

*　Saft IR 資料より

---

[*]　藤田誠人　Akihito Fujita　㈱野村総合研究所　自動車・ハイテク産業コンサルティング部　副主任コンサルタント

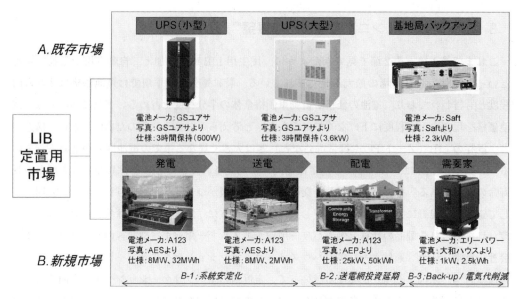

図表 5.3.1　定置用 LIB の種類と特徴

(2) 新規市場

一方で「B：新規市場」は，今後新たに立ち上がる蓄電池市場であり，蓄電池の設置目的や設置場所として，「B-1：系統安定化のため発電所／送電網へ設置」，「B-2：送電網への投資延期を目的として配電所へ設置」，「B-3：非常時バックアップや電気代削減のための住宅・オフィスビルなど電力需要家へ設置」などが挙げられる（図表 5.3.1）。これらは設置場所ごとに市場拡大のトリガーが異なる上，業界関係者の間では，これら新規市場の立ち上がり自体について疑問視する声も多く聞かれ，非常に見通しにくい業界である。そのため，次項では上記で挙げたそれぞれの新規市場において，市場が立ち上がるための課題や，関連企業の動向について整理し，仮に市場が順調に推移した場合の市場規模イメージについて簡易に検討したい。

3.2　定置用市場の変化

新規市場では，いずれも多くの LIB メーカが政府，電力会社，重電メーカ，ハウスメーカなどを巻き込みながら実証実験を展開している。実証フェーズでは政府の規制変更や補助金拠出，先進実証結果が重要な意味を持つため，市場拡大のトリガーに加えて政府や先進企業の動向を整理した。

(1)　**B-1：系統安定化のため発電所／送電網へ設置**

太陽電池や風力発電に代表される新エネルギーは，日本のみならず世界的な需要の拡大が見込まれる。特に従来の電力単価と新エネルギーのコストが等価になる"グリッドパリティ"が 2015 年頃に達成されると言われており，その後は本格的な普及期に入ると予想されている。

新エネルギーが大量に系統システムの中に組み込まれると，天候に発電出力が左右されること

第5章　大容量 Li イオン二次電池と材料の市場展望

から，発電出力と負荷のバランスを取るために，蓄電池など系統安定化のための措置が必要になる。特にメガソーラーや大型の風力発電所が中心になる欧米では，発電所への蓄電池併設や，アンシラリーサービス[*1]（周波数制御）市場という独立した電力調達市場の活用が想定されている。例えば米国のアンシラリーサービス市場では，2009年に従来は火力発電所など発電設備に限定されていた参加資格を蓄電池も許容し[*2]，さらに2011年には蓄電池に有利な価格体系へと変更されており[*3]，将来的にLIBのコストダウンが十分に進めば，当該市場でも十分に競争力を持つことが可能になると思われる。

特に米国において実証実験が活発に行われており，代表的なプロジェクトとして，発電所設置のケースではA123のTehachapiプロジェクトが，送電網設置のケースではAESが取りまとめている実証実験が挙げられる。

発電所に併設されるか，アンシラリーサービス市場に参加するかの議論はあるものの，系統が吸収可能な新エネルギーの導入量には限界がある。例えば日本では，現在の電力系統システムでは，1,000万kWの太陽光発電，500万kWの風力発電の受け入れが限界と言われている[*4]。これは，2008年時点（コメント当時）の国内総発電能力の約5%に相当し，それ以上の新エネルギー導入には，系統安定化などの対策が必要になるということである。この受入可能な限界は地域によって異なり，NRIによる欧米の研究機関や電力会社などへのインタビュー結果を総合すると，米国では15%，欧州では20%程度と見られる。

新エネルギーが各国の目標通りに導入されたとすると，2020年には日・米・欧の全地域で受入可能な限界を超えることになる。限界を越えた分の新エネルギーは約200GW弱と予測され，これらに対してLIBなどによる検討安定化が行われることになる。

(2)　B-2：送電網への投資延期を目的として配電所へ設置

米国の電力業界は発電・送電・配電が分離されており，送電網への投資責任の所在が不明確だったこともあり，歴史的に送電網への投資が十分に行われてこなかった。これは，かつてリチャードソン前エネルギー省長官の「米国は超大国であるにもかかわらず，その送電線網は第三世界並み」というコメントにも見て取れる[*5]。一方で，米国のピーク電力需要は順調に拡大を続けており，送電網の容量が不足する地域が現れはじめ，投資が求められている。しかし，高圧送電網への投資には1km当り100万＄かかるとも言われており，その投資負担は非常に大きい。

[*1] アンシラリーサービスとは，瞬間的な電力負荷変動が生じた際に電力系統の周波数や電圧の品質を維持するために，負荷応答性に優れた電源（蓄電池，フライホイール等）を活用して数十秒単位で充放電して出力を調整するサービス

[*2] United States of America Federal Energy Regulatory Commission, "Preventing Undue Discrimination and Preference in Transmission Service Order NO. 890 Final rule" February 16, 2007

[*3] United States of America Federal Energy Regulatory Commission, "Frequency Regulation Compensation in the Organized Wholesale Power Markets Order NO. 755 Final rule" October 20, 2011

[*4] 電気事業連合会，2008年5月

[*5] 資源エネルギー庁，2003年8月

そこで，ピーク電力が拡大している地域の配電所に蓄電池を設置してピークシフトを行うことで，見掛け上のピーク電力を抑制し，送電網への投資を延期することが検討されている。

具体的には，米国オハイオ州の電力会社 AEP が中心となって，2009年以降に主導して，複数個の LIB を地域一帯に配置する実証実験が行われている。この場合，送電網投資と蓄電池設置を比較して投資負担の少ない方策が採用されることになる。そのため，送電網への投資が割高になるような地域（例えば，発電所から離れた郊外にある新興住宅地など）を中心に，配電所への蓄電池設置が進んでいくと想定される。NRI では，そのような地域には少なく見積もっても20万個の配電設備が存在すると試算している。

(3) B-3：非常時バックアップや電気代削減のための住宅・建物など電力需要家へ設置

住宅やオフィスビルへの蓄電池設置は，これまで構想は行われていたものの，コスト面が課題となり実用化が進んでいなかった。しかし，自動車用 LIB のコストダウンが見込まれることから，近年では検討が加速している。特に日本国内では，東日本大震災の影響で，消費者の分散電源に対する意識が大きく変化した。住宅業界でも，震災前では想定できなかったスピードで家庭への蓄電池設置が進んでおり，各社とも対応に追われている。

それでも，現在 LIB メーカがラインナップしている家庭用蓄電池はハウスメーカから見ると「なんでこんなに高いか検討がつかない」価格であり，より一層のコストダウンが求められている。そのため，本格的に家庭用蓄電池市場が立ち上がるためには，政府の補助金が必要不可欠になってくる。各国政府も，産業育成の観点から，家庭用の蓄電池に対する補助制度を検討している（図表5.3.2）。

しかし，蓄電池を非常用バックアップとして活用するだけでは，百万円近くもする蓄電池を導入するユーザが多いとは考えにくい。NRI では，過去に複数回実施した消費者に対するグループインタビューやアンケート調査を基に，本格的に蓄電池が家庭（またはオフィスビル）に普及するためには，太陽電池との併用や時間帯別料金を利用して，初期投資を少なくとも10年程度

	日本	米国・カリフォルニア州	米・ペンシルバニア州
補助対象	・非常時に使用可能な家庭向け蓄電池 ・0.1 kWh 以上	・（用途・場所の制限なし） ・3 MW までの蓄電池	・住宅用太陽電池に併設した蓄電池 ・1～10 kW
補助額	・1/3 を補助する予定 ※ 2012年1月時点で詳細は検討中	・2 \$/W ※ 1 MW 超過分は50％，2 MW 超過分は25％しか支払われない	・0.35 \$/Ah ※ kW 換算で140\$/kW が上限
財源	・210億円 （補助対象は蓄電池のみ）	・83 million\$ （太陽電池，風力発電など他技術も補助対象に含む）	・100 million\$ （太陽電池など他技術も補助対象に含む）

図表5.3.2　定置用蓄電池に対する補助政策

第 5 章　大容量 Li イオン二次電池と材料の市場展望

で回収する必要があると考えている。

　現在の各国の時間帯別料金を前提として，消費者アンケート等から導いた弊社の市場規模予測では，2020 年時点において大型 LIB のコストが十分に下がった場合，全世界で住宅向け約 300 万戸，オフィスビル向け約 50 万件が蓄電池を導入する可能性があると試算している。

3.3　定置用 LIB 市場の動向と予測

　前節までの検討結果を踏まえ，2020 年時点における定置用 LIB 需要を推計すると，大型 LIB のコストが十分に下がったと仮定した上での試算であるが，容量ベースでは約 33GWh，金額ベースでは約 1.2 兆円の市場規模が見込まれる（図表 5.3.3）。これは現在の民生用 LIB を超える規模であり，LIB 市場全体に及ぼすインパクトは非常に大きいと言える。

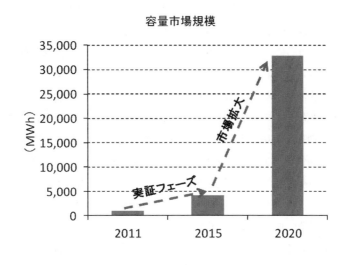

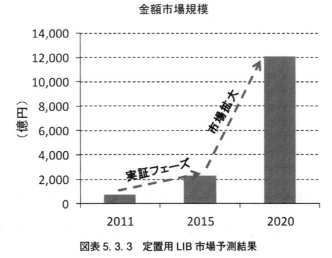

図表 5.3.3　定置用 LIB 市場予測結果

大容量 Li イオン電池の材料技術と市場展望

　しかし足元に目を転ずると，現在の定置用市場は補助金によって支えられている市場であり，十分にコストが下がって市場が立ち上がるまでの期間（2015 年頃まで）は補助金を活用して実証実験に参加し実績を積み上げていくことが非常に重要になるだろう。既に米国では米国電池メーカが補助金を獲得しつつ，実証プロジェクトを通じて実績を積み上げている。多くの日系電池メーカも米国の実証実験に参加しようと動いているが，米国では米国電池メーカとの競争だけでなく，近年では韓国の LG 化学や Samsung SDI も米国での活動を活発化しており，競争が激しくなっている。そのため，足元の日本で電池事業の基盤を固めるという意味で，日本国内で定置用の市場を育成することは非常に重要になると考えられる。

　既に欧米では発電・送電網設置や配電網設置の実証実験が進められているが，日本は 2012 年 1 月時点で電力網の発送電分離の議論が行われている段階である。発電・送電網設置や配電網設置に関しては，日本国内の市場形成のタイミングは発送電分離の議論の決着を待ってからになり，日本よりも欧米の市場が先に立ち上がると考えられる。そのため，日系メーカが発電・送電網設置の市場を狙う場合，欧米に進出することが必要不可欠となる。

　一方で需要家設置の市場に目を向けると，日本の消費者はバックアップ電源に対する意識が高く，かつ欧米よりも時間帯別電力料金の値差も大きいため，市場ポテンシャルが高く欧米よりも市場の立ち上がりも早いと考えられる。実際，国内の市場立ち上げに向けた動きとして，経済産業省の第三次補正予算案だけでなく，日本電機工業会が主導する系統連系における認証制度整備の動き[*1]や，総務省消防庁を中心とした LIB の取扱規制緩和[*2]に向けた動きが出てきており，官民が共同で制度や規制の方向性を示し始めている。また，経済産業省の補助金も，2012 年 1 月時点では設置対象が家庭用だけに限定されているが，今後，工場やオフィスビル・コンビニ・レストランなどの産業・業務用も蓄電池を導入する可能性は十分にあると考えられる。そのため，日本の場合は，市場のルール確立に時間を要すると見られる送電網・配電網設置に関しては時間をかけて議論していきつつも，足元では家庭用・産業用も含めた需要家設置の LIB 市場を官民共同で立ち上げることが日本の定置用市場の拡大，ひいては日系 LIB メーカの競争力向上につながると考えられる。

---

*1 「分散型電源の普及促進に向けた緊急提言～東日本大震災を踏まえて～」日本電機工業会，2011 年 8 月 12 日
*2 「リチウムイオン電池に係る危険物施設の安全対策のあり方に関する検討報告書」消防庁，平成 23 年 12 月 16 日

第 5 章　大容量 Li イオン二次電池と材料の市場展望

4　Li イオン二次電池の材料市場展望[*]

4.1　材料市場の現状

本節では，LIB の主要四材料である正極活物質，負極活物質，電解液，セパレータの市場の現状と将来展望を，前節までで述べた大容量 LIB 搭載用途（車載用・定置用・電動二輪用）の動向を踏まえつつ述べる。

前節までで述べた大容量 LIB 市場の立ち上がりに伴って，LIB 材料への要求スペックや LIB 材料市場の競争環境はより激しく，複雑化しつつある。結果として，材料市場の勢力図が塗り替わる可能性も高く目が離せない状況となっている。

要求スペックの面では，民生用では機器の作動時間を長くするために容量が重視されてきたが，大容量 LIB 搭載用途では，機器側の寿命の長さや電池価格低減ニーズが高いことから寿命やコストも重視されるようになった。

競争要件の変化という点では，コスト競争力や供給安定性，資金力が重視されるようになった。民生用が中心だったこれまでの LIB 市場は，メーカ・エリア別に系列化に近い形で発展してきた業界であり，LIB メーカとの近接立地をベースにした柔軟な技術対応が，材料メーカの重要な競争要件であった。しかし，市場の成熟と大容量 LIB 市場の立ち上がりに伴い，コスト競争力と供給安定性が材料メーカの重要な競争要件となりつつある。これまで以上に資金力がある企業のシェアが高まっていくことが予想される。LIB の生産地として競争力を高めつつある中国系の材料メーカの台頭や欧米系の材料メーカの登場も，既存の材料メーカにとっては大きなインパクトがあるものとみられる。

さらに，顧客である LIB メーカも全世界規模での車載用市場の立ち上がりに備え，生産拠点を徐々に海外に移転していくことが想定される。それに対応して，材料メーカも海外展開を進めざるを得ない状況にある。実際に，製造拠点として中国やその他新興国を選択する企業が出てきている。負極では三菱化学が，正極では住友大阪セメントがベトナムでの生産を，AGC セイミケミカルは 2011 年 12 月に中国での合弁による生産を発表した。戸田工業のように補助金を利用した企業の海外進出も見られるようになってきた。

では，大容量 LIB 時代の展望・変化を材料別に紹介していきたい。

[*1]　合田索人　Sakuto Goda　㈱野村総合研究所　自動車・ハイテク産業コンサルティング部　　　　　　　　　　　　　　　　　　　　　　　　　　　　　　　　コンサルタント

[*2]　坂本遼平　Ryohei Sakamoto　㈱野村総合研究所　自動車・ハイテク産業コンサルティング部　コンサルタント

4.2 正極活物質

(1) 現状・分類

　正極活物質はLIBの容量を左右する材料である。さらに，正極活物質はセルの製造コストのうち20％～30％を占めるものと見られ，人件費や外装などを除けばコストに最も大きな影響を与える。そのため，技術開発とコストダウンの中心となる。また，材料は種類ごとに性能やコストに大きく差があり，デファクトとなる材料は現状存在しない。性能と低価格の実現を目指し用途別に最適な材料が選択されていくと考えられる。

　大容量LIBでは，マンガン酸リチウム（以下，LMO），ニッケル，マンガン，コバルトを使用した三元系，ニッケル酸リチウムにアルミを添加した正極活物質（以下，NCA），リン酸鉄リチウム（以下，LFP）などが用いられる。搭載機器の要求スペックや，LIBメーカ，正極活物質メーカの技術力に合わせて各社異なる材料を使用するため，どの材料もLIB市場の拡大に伴い，市場規模を拡大していくものとみられる。

(2) 使用量の見通し

　車載用の場合，EV用セルで250～350g程度（LMO+NCA／三元系を想定）の正極活物質が使用されている。材料別のシェアでは，日産LEAFやiMiEVに採用されているLMOが70％程度を占め，残りをLMOに添加するNCAやその他の材料が占めている。コストが安く既に量産体制の整っているLMOが主流とみられるが，容量向上のため，徐々に三元系が採用されるものとみられる。電動2輪の主な消費地・製造拠点である中国ではLMOやLFPが主に採用されており，このトレンドは将来も引き続くものとみられる。定置用では車載用LIBと同様のものが採用されていくと考えると，車載用とほぼ近い比率で正極活物質が採用されると考えられる。

(3) 需要推計

　以上の前提に加え，歩留まり80％と仮定した上で2020年時点での需要を推計すると，車載用，電動2輪用，定置用の合計で約20万tの需要が見込まれる。そのうち6割程度が，EV，電動2輪での採用が見込まれるLMOである。金額ベースでは2,700億円程度の需要が見込まれる。重量比率では6割を占めるLMOだが，単価が安いため，金額ベースでは5割程度のシェアとなる。民生用が中心の2011年時点で正極活物質の市場規模が1,500億円程度であることを考えると，現在の市場の2倍近い規模の市場が新たに立ち上がる。

(4) 今後の競争環境

　市場機会を獲得するためには厳しい条件が伴う。EVなどの車載用では顧客一社辺りの需要規模が大きく，数千tレベル／年の初期投資が必要となる。市場が拡大すれば，1万t／年以上の生産能力が求められることも十分考えられる*。他の材料系にも同様のことが言えるが，膨らみ続ける市場機会を獲得するために，投資とリスクを背負う必要がある市場といえるだろう。

---

* 三井金属は年産12,000tの生産能力の確保を標榜している。
　（http://www.mitsui-kinzoku.co.jp/news/pdf/2011/topics_110124.pdf）

第5章 大容量 Li イオン二次電池と材料の市場展望

	NCA	NCM	LMO	LFP	(参考) LiCoO$_2$
エネルギー密度	高い	高い〜低い	低い	低い	基準
安全性	低い	高い〜低い	高い	非常に高い	基準
コスト 材料コスト	同等	同等〜安い	安い	安い	基準
コスト 製造コスト	同等	同等	同等	高い	基準
主要正極材メーカ	住友金属鉱山	日亜化学 田中化学 JX日鉱日石	日本電工 日揮触媒	住友大阪セメント	―
主要電池メーカ	JCI-Saft トヨタ	三洋電機 ブルーエナジー	AESC, LEJ, HVE, CPI, EnerDel, 東芝	A123 BYD 中国系メーカ	三洋電機 Samsug SDI ソニー他多数
課題	熱安定性	電解液との反応性	エネルギー密度 高温・高SOCでの容量劣化	エネルギー密度 製造コスト 低電子伝導性	(資源・コスト)

図表5.4.1 正極活物質の主要プレイヤー

さらに、日系の材料メーカにとっては海外との競争も重要なトピックと言える。車載用の正極材には欧米系の巨大化学メーカである BASF も進出を表明している。欧米の顧客基盤と強大な資金力を兼ね備えた企業は、日系に取っては脅威と言える。さらに、民生用向けのLCOや三元系では、中国系の正極活物質メーカが徐々にシェアを伸ばしてきている。日系LIBメーカも中国への生産移管に伴い徐々に現地調達率を上げていくはずであり、大容量LIB向けにも徐々に採用されていく可能性がある。

一方で、いち早く中国へと進出した日系正極活物質メーカも存在する。戸田工業は中国の湖南杉杉新材料と提携した。また、AGCセイミケミカルはコバルト金属を取り扱う中国KLK社等との合弁を通して、中国で正極活物質を生産すると表明している。中国にいち早く進出したこれらの正極活物質メーカの動向も注視する必要があるだろう。

4.3 負極活物質
(1) 今後の展望

負極活物質も正極活物質と同様にLIBの容量に直接影響を与える重要な部材である。LIBのセル製造コストの10%程度を占めるものとみられる。

負極活物質は大きく三つに分類することが出来る。炭素を使用した炭素系負極と、金属や合金を使用した金属系負極、さらに金属酸化物を使用した酸化物系負極である。炭素系では、民生用で使用されている人造黒鉛や、価格が安い天然黒鉛、入出力特性に優れるハードカーボンなどが存在する。金属系負極では、シリコンやスズなどの合金負極が存在する。酸化物系では金属酸化物のチタン酸リチウム（以下，LTO）が実用化されている。

大容量LIBでは、炭素を使用する負極活物質の中でもコストの安い天然黒鉛系が採用されていくものとみられるが、用途によっては徐々に炭素系のハードカーボン、人造黒鉛や、LTOな

(2) 使用量の見通し

車載用では，EV用セルで100～200g程度（天然黒鉛を想定）の負極活物質が使用されている。EV用にはコストの観点から天然黒鉛が主に用いられる。EV向けLIBは今後も価格低減が求められるため，同様の流れが引き続くと考えられる。LTOは東芝SCiBの採用に伴いシェアが拡大しつつあるものの，採用企業が限定されるため主流になることは難しい。HEV用では入出力特性とサイクル特性が求められるため，それらの特性に優れるハードカーボンが採用されはじめている。本節では2020年までには30％程度がハードカーボンになると予測した。民生用の主流である人造黒鉛は，車載用ではコストの観点で採用が難しく，使用する場合にも天然黒鉛と混合する使用法がメインになる。

また，民生用ではシリコンやスズを利用した高容量の合金負極が18650セルに採用される可能性がある。体積膨張による寿命の短さが解決すれば，中長期的には大容量LIBでも採用が進む可能性はある。

(3) 需要推計

以上の前提に加え，歩留まり80％と仮定した上で2020年時点での需要を推計すると，車載用，電動2輪用，定置用の合計で約8万tの需要が見込まれる。そのうち8割程度が天然黒鉛である。金額ベースでは950億円程度の需要が見込まれる。足元の市場規模が約500億円程度であることを考えると，正極同様今後10年で新たに既存の市場規模の2倍程度の市場が誕生することになる。

(4) 今後の競争環境

市場の拡大は見込まれるものの，大容量LIB向けではコストで優れる天然黒鉛が今後も主流となるため市場の競争要因はコスト競争力・供給安定性にシフトしていく。事実，各社はコスト競争力を高めるために様々な取り組みを行っている。日立化成や三菱化学といった企業は中国での生産により，黒鉛の調達安定性確保と*コスト低減を実現しようとしている。また，クレハはこれまで民生用負極材や医薬用と共用していた前駆体工程を，車載用専用プラントの立ち上げにより効率化し，コスト競争力を高める見込みである。

大容量LIB材料市場の潮目を見るには，シリコンなど，新世代の材料の技術開発に加え，競争力強化を狙い中国進出をいち早く果たした企業の動向を注視する必要があるだろう。

4.4 電解液・電解質

(1) 今後の展望

今後も，実用という観点では現状と同じく，有機溶剤に電解質を混合・生成した，液系有機溶

---

* 中国では全世界の80％近い天然黒鉛が産出されている。
（http://minerals.usgs.gov/minerals/pubs/commodity/graphite/mcs-2011-graph.pdf）

第5章 大容量Liイオン二次電池と材料の市場展望

		LTO系	SI系	ハードカーボン系	天然黒鉛系	(参考)人造黒鉛系
エネルギー密度		低い	高い	低い	低い	基準
出力密度		高い	やや高い	高い	同等〜低い	基準
安全性		非常に高い	同等〜低い	高い	同等	基準
寿命		良い	低い(開発中)	良い	同等〜低い	基準
コスト	材料コスト	高い	高い	高い	安い	基準
	製造コスト	不明	不明	不明	安い	基準
主要電池メーカ		東芝 EnerDel	多数(開発中)	多数	多数	多数(民生用)
課題		コスト エネルギー密度 (HEVに適)	充・放電時の膨張・収縮 コスト	コスト エネルギー密度 (HEVに適)	エネルギー密度 出力密度 等	コスト

注1) LTO:チタン酸リチウム, Si:シリコン

図表5.4.2 負極活物質の特徴と主要プレイヤー

媒タイプの電解液が主流であり続けると考えられる。用途によっては添加剤を加えた,いわゆる「機能性電解液」が必要となっており,添加剤のノウハウが電解液メーカ各社の技術優位に大きく影響している。

技術的な開発課題としては,電解液の高耐圧化があげられる。特に車載用途で,今後高電圧タイプの正極材の利用が想定されるからである。高耐圧化に対しては,フッ素系添加剤での対応が現実的な手段であると考えられ,今後自動車用途などで高電圧系のLIB需要が拡大すれば,フッ素系添加剤の需要が拡大する可能性があるだろう。

また,電解質にはLiPF$_6$(6フッ化リン酸リチウム)が利用されており,フッ素化学系のノウハウが必要であることもその参入障壁を高めている。

(2) 使用量の見通し

車載用途では,EV用セルでセルあたり150〜200g,HEV用セルで20〜30gの電解液が使用されている。Wh換算では約1.5g／Whが使用されると考えてよいだろう。民生用途では,やや使用量が少なく,約0.9g／Wh程度が使用されている(いずれも,歩留まりを約8割と想定して推計)。

一方,電解質の使用量は電解液重量の12%程度を占める。歩留まりが80%程度と考えると,電解質市場全体としては,重量ベースで電解液15%程度の市場が存在するといえる。

(3) 需要推計

以上の使用量を前提とすると,本章で扱う車載用,電動2輪用,定置用の大容量Liイオン2次電池向けで,2020年時点で約13万tの電解液需要,約2万tの電解質需要が予測される。金額市場では上記3用途で電解液が約2,000億円,電解質が約580億円と見積もられる。

民生用が中心の現状の需要は,電解液が3万t弱,電解質需要は足元で4,000トン程度と考えられるので,向こう10年程度で,現状市場の約5倍程度の追加市場が発生する計算になる[*1]。この需要拡大に対して,原材料の確保まで含めた海外バリューチェーン整備が必要となるだろ

う。また，車載用途の出現で，LIBの高い安全性と高容量の両立が求められるため，電解液の高付加価値化も期待できる。

すでに電解液については海外生産が始まりつつある。これは，LIBの生産地の周辺で作る必要があるという電解液の性質によるものであろう。例えば，日本の生産地に加え，米欧中にそれぞれ1万t規模での現地生産を開始すると発表した三菱化学をはじめ[*2]，各社とも将来的に海外に生産拠点を設置する計画を表明している。セントラル化学は電解質から電解液まで垂直統合して中国企業との合弁企業で中国生産を始める等，電解液の海外バリューチェーンの整備が進んでいる。

電解液の原料となる電解質の生産は現在，中国および国内，韓国で行われている。これは電解質の原料であるフッ酸とその原料となる蛍石が中国に偏在していることによる。将来的にも中国はLIBの一大生産拠点として継続的に位置づけられると考えられるため，中国での電解質生産は今後も引き続くであろう。

しかし，欧米における車載用LIBの消費地生産が進むにつれて，電解質段階についても海外生産が進む可能性がある。その場合は，中国に比べて純度の低い蛍石ソースを使いこなすことが必要となる。安定した原料調達と物流費等総コストを抑えながら海外バリューチェーンの整備を進めていくことが必要となるだろう。

4.5　セパレータ
(1) 今後の展望

セパレータは正極と負極を絶縁し安全性の向上に寄与する。安全性に関わるため，実績や信頼性が重視され，民生用でも用いられてきたポリオレフィン系が大容量LIBでも引き続き使用される。ポリオレフィン系セパレータの製造方法は湿式法と乾式法があり，車載用では低コストの乾式法が主流となる。

技術的には耐熱性の向上が大きなテーマとなっている。耐熱化は高容量の正極を用いる民生用で採用され始めたが，本章で取り扱う大容量LIBも高度な安全性が求められるため，セパレータの耐熱性向上は必須である。一方で，他部材と同様に価格低減の必要性もあり，安全性と価格競争力両立するため様々な可能性が検討されている（図表5.4.3参照）。

(2) 使用量の見通し

車載用の場合には，耐熱，非耐熱を問わず $0.02m^2$／Wh程度のセパレータが使用される。大容量LIBの場合には民生用の小型LIBに比べて出力が求められるため，1.5倍程度の面積が必要と

[*1] HEVや電動2輪はすでに市場形成が始まっているのですべてが新規需要とはいえないが，現状の部材市場が民生用途中心と考えると，これから始まる大容量LIB市場の立ち上がりで，非常に大きな部材市場の成長が見込めるといっていいだろう。

[*2] 三菱化学ニュースリリース
http://www.m-kagaku.co.jp/newsreleases/2011/20110928-1.html（アクセス日：2012年1月6日）

第5章　大容量Liイオン二次電池と材料の市場展望

種類	塗布膜			新材料	
	セラミックコーティング	アラミドコーティング	その他	セルロース系	不織布系
主要材料メーカ	LGC Maxell TDK（開発中） 住友化学（開発中）	住友化学 宇部マクセル 帝人	三菱化学 （2012年発売）	ニッポン高度紙工業（開発中） 特殊東海製紙 （2012年発売）	日本バイリーン （産業研と共同開発中）

図表5.4.3　耐熱セパレータの特徴と主要プレイヤー

なる。車載用では，安全性の向上の観点から耐熱セパレータが採用される。電動二輪では容量密度よりもコストが重視されるため，耐熱化は進まないと考えられる。

(3) 需要推計

以上の前提に加え，歩留まり80％と仮定した上で2020年時点の需要を推計すると，車載用，電動2輪用，定置用の合計で約2,200百万㎡の需要が見込まれる。そのうち6割程度が非耐熱セパレータである。金額ベースでは3,400億円程度の需要が見込まれる。足元の市場規模が約1,000億円なので，他部材よりも金額市場の伸びが大きい。高出力化に伴うセパレータの単位容量辺りの必要面積が拡大したためである。

(4) 今後の競争環境

大容量LIBの市場規模の拡大を前にして，セパレータを取り込む動きがLIBメーカの間で起きている。例としては，2011年1月に宇部興産と日立マクセルがセパレータの製造会社を合弁で設立することを発表した。また，TDKは中国の日東電工能元を連結子会社とした。セパレータの外販以外にもTDK参加のLIBメーカであるATLへの安定供給も狙いだろう。LIBメーカによるセパレータの囲い込みを鑑みるに，セパレータの重要性や収益性の高さが伺える一方，今後各社が参入・競争する領域となる可能性も高いのではないか。

監修・著者略歴

吉野 彰（よしの あきら）
旭化成㈱ 吉野研究室長・グループフェロー
昭和23年1月30日生まれ。京都大学大学院工学研究科の石油化学専攻修士課程を修了。1972年旭化成㈱に入社した後は，旭化成川崎技術研究所，㈱エイ・ティー・バッテリー技術開発部等の技術畑を歩み現職にいたる。ガラス接着性フィルム，可視光型光触媒，リチウムイオン電池などを研究・開発。リチウムイオン電池の開発では，日本化学会化学技術賞，Electrochemical Society "Technical Award"，市村財団市村産業賞功績賞，発明協会関東支部表彰発明文部科学大臣発明奨励賞，平成14年度全国発明表彰文部科学大臣発明賞，平成15年度文部科学大臣賞，平成16年度紫綬褒章などを受章。

風間智英（かざま ともひで）
㈱野村総合研究所 自動車・ハイテク産業コンサルティング部 グループマネージャー 上級コンサルタント
昭和45年5月12日生まれ。早稲田大学理工学部機械工学科卒。1994年㈱野村総合研究所に入社。自動車・エネルギー・電池・材料業界を中心に事業戦略，新規事業開発等のプロジェクトに従事。

坂本遼平（さかもと りょうへい）
Nomura Research Institute India Pvt. Ltd. Automotive Industry Consulting Division Senior Consultant
昭和61年3月3日生まれ。一橋大学法学部卒。2008年㈱野村総合研究所入社後，一貫して自動車及び総合電機を中心とした製造業へのコンサルティングに従事。国内外メーカーに対して，事業戦略及び新事業開発を中心としたコンサルティングサービスを提供。2012年より同社のインド現地法人へ出向，インド市場における自動車を中心とした製造業セクターに関するコンサルティング業務に従事。

菅原秀一（すがわら しゅういち）
泉化研㈱ 代表
青森県出身，仙台市泉区在住。1972年東北大学大学院工学研究科修了，高分子化学専攻。1972年～2000年呉羽化学工業㈱（現㈱クレハ）にて研究（炭素材料ほか），研究企画，開発営業ほか，1999年機能樹脂部・技術担当部長。1991年～1999年リチウムイオン電池用PVDFバインダー，カーボン負極開発担当。
2000年～2005年三井物産㈱本店，無機化学本部プロジェクトマネージャー（PM）。（この間，仙台市，三徳化学工業㈱企画開発部長を兼務）。2006年～2009年ENAX㈱米澤研究所，先端技術室PM。（この間，NEDO系統連係蓄電システム研究PM）

藤田誠人（ふじた あきひと）
㈱野村総合研究所 自動車・ハイテク産業コンサルティング部 副主任コンサルタント
昭和59年2月27日生まれ。京都大学大学院エネルギー科学研究科のエネルギー変換科学専攻修士課程修了。2008年㈱野村総合研究所に入社した後は，自動車・電機業界を中心に調査・コンサルティング業務に従事。

合田索人（ごうだ さくと）
㈱野村総合研究所 自動車・ハイテク産業コンサルティング部 コンサルタント
昭和60年8月18日生まれ。慶應義塾大学文学部仏文学専攻修了。2010年㈱野村総合研究所に入社した後は，自動車・電機・化学業界を中心に調査・コンサルティング業務に従事。

執筆者の所属表記は，2012年当時のものを使用しております。

大容量Liイオン電池の材料技術と市場展望《普及版》
― 材料・セル設計・コスト・安全性・市場 ―
(B1286)

2012年 8月 1日　初　版　第1刷発行
2019年 6月10日　普及版　第1刷発行

監　修　吉野　彰　　　　　　　　　Printed in Japan
著　者　菅原秀一, 風間智英, 藤田誠人,
　　　　坂本遼平, 合田索人
発行者　辻　賢司
発行所　株式会社シーエムシー出版
　　　　東京都千代田区神田錦町 1-17-1
　　　　電話 03(3293)7066
　　　　大阪市中央区内平野町 1-3-12
　　　　電話 06(4794)8234
　　　　http://www.cmcbooks.co.jp/

〔印刷　あさひ高速印刷株式会社〕　　　© A. Yoshino, 2019

落丁・乱丁本はお取替えいたします。

本書の内容の一部あるいは全部を無断で複写（コピー）することは, 法律で認められた場合を除き, 著作権および出版社の権利の侵害になります。

ISBN978-4-7813-1369-6　C3054　¥6700E